Antje Hebel

Jeder Hund ist anders

Individuelles Hundetraining
mit Spaß und Erfolg

Kynos Verlag

© 2009 KYNOS VERLAG Dr. Dieter Fleig GmbH
Konrad-Zuse-Straße 3 · D-54552 Nerdlen/Daun
Telefon: +49 (0) 6592 957389-0
Telefax: +49 (0) 6592 957389-20
www.kynos-verlag.de

3. Auflage 2011

Titelbild: Viviane Theby/Kynos Verlag
Alle anderen Fotos stammen von der Autorin

Gedruckt in Lettland

ISBN 978-3-938071-69-4

 Mit dem Kauf dieses Buches unterstützen Sie die
Kynos Stiftung Hunde helfen Menschen
www.kynos-stiftung.de

Inhaltsverzeichnis

Danke   10

Einleitung   11
    Ist Hundetraining schwierig?   12
    Hundetraining auf Bali, oder: Wo dieses Buch entstand   14

Bevor Sie beginnen   16

Welche Charakterzüge trägt Ihr Hund?   16
Acht Schritte zum erfolgreichen Hundetraining   17

Die Trainingsregeln   20
    Das sollten Sie tun   20
    Das sollten Sie meiden   21

Ein paar Fakten   22
    Wie viel versteht mein Hund?   22
    Aber er weiß doch genau, was ich meine!   22
    Wie oft muss ich meinen Hund trainieren?   23

Was ist Clickertraining?   24
    Clickertraining ist einfach   25
    Clickertraining ist schnell   25
    Clickertraining macht Spaß   25
    Wann benutzen Sie einen Clicker?   26
    Das richtige Beenden einer Übung   27
    Der Vorteil für Sie selbst   27
    Die häufigsten Missverständnisse über Clickertraining   28
    Wie Sie den Clicker konditionieren   30

Die drei Hunde-Charaktertypen   **32**

    Der passive Hund   33
    Der aktive Hund   35
    Der neutrale Hund   38

I.   Unterordnungstraining   **40**

    »Nein«, »Aus« und »Bleib«   41
    Aufmerksamkeit, bitte!   41
    Blickkontakt   43
    Lautloser Blickkontakt   46
    »Sitz«   49
    »Hinlegen«   57
    »Komm« – Sofort!   66
    Die Hundepfeife   78
    »Bleib!«   79
    »Bleib – Komm«   88
    »Schlafen«   91
    »Bei Fuß«   95
    Das automatische Sitz   108
    Gegenstände apportieren – »Bring!«   111

II.   Verhaltenstraining   **125**

    Ab in die Kiste! Die Transportbox   125
    Stress, wenn Besuch kommt   133
    Nützliche Tipps zur Stubenreinheit   139
    Mit Freude Auto fahren   146
    In die Wanne steigen   152
    Wie Hund und Baby Freunde werden   156
    Sind Hundemäntel albern?   159
    An der Leine laufen   162
    Der Maulkorb – auch für kleine Rassen   168
    Wie Sie das Halti™ benutzen   170
    Krallenschneiden ist kein Albtraum   174

So lernt Ihr Hund das Treppensteigen 176
Bestrafung? Ja – aber bitte mit Köpfchen! 179
Ängste abbauen 185
    Angst vor großen (fremden) Gegenständen 186
    Angst vor Gewitter 191
    Angst vor Lärm 193
    Angst vor dem Alleinesein 196
Aggressionen vermeiden 200
    Der böse Artgenosse 200
    Aggression gegen fremde Hunde 201
    Raufbolde innerhalb der Familie 211

III. Tricktraining, Interaktive Spiele 216

Basisübung 218
Trainieren mit interaktiven Spielsachen 222
Ein Buch balancieren 223
Leckerlis fangen 225
Spielzeug fangen 228
Pfötchen geben 229
Winke, Winke 232
Küss mich 233
Männchen machen 233
Slalom durch die Beine 235
Gegenstände identifizieren 237
Spielzeug aufräumen 238
Gegenstände aufheben 240
Schuhe/Socken ausziehen 241
Suchen und Finden 243
Licht ein-/ausschalten 244
Laut geben 246
Die verflixte Schublade 247
Klavier spielen 250
Tür zu! 251
Wie Sie uns erreichen 253

Danke

An dieser Stelle möchte ich mich bei allen Menschen bedanken, die direkt oder indirekt an der Entstehung dieses Buches mitgewirkt haben. Ursprünglich waren die Texte ja gar nicht als Buch gedacht. Ich wollte lediglich die wichtigsten Punkte für unsere Trainingskunden noch einmal zusammenfassen. Als individuelle Gedankenstütze beim Üben, später zuhause …

Mein größter Dank gebührt meinen Eltern, die meine Lebensphilosophie und meinen unkonventionellen Werdegang immer mit Geduld und Verständnis gefördert haben. Durch ihre Unterstützung konnte ich werden, was ich heute bin: ein freier Mensch, der seine natürlichen Begabungen zum Beruf machen konnte um anderen zu helfen.

Ein besonderes Dankeschön gilt all meinen Freunden, die mir tatkräftig bei den Fotoshootings geholfen haben, Carola und Elisa Eggerbauer, Andrea D. Layton, Familie Lehnert, Lutz Licha und Jens Heinzig. Durch sie und ihre geduldigen Hunde als Modelle konnten viele Fotos überhaupt erst zustande kommen.

Ich danke meinem langjährigen Freund Guido Possner, der mich immer wieder ermutigt hat, an diesem Buch weiterzuschreiben.

Bedanken möchte ich mich auch bei all unseren Kunden und ihren fantastischen Hunden, die wir beim Training fotografieren und filmen durften. Ihr wart alle großartig!

Ich bedanke mich beim Kynos Verlag für die Chance, dieses Buchprojekt zu realisieren.

Aber ganz herzlich danke ich Ihnen als Leser, dass Sie mir vertrauen und dieses Buch erworben haben. Möge es Ihnen helfen, Ihren Hund besser zu verstehen, seine Liebe zu Ihnen zu vertiefen und sie beide zu untrennbaren Freunden machen.

»Alles Wissen, die Gesamtheit aller Fragen und Antworten,
ist enthalten im Hund.«

Franz Kafka

Einleitung

Noch ein Buch über Hundetraining – ist da nicht schon lange alles gesagt? Das könnte man meinen. Und doch blieb vieles über das Verhalten unserer Hunde beim Training bisher unerwähnt.

In meiner täglichen Arbeit mit Hundebesitzern fallen mir immer wieder die gleichen Dinge auf, die den Menschen (nicht den Hunden!) Probleme bereiten und die in den vielen Hunde-Ratgebern, die auf dem Büchermarkt sind, zu wenig angesprochen werden. Die meisten Bücher, DVDs oder Broschüren erklären zwar die Theorie, helfen Ihnen aber nicht bei der praktischen Umsetzung. Doch gerade darauf kommt es an! Spätestens wenn Ihr Hund einfach nicht funktioniert wie im Ratgeber beschrieben, fühlen Sie sich hilflos und wissen nicht, was Sie nun tun sollen. Trotz theoretischen Wissens gerät das Training ins Stocken, Ihre Motivation lässt nach und die Übungspläne werden erst einmal auf Eis gelegt …

Genau hier möchten wir Ihnen helfend zur Seite stehen.

In diesem Buch werden wir Ihnen nicht nur zeigen, was Sie Ihrem Hund alles beibringen können. Wir erklären Ihnen vor allem wie Sie es tun sollten, damit das Training für Sie beide ein Erfolg wird.

Sollte es einmal nicht so perfekt funktionieren, finden Sie bei allen Übungen verschiedene Lösungswege und Hilfestellungen. Einen davon können Sie garantiert bei Ihrem Hund anwenden. Hunde sind aktive Tiere, die bis ins hohe Alter lernen können.

Gemeinsames Spiel, mentales Training und körperliche Auslastung sind wichtig für ihr allgemeines Wohlbefinden und ein glückliches, gesundes Hundeleben. Dazu stellen wir Ihnen hier die wichtigsten Übungen vor und erklären deren Ablauf. Es sind Grundübungen, die jeder Hund lernen kann und die zur Nachahmung anregen sollen.

Ist Hundetraining schwierig?

Nein. Hundetraining ist simpel, aber es ist mit viel Geduld und Disziplin verbunden. Hunde sind von Natur aus hochgradig diszipliniert. Es sind immer wieder die Menschen, die schlapp machen.

Übungen wie »Sitz« oder »Gib Pfötchen« sind einfach nachzuvollziehen. Aber es gibt auch komplexere Übungen wie das Apportieren, die sich aus mehreren einzelnen Handlungen zusammensetzen. Beim Formen solcher Verhaltensketten, beim Übergang von einer Handlung zur nächsten, passieren immer wieder viele Fehler:

- ❐ Sobald der Hund ein unerwartetes Verhalten zeigt, wird sein Besitzer unsicher oder gibt sogar auf. Die meisten Menschen denken dann: »Er begreift es nicht, er versteht mich falsch.«
  Das ist schade, denn oft löst gerade dieses unerwartete Verhalten den Lerneffekt beim Hund aus.

- ❐ Mangelnde Verständigung ist ein weiteres Problem. Unsere verbalen Signale und Körpersprache sind für einen Hund oft nicht klar definierbar. Ein Lob wird zu selten und ohne emotionale Begeisterung ausgesprochen, aber geschimpft wird heftig.

- ❐ Ungenaues Timing ist eine häufige Fehlerquelle. Hundebesitzer sind verunsichert und wissen nicht immer, wann genau sie belohnen (oder clicken) sollen. Das irritiert den Hund. Er weiß nicht eindeutig, welches Verhalten zum Erfolg führte. Und schon haben wir das reinste Durcheinander in unser aller Köpfe.

- ❐ Zu guter Letzt handeln die wenigsten Hunde perfekt und reagieren so, wie wir es von ihnen erwarten. Vielleicht rennt Ihr Hund mitten im Training einfach weg, fängt an sich ausgiebig zu kratzen, oder er legt sich gar hin und schläft ... Nun sind Sie absolut ratlos. Bleiben Sie ruhig. Das ist kein Grund, nervös zu werden.

In diesem Buch werden wir auf all diese Fälle eingehen, denn das ist Trainingsalltag. Hunde sind lebende Wesen. Ihre Reaktionen sind abhängig von der Umgebung, der Situation und der Stimmung ihrer Besitzer.

Auch Hunde selbst haben gute oder schlechte Tage. Auch Hunde haben verschiedene Charaktere, genauso wie wir Menschen. Sie können ängstlich sein, aggressiv, neugierig, skeptisch, schnell reagieren oder langsam. Manche Verhaltensformen zeigen sich auch nur in bestimmten Situationen, wie zum Beispiel die Angst vor dem Alleinsein.

Trotz unterschiedlicher Charaktereigenschaften spielt die Rasse Ihres Hundes beim Training keine Rolle. Sicher hat beispielsweise ein Bluthund aufgrund seines extremen Spürtriebes mehr Spaß an Suchspielen. Trotzdem bringen wir ihm alle Übungen auf die gleiche Art bei wie jedem anderen Hund auch.

Hunde reagieren triebgesteuert, der eine etwas aktiver, der andere etwas passiver. Genau diesen Reaktionen schenken wir beim Training unsere Aufmerksamkeit, da sie bei allen Hunden identisch ablaufen.

Hundetraining auf Bali, oder: Wo dieses Buch entstand

Die Autorin Antje Hebel arbeitet seit mehr als 25 Jahren als Ausbilderin mit Hunden und deren Besitzern. Heute ist sie als Trainerin und Therapeutin für Problemhunde tätig.

Mehrere Monate im Jahr lebt sie auf Bali/Indonesien. Hier arbeitet sie unentgeltlich in Schulen, um den Kindern das Wesen ›Hund‹ näherzubringen und die Liebe zu Tieren zu wecken. Denn auf Bali ist es immer noch normal, Hunde zu treten, zu schlagen, mit kochendem Wasser zu übergießen oder mit Steinen zu bewerfen. Die nächste Generation wird hoffentlich damit aufhören ...

Sie unterrichtet Mitarbeiter verschiedener Firmen, Hotels und Wachdienste im richtigen Umgang mit Diensthunden.

Seit Juni 2008 bildet sie in ihrem Hunde-Center »Doggies Paradise« interessierte Indonesier zu professionellen Hundetrainern aus.

»Ich finde es gut, meine Erfahrungen und mein Wissen weiterzugeben. Speziell in einem Land, in dem es weder Informationen noch Kenntnisse über Hunde, deren Verhalten und Lebensgewohnheiten gibt.

Ich hoffe, dass ich damit nicht nur den Menschen eine Erwerbsmöglichkeit schaffe, sondern auch den Hunden hier zu einem besseren Leben verhelfen kann.«

Zusammen mit Tierärzten und anderen Hundeliebhabern kümmert sich Antje Hebel außerdem um die Betreuung der zahlreichen Straßenhunde in Bali.

Ausgesetzte Welpen werden aufgenommen, großgezogen und in neue Familien vermittelt. Erwachsenen Hunden bringen die Mitarbeiter Futter zum Strand, versorgen ihre Wunden und kastrieren sie. Die Tierärzte arbeiten dabei zum Selbstkostenpreis.

Unterstützung von der Regierung bekommt diese Initiative nicht: In einem islamischen Land der Dritten Welt haben Hunde keinen Stellenwert.

»Ich habe mein Herz an diese Straßenhunde verloren«, sagte Antje Hebel. »Es sind fantastische Tiere, absolut loyal, hochgradig intelligent, verspielt und trotzdem selbstbewusst. Wenn man es schafft ihr Vertrauen zu gewinnen, sind sie die dankbarsten und treuesten Gefährten, die man sich wünschen kann.«

Bevor Sie beginnen

Welche Charakterzüge trägt Ihr Hund?

In unserer Arbeit mit Hunden haben sich immer wieder drei Haupt-Verhaltenstypen herauskristallisiert:

- ❐ Der passive Hund
- ❐ Der aktive Hund
- ❐ Der neutrale Hund

Ihr eigener Hund kann durchaus zu allen drei Typen gehören. Sollte er sich bei Unterordnungsübungen passiv verhalten, kann er beim Tricktraining unerwartete Leistungsbereitschaft zeigen. Andere Hunde absolvieren vielleicht die Sitz-, Platz- und Komm-Übungen problemlos, haben aber so gar keine rechte Lust auf Agility oder alles, was mit erhöhter körperlicher Aktivität verbunden ist.

Nehmen wir die kleinen Macken unserer vierbeinigen Freunde nicht allzu ernst. Vergeben wir ihnen ihre Schwächen und bestärken ihre besonderen Talente. Es gibt immer Mittel und Wege, einem Hund etwas beizubringen. Wenn Ihr Hund nicht apportieren will, dann ist er vielleicht besonders gut dazu geeignet, Ihnen bei der täg-

lichen Hausarbeit zu helfen, zu bellen wenn das Telefon klingelt, Ihnen Ihre Bettdecke wegzuziehen oder das Baby zu bewachen. Testen Sie Ihren Hund, finden Sie
seine besonderen Stärken heraus und vertiefen Sie seine individuellen Fähigkeiten.

Acht Schritte zum erfolgreichen Hundetraining

Bevor wir nun mit dem eigentlichen Training beginnen, möchte ich Ihnen die acht
Schritte aufzeigen, nach denen Sie später fast alle Übungen trainieren werden.
Positives Hundetraining erfolgt systematisch immer nach dem gleichen Prinzip:

1. Ein Verhalten herbeiführen

Sie ›locken‹ Ihren Hund mit Futter in die gewünschte Position. Dabei sprechen Sie
nicht. Sie benutzen kein Kommando! Ihr Hund muss selbst herausfinden, was Sie von
ihm erwarten. Er muss jetzt all seine Fantasie und Kreativität mobil machen, um an
die Belohnung zu kommen.

2. Das Verhalten benennen

Sobald Ihr Hund das gewünschte Verhalten zuverlässig ausführt, sagen Sie ihm, was
er gerade tut (»Sitz«, »Komm«, »Bring« ...). Sie benennen sein Verhalten exakt dann,
während er es ausführt. Jedes neue Wortsignal führen Sie grundsätzlich ein, *während*
Ihr Hund etwas tut – nicht, *damit* er es tut! In diesem Anfangsstadium wird auch
spontanes, richtiges Verhalten ausgiebig bestärkt. Also: Wann immer Ihr Hund sein
neu gelerntes Verhalten von sich aus vorführt, wird er dafür belohnt.

3. Den Standort wechseln

Üben Sie das neu gelernte Signal auch in anderen Zimmern, dann im Hausflur und
schließlich im Garten. Damit lernt Ihr Hund, einen Befehl überall zu befolgen, nicht
nur im Wohnzimmer.

Beachten Sie aber immer, dass Sie am neuen Übungsplatz oft noch einmal ganz
von vorne beginnen müssen. Egal, wie gut Ihr Hund schon war: Er verbindet ein
erlerntes Verhalten immer mit der Gesamtsituation. Er sieht Standort, Tageszeit,
Temperatur, Geräusche und so weiter immer als Teil des Verhaltens, das er neu lernt.

Wenn Ihr Hund im ruhigen Badezimmer auf dem Wollteppich das »Sitz« gelernt
hat, wird er es auf dem glatten Parkettboden eines lauten Kinderzimmers nicht automatisch auch können. Sie müssen mit Wiederholungen der Basisübung sein Erinnerungsvermögen auffrischen. So wird Ihr Hund schnell begreifen, dass die vorher
gelernte Lektion immer und überall die gleiche ist.

4. Das Signal anwenden

Nach ein paar Tagen testen Sie Ihren Hund. Sagen Sie »Sitz« oder was immer Sie ihm zuletzt beigebracht haben. Folgt er dem Wortsignal? Tut er, was Sie von ihm verlangen? Super – das gibt einen Jackpot (mehrere Leckerlis anstatt nur einem).

Sollte er nicht reagieren, wiederholen Sie Schritt 2 noch ein paar Tage länger.

5. Spontanes Verhalten ignorieren

Ihr Hund kennt das neue Signal und führt es zuverlässig aus. Nun belohnen Sie ihn nur noch dann, wenn er es auf Ihren Befehl hin ausführt. Spontanes Verhalten ignorieren Sie von jetzt ab. Er muss lernen, etwas zu tun, weil Sie es von ihm verlangen – nicht, weil ihm gerade danach zumute ist.

6. Ablenkungen einbauen

Bauen Sie Schwierigkeiten und Geräusche mit ein. Lassen Sie andere Familienmitglieder beim Training anwesend sein. Dabei ist der Helfer zuerst nur im Zimmer anwesend, später versucht er den Hund mit Spielzeug oder Futter bewusst abzulenken.

Ein Helfer kann auch im Nebenzimmer mit Küchengeräten herumhantieren oder Haushaltsgeräte einschalten. Bitte binden Sie diese Schwierigkeiten sehr vorsichtig mit ein. Es sollen Ablenkungen sein, keine Schrecken, die den Hund verängstigen.

7. Die Leckerlis reduzieren

Sobald Ihr Hund einem Wortsignal ohne Ausnahme folgt, können Sie die Leckerlis reduzieren. Belohnen Sie ihn nur noch jedes zweite Mal für das Befolgen eines Signals. Nach ein paar Tagen belohnen Sie nur noch jedes dritte Mal und verringern kontinuierlich, bis Sie keine Futterbelohnung mehr benötigen. Jetzt sind Sie endlich an dem Punkt angelangt, wo Sie nicht mehr ständig Leckerlis in der Tasche haben müssen. Denn die meisten Übungen wie »Gib Pfötchen«, »Sitz«, oder »Legen«, sind Aufforderungen, denen Ihr Hund fortan ohne jegliche Belohnung folgen soll. Daraus wird keine große Aktion mehr gemacht. Diese Dinge werden zum selbstverständlichen Teil Ihrer gemeinsamen Kommunikation.

Möchten Sie Tricks und schwierige Verhaltensketten auch weiterhin mit Leckerlis belohnen, sollten Sie unbedingt variieren. Also zweimal belohnen, fünfmal nicht, einmal belohnen, zehnmal nicht usw. So bringen Sie Ihren Hund in eine Erwartungshaltung und er wird immer motiviert mitarbeiten. Auch lustlos oder nachlässig ausgeführte Übungen können Sie Ihrem Hund später mit variabler Belohnung wieder schmackhaft machen.

Ihr Loben müssen Sie nie reduzieren. Zeigen Sie weiterhin Ihre Begeisterung. Dafür ist das Herz Ihres Hundes immer empfänglich.

8. Das Gelernte anwenden

Nach so viel harter Arbeit ist es an der Zeit, etwas Spaß zu haben. Was immer Sie Ihrem Hund in den letzten Tagen beigebracht haben – er wird es jetzt auf Ihr Signal hin ausführen. Vertrauen Sie ihm und freuen Sie sich, einen so tollen Trainingspartner zu haben.

Tequila apportiert nach ein paar Übungsstunden sogar das harte, geschmacklose Bringholz mit Freude und Begeisterung.

Die Trainingsregeln

Das sollten Sie tun

❐ Versuchen Sie, Ihren Hund möglichst ohne Leine zu trainieren. Drücken oder ziehen Sie Ihren Hund auch nicht in Position. Positives Training ist ›Hände-weg‹ Training.

❐ Halten Sie alle Trainingseinheiten kurz. Hören Sie auf, solange Ihr Hund noch Spaß hat.

❐ Teilen Sie komplexes Verhalten, z. B. das Apportieren, in mehrere kleine Schritte. Das macht es Ihrem Hund einfacher, erfolgreich zu sein und gelobt zu werden.

❐ Halten Sie Ihre Anforderungen gering und die Motivation hoch. Es muss immer einen Grund geben, Ihren Hund zu belohnen.

❐ Beenden Sie jede Trainingseinheit positiv, mit viel Lob und Enthusiasmus. Also immer nach einer Belohnung. Hören Sie nicht auf, weil etwas nicht klappt. In dem Fall wechseln Sie zu einer leichteren Übung, die Ihr Hund schon kann und die Sie garantiert belohnen können. Erst dann beenden Sie das Training.

❐ Sollte Ihr Hund falsch reagieren, beginnen Sie einfach noch einmal von vorne.

❐ Ein neues Wort-Signal führen Sie grundsätzlich dann ein, während Ihr Hund das entsprechende Verhalten ausführt – *nicht, damit* er es tut!

❐ Einen Clicker benutzen Sie nur während der Lernphase. Wenn ein Verhalten fertig trainiert ist, geben Sie das entsprechende Hand- oder Wortsignal.

❐ Clicken Sie immer nur einmal. Jedem Click muss ein Leckerli folgen. Wenn Sie Ihren Hund ganz besonders belohnen wollen, geben Sie ihm mehr Leckerlis (Jackpot), aber nicht mehr Clicks.

❐ Die Reihenfolge ist immer: Erst clicken, dann belohnen. Sollten Sie einmal aus Versehen clicken, erhält Ihr Hund auch darauf ein Leckerli.

❐ Erwarten Sie nicht, dass Ihr Hund sofort wie ›Lassie‹ funktioniert. Geben Sie ihm Zeit zu verstehen, was Sie von ihm erwarten.

Das sollten Sie meiden

- ❏ Sprechen Sie nicht, wenn Sie ein neues Verhalten einüben. Ihr Hund muss selbst herausfinden, welche Aktion ihm Erfolg bringt.
- ❏ Trainieren Sie nicht mit Ihrem Hund, wenn Sie schlechte Laune haben. Ihr Hund spürt das und hat dann auch keinen Spaß an der Sache.
- ❏ Sollte Ihr Hund nicht erwartungsgemäß reagieren, heißt das nicht, dass er dumm oder faul ist. Schimpfen Sie nicht mit ihm! Er hat einfach noch nicht begriffen, was Sie meinen. Versuchen Sie es nochmal auf eine andere Weise. Jeder Hund lernt anders.
- ❏ Falls Sie mehrere Hunde besitzen, trainieren Sie bitte jeden Hund separat. Die anderen dürfen im Nebenzimmer warten, natürlich mit Kauknochen ausgerüstet. Erst wenn alle Hunde eine Übung begriffen haben und auf Befehl ausführen, lassen Sie sie zusammen praktizieren.
- ❏ Benutzen Sie Ihren Clicker nicht, um schlechtes Benehmen zu stoppen oder um Ihren Hund heranzurufen.
- ❏ Achten Sie darauf, dass immer Sie selbst eine Übung beenden. Sobald Ihr Hund unkonzentriert oder lustlos wirkt, lassen Sie ihn das Geübte noch – einmal – wiederholen. Erst danach können Sie mit dem Training aufhören. Somit bestimmen Sie wann abgebrochen wird, nicht Ihr Hund.
- ❏ Vergessen Sie Psycho-Strafen wie stundenlanges Einsperren im Badezimmer, den Hund hungern lassen oder Gassi-gehen verweigern. Ihr Hund kann diese Bestrafung nicht verstehen. Außerdem sind diese Strafen unfair und unmenschlich.
- ❏ Verlangen Sie nicht zu schnell zu viel von Ihrem Hund. Morgen ist auch noch ein Tag ...

Ein paar Fakten

Wie viel versteht mein Hund?

Alles und nichts! Wir wissen mittlerweile, dass Hunde bis zu dreihundert verschiedene Begriffe unterscheiden können. Man könnte es auch ›Wortphrasen‹ oder ›Laute‹ nennen, die in entsprechenden Situationen immer wieder auftauchen. Das heißt, die einzelnen Laute sind konditioniert. Der Hund versteht sie durch die Verbindung zu einer bestimmten Situation oder Handlung. Mehr nicht.

Bedenken Sie immer, dass Hunde unsere gesprochene Sprache nicht verstehen können und auch nicht in der Lage sind, logisch zu denken.

Lassen Sie sich also Zeit. Sie müssen keinen Schnelligkeitsrekord aufstellen. Trainieren Sie lieber etwas langsamer, dafür aber gewissenhaft. Das zahlt sich am Ende vorteilhaft für Sie beide aus. Weniger bringt oft mehr.

Es ist mitunter effektiver, eine Übung einen Monat lang täglich nur zehn bis zwanzig Mal zu üben als hundert Wiederholungen pro Tag über den Zeitraum von nur einer Woche vom Hund zu verlangen.

Ein Hund, der wirklich begriffen hat, worum es geht, ist ein aktiver, freudiger Trainingspartner.

Hunde, die nicht so recht wissen was ihre Menschen eigentlich von ihnen wollen, verhalten sich eher passiv, ignorant und desinteressiert.

Stellen Sie sich vor, Sie sind in China und plötzlich redet irgendjemand ständig auf Sie ein. Sie haben keine Ahnung, was dieser Mensch von Ihnen will, Sie verstehen ja kein Chinesisch. Was werden Sie tun? Wahrscheinlich drehen Sie sich um und gehen einfach weg. Oder Sie sind höflich, lassen ihn reden – und hören einfach nicht hin. Sie schalten Ihre Sinne ab. Genauso macht es Ihr Hund, wenn er von Ihnen keine klaren, für ihn verständlichen Signale empfängt, die er erwidern kann.

Es hängt also von Ihnen ab, wie viel, wie schnell oder wie gut Ihr Hund lernt. Machen Sie es ihm so einfach wie möglich, Ihr Anliegen zu begreifen. Seine Genialität im Deuten und Lesen von Körpersprache ist es, die ihm hilft, uns Menschen zu verstehen.

Aber er weiß doch genau, was ich meine!

Nein, er weiß es eben nicht! Ihr Hund sieht nur an Ihrer Körpersprache, dass irgendwas nicht stimmt. Ihr strenger Blick, der zusammengekniffene Mund, die entsetzte Stimme. All das sagt ihm nur: »Ärger in Sicht! Besser ich mach' mich ganz klein, das entschärft die Situation.« Viele Hunde verkriechen sich dann unters Sofa oder suchen Schutz hinter Möbeln. Da bleiben sie dann, bis sich die Stimmung wieder aufhellt.

Aber Schuldgefühle haben sie keine. Ihr Hund sieht keinerlei Verbindung zwischen Ihrer Wut und einer seiner eigenen Handlungen Stunden zuvor. Er benimmt sich instinktiv unterwürfig, um Sie zu besänftigen und seine eigene Haut zu retten.

Probieren Sie es aus. Nehmen Sie grundlos eine bedrohliche Haltung ein, knurren Sie und schauen Sie Ihren Hund wütend an. Was passiert? Wenn Sie es gut machen und ›echt‹ wirken, wird er unter das Sofa rennen oder sich unterwürfig benehmen. Genauso wie in den Situationen, wenn Sie nach Hause kommen und das Haus ist verwüstet … Nein, er weiß nicht, dass er was falsch gemacht hat!

Sie können auch den positiven Weg gehen: Führen Sie Ihren Hund in Versuchung, beispielsweise ein Stück Wurst vom Tisch zu stehlen. Wenn er es tut, fangen Sie an mit ihm zu schimpfen. Allerdings schimpfen Sie mit positiver, hoher Stimme. Sie lachen, und bringen ihn liebevoll vom Tisch weg. Was macht Ihr Hund jetzt? Er freut sich, wackelt mit dem Schwanz und wartet auf eine Belohnung für seine Untat!

Einzig und allein Ihre Körpersprache und Ihre Stimmlage sind es, die Ihren Hund zu ganz bestimmten instinktiven Handlungen oder Reaktionen motivieren.

Hunde kennen keine Schuldgefühle und keine Moral. Sie tun, wonach ihnen zumute ist, und sie nehmen sich, was sie bekommen könncn. Sobald sie es haben, wollen sie noch mehr. So einfach ist das.

Wie oft muss ich meinen Hund trainieren?

Trainieren Sie zwei Mal täglich zehn bis fünfzehn Minuten. Das ermüdet nicht, fordert Ihren Hund aber ausreichend und entspricht seiner Konzentrationsspanne. Mehr muss nicht sein.

Viel wichtiger ist es, das Gelernte in den normalen Tagesablauf mit aufzunehmen. Wann immer sich Ihr Hund in Ihrer Nähe aufhält – lassen Sie ihn irgendeine Übung einmal spontan ausführen. Das kann ein »Sitz«, »Legen«, »Gib Pfötchen« oder irgendetwas anderes sein, das er schon kann. Sie können ihn aber auch mehrere Übungen jeweils einmal ausführen lassen. Das macht Spaß und hält sein Erinnerungsvermögen auf Trab.

Ihr Hund wird es gerne tun. Loben Sie ihn dafür, zeigen Sie ihm Ihre Freude. Bobbi wird es Ihnen bestimmt nicht krumm nehmen, falls dafür mal kein Leckerli bereitliegt.

> **Halten Sie alle Ihre Trainingseinheiten kurz. Hören Sie auf, solange Ihr Hund noch Spaß hat. Das wird seine Motivation aufrecht halten!**

Auch für Sie selbst sind kurze Trainingseinheiten einfacher zu realisieren. Eine regelmäßige Zehn-Minuten-Übung mit dem Hund lässt sich besser in Ihren Tagesplan integrieren als eine ganze Stunde.

Nehmen Sie sich Zeit – erst wenn Ihr Hund eine Übung wirklich perfekt wiederholt, können Sie einen Schritt weitergehen! Das heißt: Erst wenn er perfekt »Pfötchen« gibt können Sie daraus ein »Winke-Winke« entwickeln. Erst wenn Ihr Hund perfekt Slalom um Ihr rechtes Bein geht, beziehen Sie das linke Bein mit ein und so weiter.

Trainieren Sie mit Ihrem Hund vor seinen Mahlzeiten. Oder benutzen Sie das Futter selbst als Belohnungshappen. Das klappt prima und spornt ihn enorm zur Mitarbeit an. Probieren Sie es aus.

Was ist Clickertraining?

Clickertraining bedeutet Lernen durch positive Motivation, ohne Strafe. Es ist eine fantastische nonverbale Art, mit Ihrem Hund zu kommunizieren. Sollten Sie noch nie etwas davon gehört haben, lassen Sie es mich kurz erklären. Das Prinzip ist kinderleicht: Hunde lernen durch Erfahrung. Auch Ihr Hund wird sehr schnell lernen, dass dem Click-Geräusch immer Futter folgt. Futter sichert das Überleben, für alle Lebewesen. Also wird Ihr Hund sehr schnell instinktiv darauf achten, welche seiner Aktionen diesen Click verursacht und damit das Futter erreichbar macht.

Genauso würde er in freier Natur lernen, seine Beute zu jagen. Er muss durch Ausprobieren herausfinden, welche Methode die erfolgreichste ist, sonst ist der Hase weg und der Bauch bleibt leer. Sobald er aber weiß, wie es am schnellsten und sichersten klappt, wird er seine Jagdmethode immer wieder anwenden.

So einfach funktioniert das Hundegehirn. Wir nutzen diese Erkenntnisse der Verhaltensforschung und können damit das Verhalten unserer Hunde formen.

Das Grundprinzip des Clickertrainings ist also: Sie clicken exakt in dem Moment, wenn Ihr Hund das Gewünschte tut, zum Beispiel sich hinsetzt. Die Futterbelohnung erhält er sofort anschließend.

Vielleicht fragen Sie sich nun, wozu man dann überhaupt clicken sollte. Warum kann man nicht einfach nur die Futterbelohnung geben? Der große Vorteil des Clicks ist, dass er zeitlich viel genauer ist: Sie sagen Ihrem Hund genau in dem Moment »ja, richtig!«, wenn er das Gewünschte tut, und nicht erst ein paar Sekunden später. Dann weiß er nämlich vielleicht schon gar nicht mehr genau, wofür Sie ihn belohnen. Dafür, dass er zu Ihnen gekommen ist, sich hingesetzt hat, Sie anguckt oder mit dem Schwanz wedelt? Clickertraining ist präzise, und Sie können Ihren Hund damit auch dann zeitgenau belohnen, wenn Sie nicht direkt neben ihm stehen.

Was möchten Sie Ihrem Hund beibringen? Soll er Ihnen Ihre Socken ausziehen, ein Buch balancieren, die Zeitung bringen oder ein Bier aus dem Kühlschrank holen?

Clickertraining macht es möglich. Der Click und das darauf folgende Futter bestärken Ihren Hund, sein vorheriges Verhalten zu wiederholen. Genauso wie bei der Jagd nach Beute ...

Clickertraining wurde ursprünglich zum Training von Delfinen benutzt. Wie sollte man einem im Wasser lebenden Säugetier Kunststücke beibringen, wenn man selbst am Beckenrand steht? Mit dem Clicker hat es funktioniert. ›Flipper‹ ist wohl das bekannteste Beispiel dafür.

Heute arbeiten weltweit schon etwa 70 % aller Tiertrainer mit dieser freundlichen Methode der Ausbildung. Die Clicker werden nicht nur bei der Ausbildung von Blinden- oder Rettungshunden eingesetzt, sondern auch zum Training der Tiere im Zirkus und für Film und Fernsehen.

Clickertraining ist einfach

Es ermutigt Ihren Hund zum selbstständigen Lernen, regt seine Kreativität an und macht Spaß – im Gegenteil zu traditionellen Ausbildungsmethoden, bei denen mit Zwang und Strafe gearbeitet wird.

Clickertraining ist schnell

Mit der Clicker-Methode beherrscht Ihr Hund *alle* Basis-Tricks (»Sitz«, »Fuß«, »Komm« ...) schon nach etwa drei Wochen! Ich sage bewusst Tricks, denn für Ihren Hund macht es keinen Unterschied, ob er sich auf Befehl hinsetzt oder durch einen Reifen springt. Sobald er begriffen hat, dass er es selbst steuern kann, wann der heiß ersehnte Click ertönt und damit eine Belohnung folgt, ist er nicht mehr zu bremsen!

Sie werden Ihren Hund von einer neuen Seite kennenlernen und staunen, zu welchen Leistungen er fähig ist!

Clickertraining macht Spaß

Clickertraining basiert auf dem Prinzip positiver Bestärkung. Ihr Hund weiß bald, dass er eine Belohnung für das Ausführen einer bestimmten Aktivität bekommt.

Nun haben Sie einen begeisterten Trainingspartner.

> **Seien Sie gewarnt!**
> **Je mehr Sie Ihrem Hund beibringen, desto schneller wird er lernen!**

Wann benutzen Sie einen Clicker?

Der Clicker ist ein ideales Überbrückungssignal für das Trainieren schwieriger Verhaltensketten. Mit diesem kleinen Helfer können Sie Ihrem Hund nahezu alles beibringen, selbst unmöglich Erscheinendes. Versuchen Sie es einmal, Sie werden begeistert sein.

Treffen Sie vor dem Training spontan die Entscheidung, ob Sie den Clicker mit einbeziehen möchten. Sie müssen ihn nicht für alle Lektionen benutzen. Ich selbst variiere bei meiner Arbeit auch. Entscheidend sind das Temperament eines Hundes, seine Lernbereitschaft, sein Konzentrationsvermögen und der Schwierigkeitsgrad einer Lektion.

Für Unterordnungsübungen ist ein Clicker gar nicht erforderlich, beim Verhaltenstraining ist das vertraute Geräusch oft sehr hilfreich, für Tricktraining ist ein Clicker unerlässlich.

Ich beziehe mich bei den Erklärungen immer auf beide Trainingsformen. Wenn Sie eine Übung mit Clicker durchführen, achten Sie bitte im Text auf die Abkürzung »C & L«. Das heißt »Click & Leckerli« und bedeutet, dass Sie erst clicken, danach bekommt Ihr Hund das Leckerli.

Wenn Sie ohne Clicker arbeiten, belohnen Sie Ihren Hund einfach nur mit einem Leckerli. Gesprochen wird auch hier erst dann, wenn die Übung wirklich beendet ist, also nach den 10 - 20 Wiederholungen. Sie müssen es schaffen, Ihr »feines Hundilein«, »schlauer Hund« und Ihre Freude immer erst am Ende der Übungen zum Ausdruck zu bringen. Dann dürfen Sie gerne Freudenschreie ausstoßen und Luftsprünge machen.

Während der Wiederholungen sagen Sie absolut nichts, sodass sich Ihr Hund wirklich auf seine Handlung konzentrieren kann. Solange Ihr Hund denkt und arbeitet um herauszufinden wie er an die Fleischwurst kommt, herrscht absolute Stille. Sich derartig beherrschen zu müssen ist für viele Hundebesitzer der schwierigste Teil des Trainings.

Aber Sie schaffen das doch, oder?

Scheuen Sie sich nicht davor, mit Futterbelohnung zu arbeiten. Futter befriedigt einen der wichtigsten Triebe beim Hund, den Überlebenstrieb. Sie halten Ihren Hund damit eng bei sich, denn er will seine Futterquelle garantiert nicht verlieren.

Spielzeug als Belohnung aktiviert bei vielen Hunden den Beutetrieb, lenkt damit die Aufmerksamkeit vom Menschen weg und kann zu Stress-Situationen führen.

Das richtige Beenden einer Übung

Ein freundliches Schulterklopfen, verbales Lob oder Spielzeug benutzen Sie bitte immer erst am Ende einer Übung, um das Training aufzulösen und den Hund freizugeben. Wenn Sie Ihren Hund immer auf diese Art mit dem gleichen Lob wie zum Beispiel »gut gemacht« entlassen, weiß er sehr schnell, wann die Übungsstunde beendet ist und das freie Spiel beginnen kann. Diese Auflösung ist für verschiedene Übungen wie »Bleib« absolut unerlässlich!

Der Vorteil für Sie selbst

Das Training mit Ihrem Hund hat auch für Sie persönlich einen unschätzbaren Vorteil: Die Bindung zwischen Ihnen und Ihrem Hund wird sich vertiefen. Denn wir arbeiten hier nicht mit Bestrafung für »Nicht-Befolgen«, sondern mit Belohnung für gutes und richtiges Verhalten. Das stärkt das Selbstbewusstsein Ihres Hundes, baut Ängste ab und vertieft sein Vertrauen zu Ihnen. Sehr schnell wird Ihr Hund lernen, Ihnen seine volle Aufmerksamkeit zu schenken und sich auf Sie zu konzentrieren anstatt auf andere Objekte in seiner Umgebung.

Da Sie nun immer so tolle Ideen haben, ihm Aufgaben stellen und seine Sinne anregen, wird er Sie bald als Rudelführer anerkennen, ohne dass Sie ständig »dominant« im Sinne von »herrscherisch« sein müssen. Sie werden sein Idol sein und er wird Ihnen bedingungslos folgen. Sie werden zum Mittelpunkt seines Lebens. Das Verhalten Ihres Hundes wird sich zum Positiven verbessern und damit auch Ihre Beziehung zueinander.

Die häufigsten Missverständnisse über Clickertraining

»Damit erziehe ich mir einen Futterbettler.« – *Stimmt nicht.*
Die Leckerlis werden bereits im Training systematisch reduziert. Dadurch ist es möglich, dass Sie später gar kein Futter mehr brauchen (z. B. beim »Sitz«) oder nur manchmal noch als besondere Belohnung (z. B. für ein schnell ausgeführtes »Komm«) aus Ihrer Tasche holen.

»Der Hund wird nur bestochen. Er arbeitet nur für Futter und nicht weil wir es wollen.« – *Stimmt nicht.*
Ihr Hund lernt sehr schnell, dass er das Futter nur nach Ausführung einer bestimmten Handlung bekommt. Das Signal zur Handlung geben Sie. Das ist auch der Grund, warum Sie später ein eigenständiges, spontanes Verhalten weder beachten noch belohnen werden.

»Clickertraining funktioniert nur für Tricks, aber nicht für echten Gehorsam.« *– Stimmt nicht.*
Auch Tricktraining erfordert Disziplin und Gehorsam. Mit welcher Übung dieser Gehorsam verbunden wird, spielt keine Rolle. Mittlerweile wechseln sogar immer mehr Schutzhundsportler von Zwangsabrichtung und Stachelhalsband zum Training mit dem Clicker über.

»Clickerhunde gehorchen nur dann, wenn sie es wollen.« – *Stimmt nicht.*
Ob ein Hund ein gefordertes Verhalten ausführt, hängt in erster Linie von seiner Beziehung zum Besitzer ab, der Qualität ihrer gemeinsamen Kommunikation und der Häufigkeit an durchgeführten Wiederholungen. Darüber hinaus sind Menschen oft zu ungeduldig. Sie erwarten immer wieder viel zu schnelle Erfolge bei ihren Hunden. Egal, ob mit oder ohne Clicker trainiert wurde.

»Man muss ständig diesen Clicker mitschleppen.« – *Stimmt nicht.*

Den Clicker benutzen Sie nur während der Lernphase als Signal, um Ihren Hund zu bestärken. Er ist eine Kommunikationshilfe für Sie beide. Sobald Ihr Hund einen Handlungsablauf begriffen hat, brauchen Sie nicht mehr zu clicken Es steht Ihnen später aber frei, Ihren Hund immer wieder einmal mit einem Leckerli zu belohnen. Denn wer arbeitet schon gerne ohne Bezahlung ...?

»Clickertraining ist nur für junge Hunde geeignet.« – *Stimmt nicht.*

Hunde lernen ein Leben lang. Hunde jeden Alters sind in der Lage, das Clickgeräusch nach ein paar Versuchen mit Futter in Verbindung zu bringen.

»Das funktioniert nur bei speziellen Rassen.« – *Stimmt nicht.*

Beim Clickertraining lernen Hunde ein ganz bestimmtes Geräusch mit Futter und Belohnung zu verknüpfen. Die gleiche Konditionierung passiert, wenn Ihr Hund genau beim Geräusch Ihres Wagens vor Freude aufspringt – selbst wenn täglich die Geräusche mehrerer hundert Automotoren an seinem Ohr vorbeiziehen.

»Wenn ich einmal anfange, muss ich immer mit Clicker arbeiten.« – *Stimmt nicht.*

Der Clicker ist ideal zum Tricktraining geeignet. Andere Übungen können Sie auch ohne Clicker trainieren. Das dauert eben nur etwas länger. Für Lektionen wie »Bei Fuß« ist ein Clicker oft überhaupt nicht erforderlich.

Wie Sie den Clicker konditionieren

Bevor Sie mit einem Clicker arbeiten können, müssen Sie das Click-Geräusch konditionieren, denn es ist für Ihren Hund vorerst bedeutungslos. Genau das wollen wir ändern. Der Click wird bald die Bedeutung eines positiven Bestärkers übernehmen.

Wenn Ihr Hund später einen Click hört, weiß er genau: Das heißt »Fein gemacht«, »Weiter so«, »Guter Hund«!

Clicken Sie zwei bis drei Mal zur Probe, um die Reaktion Ihres Hundes auf das Geräusch zu testen. Sollte er sich erschrecken, halten Sie den Clicker bitte erst einmal hinter Ihrem Rücken oder unter Ihrem Pullover, um das Geräusch abzudämpfen.

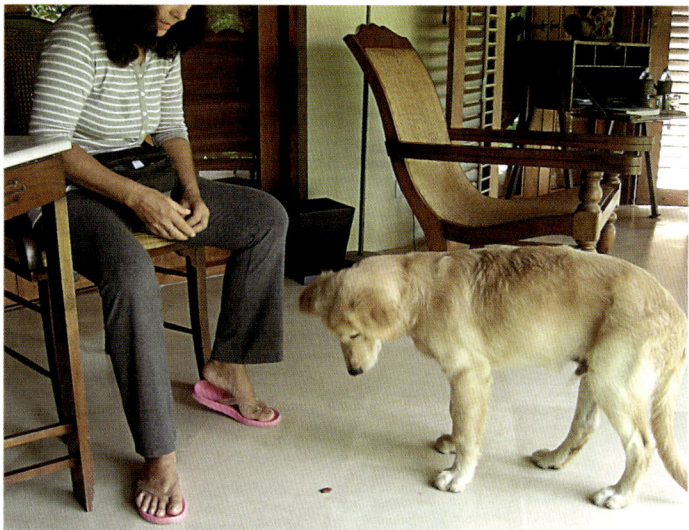

Die Konditionierung sollte auf Ihren Hund wirken, als ob es Leckerlis regnen würde.

So wird's gemacht

Um zu beginnen, brauchen Sie eine große Portion Leckerlis. Nehmen Sie etwas, das Ihr Hund besonders gerne frisst. Kleine Würfel Butterbrot, Käse oder Fleisch sind immer sehr beliebt. Benutzen Sie kein Trockenfutter oder kommerzielle Leckerlis. Die muss Ihr Hund zu lange kauen. Trockenfutter macht schnell durstig, was zur Minderung seiner Konzentration führt. Außerdem lenken die herunterfallenden Krümel des Trockenfutters Ihren Hund zu stark ab. Wir brauchen weiche Leckerlis, die er sofort verschlucken kann.

Alles fertig? Prima. Gehen Sie mit Ihrem Hund in ein ruhiges Zimmer, wo niemand Sie stören wird.

Sprechen Sie nicht mit Ihrem Hund, schenken Sie ihm auch keine besondere Aufmerksamkeit!

Lassen Sie ihn sich entspannen. Nun clicken Sie **einmal** und werfen Ihrem Hund sofort danach ein Leckerli zu. Tun Sie das wieder und wieder. Click - Leckerli, Click - Leckerli, Click - Leckerli (im weiteren Verlauf C & L genannt).

Das ist alles. Mehr müssen Sie nicht tun. Wiederholen Sie das dreißig bis fünfzig Mal. Es ist am besten, wenn Ihr Hund Ihnen dabei den Rücken zudreht und nicht sehen kann, woher die Leckerlis kommen.

Er kann auch neben Ihnen sitzen oder liegen, nur möglichst nicht direkt vor Ihnen. So ist es für ihn, als ob es Leckerlis regnet. Er kann sich dann voll auf das Click-Geräusch konzentrieren anstatt Sie und Ihre Hand zu beobachten.

Wenn Ihr Hund vor Aufregung hochspringt, Ihre Hand leckt oder vor lauter Freude bellt, beachten Sie das nicht. Er beruhigt sich schnell, wenn Sie diesem Verhalten keine Aufmerksamkeit schenken.

Bitte vermeiden Sie es wirklich, während dieser Übung mit Ihrem Hund zu sprechen. Da ist auch kein »Schau mal da«, »Guter Hund«, oder »Nimm das Leckerli«.

Machen Sie weiter, clicken Sie und werfen Sie das Leckerli einmal rechts vom Hund, dann an seine linke Seite oder hinter ihn. Anfangs clicken Sie im gleichen Intervall, später variieren Sie die Zeitspanne und clicken einmal schnell hintereinander, dann wieder mit ein paar Sekunden Verzögerung.

Die meisten Hunde suchen bereits nach wenigen Clicks den Boden erwartungsvoll nach Leckerlis ab.

Sie können bereits jetzt beobachten, wie konzentriert Ihr Hund auf den nächsten Click wartet. Er wird bereits nach wenigen Versuchen den Boden nach Leckerlis absuchen, sobald er den Click hört. Oder auch wenn die Pausen zwischen den Clicks zu lange dauern. Was für ein schlaues Kerlchen!

Wiederholen Sie diese Übung morgen in einem anderen Zimmer. Am nächsten Tag versuchen Sie es in der Garage, dann im Garten usw. Jeweils dreißig bis fünfzig Mal immer nur Click - Leckerli, Click - Leckerli (C & L).

Nach ein paar Tagen können Sie den Test machen. Clicken Sie (nur einmal!) wenn Ihr Hund es nicht erwartet: wenn er mit seinem Ball spielt, frisst, oder sich ausruht.

Wie ist seine Reaktion? Fliegt sein Kopf zu Ihnen herum? Sprintet er in Ihrer Richtung? Gibt er Ihnen seine volle Aufmerksamkeit?

Bravo Trainer, Ihre erste Aufgabe haben Sie sehr gut gemeistert! Das Clicker-Geräusch ist konditioniert. Es ist jetzt kein neutraler Ton mehr für Ihren Hund. Jedes Mal, wenn Sie künftig clicken, wird Ihr Hund aufmerksam sein: »Da ist dieses Geräusch – wo ist mein Leckerli?«

Ab sofort können Sie Ihrem Hund jeden Befehl, jedes Verhalten oder jeden Trick lehren. Der Clicker ermöglicht Ihrem Hund, komplizierte Handlungsabläufe schnell zu begreifen. Apportieren, eine Steilwand überwinden oder vergrabene Gegenstände finden lernt er nun im Handumdrehen. Nur mit dem Clicker ist es möglich, komplexe Verhaltensketten in kleine Sequenzen zu zerlegen. Die einzelnen Lernschritte sind für Ihren Hund einfacher zu begreifen und es gibt immer einen Grund, ihn zu belohnen.

Die drei Hunde-Charaktertypen

In diesem Buch finden Sie Trainingsanleitungen der gebräuchlichsten Übungen für Ihren Hund. Es wäre schön, wenn eine einzige theoretische Anleitung genügen würde, um Hunde verschiedener Charaktere, Triebe und Temperamente zu trainieren. Leider geht das nicht.

Genauso wie wir Menschen alle verschieden sind, unterscheiden sich auch unsere Hunde. Viele Faktoren tragen dazu bei, den Charakter eines Hundes im Laufe seines Lebens zu formen.

Auch Ihr Hund ist geprägt von den Erfahrungen, die er im Laufe seiner Entwicklung sammeln konnte. Das beginnt in seiner frühesten Welpenzeit, mit dem Kontakt zu seinen Wurfgeschwistern und seiner Mutter oder der Familie des Züchters.

- ❏ Welchen Rang hatte Ihr Hund im Wurf – war er stets vorne, oder wurde er von den Geschwistern unterdrückt, oder sogar gemobbt?
- ❏ Hatten die Welpen freien Auslauf, oder wurden sie im Zwinger/Haus gehalten?
- ❏ Gab es intensiven Menschenkontakt, nicht nur zur Züchterfamilie?

Aber auch das Zusammenleben mit einem eventuellen Vorbesitzer und einschneidende Erfahrungen wie Umzug, Besitzerwechsel, Tierheim oder Attacken durch fremde Hunde hinterlassen ihre Spuren.

Nicht zuletzt sind die jetzigen Lebensumstände Ihres Hundes von großer Bedeutung.

❏ Wie intensiv ist Ihre Beziehung zueinander?
❏ Wie viel Auslauf hat Ihr Hund, wie viel geistige Auslastung bekommt er?
❏ Hat Ihr Hund soziale Kontakte zu anderen Menschen und anderen Hunden?
❏ Wie viel Zeit verbringen Sie zusammen?
❏ Wie oft ist Ihr Hund sich selbst überlassen?
❏ Wer bestimmt bei Ihnen – Sie oder Ihr Hund?

Ihr Hund registriert alles um ihn herum, zieht seine Schlüsse und reagiert entsprechend. Er weiß genau, ob Sie müde oder schlecht gelaunt sind – oder wie er Sie um den Finger wickeln kann.

Er registriert all Ihre Stärken und Schwächen und nutzt sie zu seinem Vorteil. Das ist normal. Sein Tun und Lassen wird gesteuert von seinen Trieben und Instinkten, nicht von Logik und Moral.

Auch Ihr eigenes Verhalten beeinflusst das Verhalten Ihres Hundes. Wenn Sie Angst vor Gewitter haben, wird Ihr Hund auch panisch reagieren ... Wenn Sie den Ball ständig aufheben, wird er ihn immer wieder vor Ihre Füße schmeißen ... Wenn Sie die Ausführung des geforderten Verhaltens nicht geduldig durchsetzen, wird Ihr Hund es auch nicht zeigen ...

Unabhängig davon, welche Erfahrungen Ihr Hund macht oder gemacht hat, er gehört garantiert zu einem der drei Grundcharaktere, in die man alle Hunde, egal welcher Rasse, einordnen kann:

Ihr Hund reagiert entweder passiv oder aktiv auf Ihre Forderungen. Nur die wenigsten Hunde reagieren zu Beginn des Trainings neutral, also perfekt und fehlerlos.

Der passive Hund

Zu den passiven Vertretern gehören alle Hunde, die eine Mitarbeit schlichtweg verweigern. Oft sondern sie sich ab und wollen in Ruhe gelassen werden. Sie haben ihren eigenen Kopf. Besuchern gegenüber können sie aber recht aktiv werden. Die ›Störenfriede‹ werden dann kräftig angeknurrt oder sogar gebissen.

Ihr Hund gehört zu dieser Gruppe, wenn Sie folgende Verhaltensformen bei ihm feststellen:

❏ Er ignoriert Ihre Forderungen, indem er sich taub und blind stellt
❏ Er dreht Ihnen eiskalt den Rücken zu
❏ Er legt sich hin und schläft, obwohl Sie ihn rufen
❏ Er rennt einfach davon und beschäftigt sich mit ›interessanteren Dingen‹ wie Vögel jagen, den Garten umbuddeln etc.

❏ Er hat Angst vor neuen Situationen, Gegenständen, Menschen oder in fremder Umgebung

❏ Er schnappt nach Ihnen, wenn Sie Ihre Forderungen durchsetzen wollen

❏ Er möchte gerne all Ihre Besucher und Freunde sofort wieder vertreiben

Sofern eine der obigen Eigenschaften auf Ihren Hund passt, treten wahrscheinlich auch andere Probleme wie Dauerbellen, Zerstörungswut oder Jagen auf.

Das klingt schon arg nach Problemhund, stimmt's?

Keine Angst, ich klage Sie nicht an, sich endlich bei Ihrem Hund durchzusetzen. Ich halte Ihnen auch keinen Vortrag über Dominanz oder Alpha-Status. Wozu auch. Wir alle lieben unsere Hunde. Doch wir sind Menschen mit Gefühlen und Empfindungen. Manchmal fühlen wir uns einsam, manchmal haben wir ein schlechtes Gewissen, manchmal brauchen wir einfach ein Ventil.

Ihr Hund ist vielleicht Ihr einziger Freund. Er empfängt Sie freudig, wenn Sie nach Hause kommen, er leistet Ihnen Gesellschaft, er freut sich bei Ihnen zu sein. Wie könnte ich da verlangen, dass Sie ihn ignorieren, bestrafen oder sich ihm gegenüber dominant verhalten sollen. Sie würden es sowieso nicht tun. Auch ich mache Fehler, auch ich zeige meinen Hunden menschliche Regungen, auch ich habe ein schlechtes Gewissen, wenn mein Arbeitstag wieder einmal viel zu lang war. Ich habe lediglich den Vorteil, dass ich weiß, wie ich meine Fehler wieder korrigieren kann.

Es gibt Schutzhundler, die eine wirkliche Distanz zum Hund aufbauen können. Der Mensch ist im Haus, der Hund im Zwinger. Nur zu bestimmten Trainingszeiten kommt man zusammen. Mensch und Hund leben auf dem gleichen Grundstück, doch in völlig verschiedenen Welten. Soweit so gut. Sobald Sie jedoch mit Ihrem Hund unter einem Dach leben, ist diese Distanz sehr viel schwerer realisierbar.

Unsere Gefühlsregungen sind unseren Hunden leider fremd, sie interpretieren unsere emotional gesteuerten Aktionen als Schwäche. Deswegen gebe ich Ihnen zu allen Übungen hier im Buch Lösungsvorschläge für Ihren passiven Hund.

Halten Sie diese bitte wirklich ein, dann wird es funktionieren. Nur wenn Sie selbst diszipliniert sind, wird Ihr Hund es auch sein. Nur wenn Sie Ihrem Hund wirklich klare und leicht verständliche Signale geben, kann er darauf reagieren.

Trotzdem: Versuchen Sie doch einmal, den Spieß umzudrehen. Auch wenn es schwerfällt, behandeln Sie Ihren Hund probeweise einmal so, wie er Sie behandelt: Ignorieren Sie seine Forderungen! Schenken Sie seinen Aktionen keine Beachtung, drehen Sie sich weg wenn er spielen will. Folgen Sie ihm nicht, sondern laufen Sie grundsätzlich in die entgegengesetzte Richtung.

Schreiben Sie mir, wie Ihr Hund *darauf* reagiert!

Der aktive Hund

Das sind die Tausendsassas, die Hans Dampfs in allen Gassen. Diese Hunde scheinen nie müde zu sein. Es sind Energiebündel, die immer nur nach mehr verlangen.

Meistens handelt es sich dabei um wirklich intelligente Tiere. Sie lernen sehr schnell und brauchen echte Herausforderungen. Sie verlangen Action von ihrem Besitzer. Immer nur geradeaus gehen ist ihnen viel zu langweilig.

Leider hindert der ständige Bewegungsdrang diese Hunde daran, sich wirklich zu konzentrieren. Selbst wenn Ihr Hund eine Übung mitmacht, ist er doch im nächsten Moment schon wieder dabei, einen Frosch zu verfolgen oder Ihre Wäsche von der Leine zu holen …

Reagieren Sie darauf bloß nicht panisch!

Wenn Ihr Hund hyperaktive Züge aufweist, ist es wichtig, dass Sie selbst vollkommen ruhig bleiben. Gehen Sie nicht auf seine Verrücktheiten ein. Sie werden entsprechende Lösungsvorschläge bei den einzelnen Übungen finden.

Gründe für starke Aktivität

Es gibt auch hier mehrere Faktoren, die sehr aktives Verhalten auslösen können. Es ist nicht nur Wissenshunger, der unsere Hunde aktiviert. Angst, Schmerzen, Unterforderung, Geschlechtstrieb, Verwirrung usw. führen bei Hunden zu Stress, den sie durch erhöhte Aktivität wieder abzubauen versuchen.

Angst

Straßenlärm, aggressive Nachbarhunde, große Menschen mit derben Stimmen, dröhnendes Gewitter und vieles mehr führen bei manchen Hunden zu Stress und lösen rastloses Verhalten aus.

Schmerzen

Körperliche Schmerzen sind ein nicht zu verkennender Stressfaktor. Hunde äußern sich erst

Wann geht es endlich los? Aktive Hunde sitzen selten so still.

verbal, wenn die Schmerzen schier unerträglich werden. Vorher wirken sie völlig normal und geben uns keinen Grund zur Beunruhigung. Aber bereits ein kleines Steinchen zwischen den Pfoten oder Graspartikel im Ohr lassen Ihren Hund Amok laufen.

Unterforderung

Hunde sind Rudeltiere und brauchen die Gemeinschaft. Das bedeutet aber auch, dass sie von Kindheit an lernen, sich dem Verhalten der Alt- und Leittiere anzupassen. Sobald die Rudelführer (Alpha Rüde und Alpha Hündin) sich schlafen legen, schlafen auch alle anderen Rudelmitglieder. Sobald die Alpha Tiere zur Jagd aufbrechen, gehen alle Gruppenmitglieder automatisch mit. Eine Individualisierung einzelner Rudelmitglieder würde die gesamte Gruppe gefährden. Das ist einer der Gründe, warum Ihr kleiner Welpe Ihnen ununterbrochen hinterher rennt.

Dieses Verhalten bedingt aber auch, dass unsere Hunde auf Aktionen warten, die von ihren Besitzern ausgelöst werden. Ein Hund kann sich alleine nicht sinnvoll beschäftigen. Er kann weder ein Buch lesen noch mit dem Nachbarhund Schach spielen oder Kreuzworträtsel lösen.

Unsere Hunde sind von uns abhängig und warten darauf, dass wir Aktionen starten, denen sie folgen können. Das kann ein Spiel sein, ein Spaziergang oder die Fahrt zum Supermarkt. Wenn ein Hund 22 Stunden am Tag zur Untätigkeit gezwungen wird, bricht seine gesamte Überschussenergie während der zwei Stunden Spaziergang/Training aus ihm heraus. Er ist dann fast nicht zu bändigen. Diese Hunde brauchen mindestens dreißig Minuten wildes Toben, bis sie in der Lage sind, sich auf eine Aufgabe zu konzentrieren.

Bieten Sie Ihrem Hund etwas mehr Ab-

Freudige Erwartung: Bonnie liebt seine Trainingsstunden!

wechslung. Eine Stunde Spazierengehen pro Tag ist viel zu wenig. Nehmen Sie ihn mit sich, wann immer das möglich ist. Selbst, wenn Sie nur zum Tanken fahren.

Wenn Sie Ihrem Hund keine ausreichenden Reize oder Abwechslung bieten, sucht er selber nach einer Möglichkeit seinen Stress abzubauen. Das führt dann zu Beschäftigungen, die Ihnen als Besitzer ganz und gar nicht gefallen werden!

Geschlechtstrieb

Dieser Trieb kann Bäume verpflanzen! Ihr nicht kastrierter Rüde wird schier verrückt, wenn er eine ›heiße‹ Hündin wittert und nicht zu ihr kann. Er registriert dann weder Sie noch Ihre Forderungen. Nicht einmal sein Futter interessiert ihn jetzt. Er läuft nervös am Gartenzaun auf und ab, in der Hoffnung doch irgendwo ein Loch zu finden, durch das er entwischen kann.

Bei Hündinnen verhält es sich ähnlich. Obwohl sie nur vom Leittier gedeckt werden wollen, nehmen sie an ihren fruchtbaren Tagen wirklich jeden Rüden an, der ihnen über den Weg läuft.

Beispiel: Dana

Meine Hündin Dana war in der Hitze sogar bereit, ihren eigenen Sohn zu akzeptieren, obwohl sie ihn am Tag vorher noch völlig ignoriert hatte ...

Eigentlich wollte sie ja den Junghund Bonnie, doch den haben wir nicht zu ihr gelassen. Dana war wegen eines Herzfehlers noch nicht sterilisiert. Wir dachten, ihren Sohn würde sie wegbeißen und es sei ausreichend, wenn wir sie während der kritischen Zeit von Bonnie trennen. Es war eine Tragödie! Bonnie saß ›hinter Gittern‹ und verfolgte Dana mit schmachtendem Blick auf Schritt und Tritt. Sie saß winselnd vor seinem Zwinger, schleckte ihn von draußen ab und lehnte sich immer wieder mit ihrem Hinterteil gegen die Gitter. Das Drama von Romeo und Julia kann nicht schlimmer gewesen sein. Ihr Sohn Rasta hat zwei Wochen vergebens um sie gebuhlt. Sie hat ihn ständig angefaucht und weggescheucht. Doch jetzt, wo ihr geliebter Bonnie in so unerreichbare Entfernung rückte, kam ihr der Sohn gerade recht. Sie wurde am entscheidenden Tag plötzlich freundlich zu ihm.

Wir konnten diesen Deckakt verhindern, aber ich möchte eine solche Situation nicht noch mal erleben. Heute sind alle unsere Hunde sterilisiert. Auch Dana hat diesen Eingriff bestens überstanden.

Kastrieren oder sterilisieren auch Sie Ihren Hund sobald wie möglich. Das erspart Ihnen und Ihrem Hund wirklich eine Menge Stress!

Schaffen Sie Klarheit

Beobachten Sie sich einmal selbst. Wie viele, völlig sinnlose Signale, auf die er sowieso nicht reagiert, geben Sie Ihrem Hund?

»Pedro, nicht die Katze jagen, böses Hundchen!«, »Lady, setz dich bitte mal hin!«, »Ja was sieht mein Hundi denn da drüben?«

Mal ganz ehrlich, wie oft reagieren Sie auf die Aktionen Ihres Hundes? Nehmen Sie sich vor, es ab heute sein zu lassen! Sie nötigen Ihren Hund damit nur, noch mehr verrückte Sachen vorzuführen. Was immer er tut, um Sie zu beeindrucken – beachten Sie es nicht mehr.

Machen Sie es Ihrem Hund leicht, Sie zu verstehen. Benutzen Sie klare, kurze, verbale Signale. Auch wenn wir es immer wieder annehmen – Hunde können unsere Sprache *nicht* verstehen.

Was glauben Sie, welches Signal wird Ihr Hund sich wohl schneller einprägen: »Ja-Schatzi-komm-her-zu-Frauchen« – oder schlicht und einfach: »Komm«?

Ihr Hund weiß genau, wie sehr Sie ihn lieben. Mit langen, freundlichen Sätzen verwirren Sie ihn nur.

Auch wenn Ihnen die kurzen, befehlsähnlichen Signale zuwider sind, benutzen Sie sie bitte. Ihr Hund wird sich darüber freuen, denn nun versteht er viel schneller, was Sie meinen. Da Sie alle Signale mit freundlicher, motivierender Stimme geben, werden Sie seine Seele nicht verletzen. Trennen Sie Training von Schmusestunden; Knuddeln können Sie später auch noch.

Lehren Sie Ihren aktiven Hund so viele Tricks wie möglich. Halten Sie ihn beschäftigt, das hält ihn von Unarten ab. Clickertraining wird seine Konzentrationsfähigkeit enorm steigern. Die Möglichkeiten dafür sind endlos.

Ich lehre meinen Hund momentan, bei »Ja« mit dem Kopf zu nicken und bei »Nein« seinen Kopf zu schütteln. Später kann ich dann eine fast echte Konversation vorführen. Er wird auf meine Fragen mit der entsprechenden Kopfbewegung antworten. Jeder Außenstehende glaubt garantiert, dass der Hund mich versteht, und dementsprechend reagiert …

Der neutrale Hund

Hunde, die alle Übungen sofort ausführen, wie wir es uns vorstellen, gibt es nur sehr wenige. Aber fast jeder Hund hat während des Trainings wenigstens eine Lieblingsübung, bei der er sich neutral verhält und ganz akkurat mitarbeitet. Das ist doch ein guter Anfang. Im weiteren Trainingsverlauf wird sich das sehr schnell steigern.

Hunde, die an das Clickertraining gewöhnt sind, sind leicht zu motivieren, lernen in Nullkommanichts, arbeiten freudig mit und sind einfach zu führen. Sie wissen, dass eine Aktion von ihnen erwartet wird und aktivieren dafür all ihr Können und ihre Kreativität. Clickerhunde sind hochkonzentriert und spulen bei neuen Übungen ihr gesamtes Repertoire immer wieder ab. Nur um festzustellen, dass Ihr Mensch heute etwas ganz anderes von ihnen verlangt. Aber was …? Lassen Sie es ihn herausfinden!

Es ist immer wieder erstaunlich, wie viel Fantasie ein Hund entwickeln kann, um endlich an sein ersehntes Leckerli zu kommen.

Wenn Sie alle Hinweise und Tipps in diesem Buch beachten, wird auch Ihr Hund schnell zu den Besten gehören.

Er wird Sie vergöttern, weil Sie immer so tolle Spielideen haben. Er wird warten, bis Sie ihn zu irgendetwas auffordern und Ihnen dann bereitwillig folgen. Jeder extrem passive oder extrem aktive Hund kann bald ein neutraler, konzentrierter Trainingspartner werden!

Jetzt aber genug der Vorbetrachtungen – auf zum eigentlichen Training!

Gut erzogene Hunde sind überall gerne gesehen und willkommen.

Unterordnungs-training

Wie der Name schon sagt, muss Ihr Hund bei diesem Training lernen, sich Ihnen unterzuordnen und seinen eigenen Willen zurückzusetzen. Er muss lernen, Ihnen die Führung zu überlassen und Ihren Anweisungen zu folgen.

Beim Unterordnungstraining unterscheiden wir zwei verschiedene Trainingsformen. Zum einen gibt es die Gebote; das sind alle Übungen, die ein Hund für uns ausführen soll, wie etwa »Sitz«, oder »Komm«. Die verbalen Signale dazu geben wir freundlich und motivierend, mit normaler Stimme.

Zum anderen gibt es die Verbote; das sind alle Übungen, bei denen ein Hund etwas unterlassen soll. Dazu gehören »Bleib« oder »Schlafen« wenn der Hund sich nicht von der Stelle bewegen darf.

Bei »Nein« soll er aufhören mit dem, was er gerade tut.

»Aus« signalisiert ihm, auszulassen oder etwas loszulassen.

»Nein«, »Aus« und »Bleib«

Unterlassungsübungen richten sich oft gegen die natürlichen Triebe wie z. B. Beutetrieb oder Rudeltrieb und sind schwieriger durchzusetzen. Deswegen geben Sie die verbalen Signale dazu mit streng klingender, tiefer Stimme. Sie sollen nicht schreien! Senken Sie bei »Nein« oder »Bleib« Ihr Kinn zum Brustbein hinunter. Damit erreichen Sie, dass Ihre Stimme sich vertieft. Das genügt schon. Das streng gesprochene Verbot muss nicht noch zusätzlich mit körperlicher Gewalt verstärkt werden! Hier ist Köpfchen gefragt!

Manchmal reicht bei sehr dominanten Hunden die tiefe Stimme alleine nicht aus. Ein dominanter Hund will sehen, dass sein Besitzer ihm mental überlegen und ein guter Rudelführer ist. Mit sehr viel Disziplin, Besonnenheit und Geduld kann sich ein Mensch diesen Rang verdienen.

In einzelnen Fällen ist psychische Beständigkeit unumgänglich, um einen willensstarken Hund unter Kontrolle zu halten. Sehen Sie mir nach, wenn ich auf absolute Konsequenz bestehe. Es tut einem Hund nicht weh, wenn sein Eigentümer auf die Durchsetzung seines Willens beharrt! Konsequente Verbote sind ein wichtiges Hilfsmittel für Halter eigensinniger Hunde.

Entscheidend ist, dass jeder Hund jederzeit und unter allen Umständen in der Hand seines Besitzers liegt. Zum Schutz des Hundes und aller beteiligten Personen.

Aufmerksamkeit, bitte!

Aufmerksamkeit ist das Wichtigste für eine gut funktionierende Mensch-Hund Beziehung. Es ist die Basis Ihrer gemeinsamen Kommunikation. Aufmerksamkeit zeigt aber auch, wie viel Sie Ihrem Hund bedeuten, wie wichtig Sie ihm sind, und wie viel Respekt er Ihnen entgegenbringt. Aufmerksamkeit ist die Grundvoraussetzung für jegliches weitere Hundetraining.

Denn nur, wenn Ihr Hund auf Sie achtet und aufmerksam ist für das was Sie tun, wird er Ihnen und den gestellten Aufgaben auch folgen.

Lehren wir Ihren Hund also erst einmal, Sie sofort anzusehen, sobald er seinen Namen hört.

So wird's gemacht

Halten Sie eine Portion Fleischbröckchen bereit, aber lassen Sie Ihren Hund das Futter nicht sehen. Legen Sie die Leckerlis in Reichweite auf einem Regal oder auf einem Tisch in Ihrer Nähe ab.

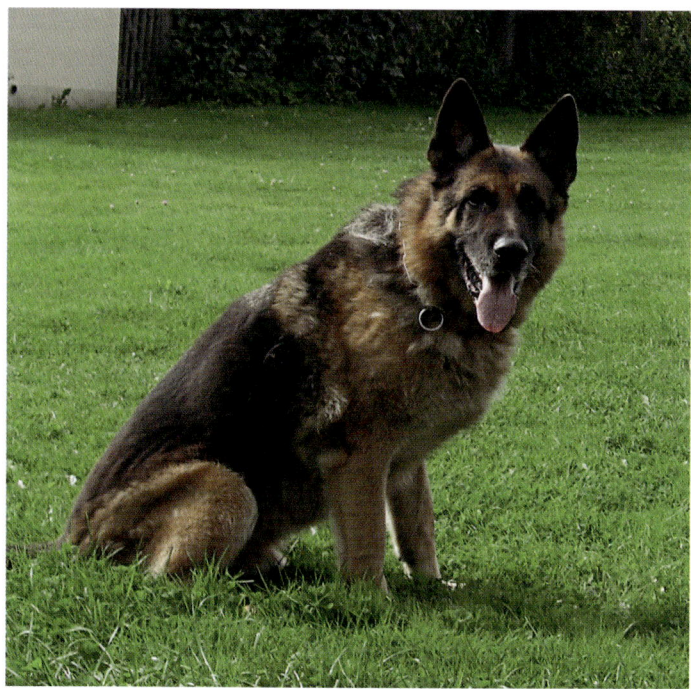

Ein zuverlässiger Freund. Aufmerksam und voller Interesse beobachtet Arco seinen Besitzer.

Jetzt rufen Sie einmal den Namen Ihres Hundes mit positiver, motivierender Stimme. Wendet er sich Ihnen zu? Schaut er Sie an? Bravo! Nun clicken Sie einmal und geben ihm ein Leckerli. (Oder Sie geben nur ein Leckerli, falls Sie ohne Clicker arbeiten.)

Warten Sie einen kurzen Moment oder gehen Sie ein paar Schritte um den Tisch herum, aber schauen Sie nicht zu Ihrem Hund. Sobald das Interesse Ihres Hundes nachlässt, rufen Sie seinen Namen noch einmal. Sieht er wieder in Ihre Richtung? Toll!

Wieder gibt es ein Stück Fleisch oder C & L (Click & Leckerli). Diese Übung können Sie, über den Tag verteilt, bis zu dreißig Mal wiederholen. Rufen Sie seinen Namen immer dann, wenn er es überhaupt nicht erwartet. Tun Sie es nicht, wenn Ihr Hund erwartungsvoll vor Ihnen sitzt und sowieso schon zu Ihnen schaut.

Im Moment ist es in Ordnung, wenn Ihr Hund auf Ihre Hand oder Ihre Beine sieht. Es spielt auch keine große Rolle, wo er sich gerade aufhält. Er kann nahe bei Ihnen oder weiter weg von Ihnen sein. Er kann sitzen, stehen oder liegen für diese Übung. Wichtig ist nur, dass er Ihnen Aufmerksamkeit schenkt und in Ihre Richtung schaut, sobald Sie seinen Namen rufen.

Keine Lust heute – der passive Hund

Sollte Ihr Hund zu den passiven Exemplaren gehören, wird er wahrscheinlich nicht besonders heftig auf seinen Namen reagieren. Oder er bewegt bestenfalls seine Augäpfel, um abzuchecken, ob sich weiterer körperlicher Aufwand überhaupt lohnt …

In diesem Fall müssen Sie selbst etwas aktiver werden:

Kitzeln Sie ihren Hund, stupsen Sie ihn an, klatschen Sie in die Hände oder necken Sie ihn auf eine andere Art, die ihn herausfordert.

Bringen Sie ihn dazu, eine Reaktion zu zeigen. Was immer er nun tut, wird von Ihnen belohnt. Er kann mit der Pfote wackeln, Sie anschauen, sich auf den Rücken rollen oder bellen. Sobald er Ihre Aktion in irgendeiner Form erwidert, müssen Sie clicken – und er bekommt sein Leckerli.

Nennen Sie seinen Namen mehrmals während dieses Spiels, geben Sie nicht auf. Ihr Hund wird schnell lernen, worum es geht.

Praktizieren Sie diese Übung mehrmals täglich. Nach zwei bis drei Tagen können Sie ausprobieren, ob es auch ohne ›Anstupsen‹ geht. Rufen Sie Ihren Hund beim Namen. Zeigt er eine winzige, klitzekleine Reaktion, belohnen Sie ihn mit Leckerli (C & L). Sollte es noch nicht so recht funktionieren, müssen Sie noch ein paar Mal mit ›Kitzeln‹ weiterüben.

Wiederholen Sie diese Aufgabe, bis Sie die Aufmerksamkeit Ihres Hundes bekommen, sobald Sie seinen Namen rufen. Aufmerksamkeit ist der erste Schritt, um Ihre Rolle als Rudelführer zu etablieren. Und Sie werden dieses Spiel für sich entscheiden!

Der aktive Hund

Auch der aktive Hund wird erst einmal nicht auf seinen Namen eingehen. Eventuell müssen Sie ihn sogar an die Leine nehmen, um ihn am Herumrennen zu hindern. Seien Sie nachsichtig, es ist alles neu für ihn.

Vielleicht schaut er ja kurz zu Ihnen und gleich wieder weg. Diesen Moment können Sie nutzen und blitzschnell mit C & L reagieren. Das Timing muss dabei exakt stimmen, sonst belohnen Sie das Wegschauen!

Sie können die Übung aber auch abends nach dem Spaziergang machen. In ganz extremen Fällen arbeiten Sie mit der normalen Futterration, nicht mit zusätzlichen Leckerlis. Der Anblick des Futternapfes führt bei den meisten Hunden zu erhöhter Konzentration. Nach ein paar Versuchen kennt Ihr Hund das Spiel. Sobald er regelmäßig auf seinen Namen reagiert, trainieren Sie normal weiter wie oben beschrieben.

Blickkontakt

Sobald Sie kontinuierlich die Aufmerksamkeit Ihres Hundes bekommen, können Sie beginnen, dieses Verhalten zu formen. Es reicht nun nicht mehr, dass Ihr Hund nur in Ihre Richtung schaut. Unsere Forderung wird präziser. Jetzt möchten wir einen klaren Blickkontakt.

Der direkte Blick in die Augen ist das wichtigste Kommunikationsmittel für Sie und Ihren Hund. Frei lebende Tiere benutzen zwar auch ihre Ohren, Rute und Körperhaltung, um sich mit den anderen zu verständigen, doch das ist uns Menschen nicht möglich. Uns bleibt im Umgang mit unseren Hunden nur unsere extrem reduzierte Körpersprache – und unsere Augen. Nur daran erkennen unsere Hunde untrüglich, ob wir Wut haben, ob wir glücklich sind oder ob wir uns Sorgen machen.

Aber auch wir sehen in den Augen unserer Hunde, in welcher Stimmung sie sind oder erkennen daran den Grad ihrer Aufmerksamkeit. Ein kranker Hund schaut uns anders an als ein gesunder Hund. Oder denken Sie an den herzzerreißenden Blick, wenn Ihr Hund etwas von Ihnen will – er kann Steine erweichen!

Die Augen sind der Spiegel der Seele. Sie bringen uns jede Veränderung der Stimmung und des Empfindens unserer Hunde sofort zum Ausdruck. Selbst bei einem fremden Hund sehen wir an den Augen, ob er sich freut, ob er sich langweilt oder ob er Angst hat.

Kein Halti™, kein Clicker, keine Disc-Scheiben oder sonstige Trainingsgeräte können jemals die Wirkung eines Blickkontaktes übertreffen.

Schauen Sie künftig nicht gleich weg, wenn Ihr Hund Sie ansieht, sondern erwidern Sie seinen Blick. Kommunizieren Sie fortan mehr mit Ihren Augen statt mit Ihrer Stimme, Ihr Hund wird es Ihnen danken.

So wird's gemacht

Rufen Sie den Namen Ihres Hundes wie zuvor. Belohnen Sie ihn sofort mit Leckerli (C & L), wenn er daraufhin direkt in Ihre Augen schaut.

Clicken Sie **nicht**, wenn er den Tisch, Ihren Körper, oder Ihre Hand anschaut! Das wird nun nicht mehr belohnt.

Sie werden sehen, wie verwirrt Ihr Hund jetzt ist. Warten Sie einfach. Lassen Sie ihm Zeit, den Boden nach einem Häppchen abzusuchen.

Bereits nach ein paar Sekunden wird er Ihnen verwundert in die Augen schauen, um zu fragen: »Wo ist mein Leckerli?«

Bingo! Dieser Blickkontakt bringt ihm das heiß ersehnte Leckerli (C & L). Ist das nicht super? Wiederholen Sie, bis Ihr Hund Ihnen regelmäßig Blickkontakt gibt, sobald Sie seinen Namen rufen.

Machen Sie die Übung auch in anderen Zimmern, im Treppenhaus, in der Garage und schließlich im Garten. Das hilft Ihrem Hund zu verstehen, dass dieses ›Spiel‹ überall auf die gleiche Weise gespielt wird. Ohne Ausnahme.

Ihnen selber wird es später dabei helfen, die Aufmerksamkeit Ihres Hundes von störenden Ablenkungen fernzuhalten. Und Ablenkungen gibt es mehr als genug. Tobende Kinder, andere Hunde, Nachbars Katze, Jogger, Fahrradfahrer, wehende Blätter. Die Liste ist endlos. Sie als Hundebesitzer müssen quasi gegen den Rest der Welt konkurrieren. Das ist nicht immer einfach.

Hunde sind wahrhaft kreativ im Finden und Erfinden von Ablenkungen. Sollte gerade nichts Interessantes in Sicht sein, setzt sich Hund eben hin und kratzt sich – ausgiebig und anhaltend. Frauchen wird schon warten …

Ihr Hund ist wirklich schlau, aber Sie sind schlauer!

> Was immer Sie Ihren Hund lehren, es ist immer besser, wenn er nicht weiß, welches Benehmen wann belohnt wird. Auch die Leckerlis müssen nicht sichtbar sein.

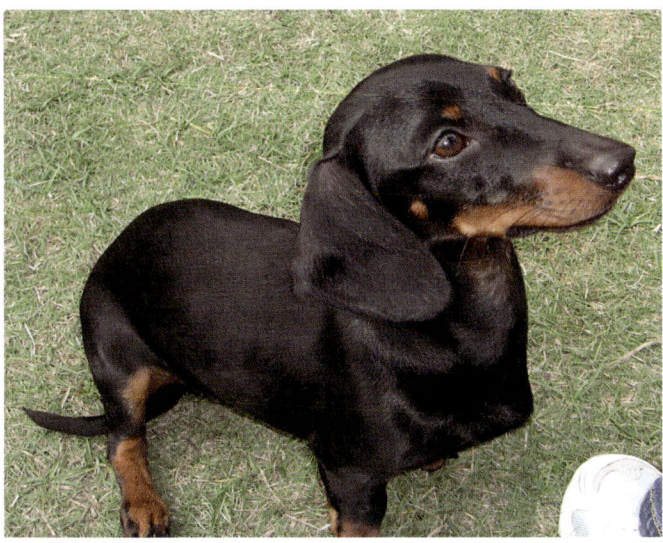

Mit Aufmerksamkeit und Blickkontakt können Sie Ihren Hund von Ablenkungen fernhalten.

Ablenkungen einbauen

Nachdem Ihr smarter Freund immer mit Blickkontakt auf seinen Namen reagiert, können Sie eine Ablenkung in die Übungen mit einbauen. Zum Beispiel eine andere Person, die vorbeigeht, plötzliche Geräusche und so weiter. Lassen Sie ein anderes Familienmitglied an Ihnen vorbeigehen, während Sie die Blickkontakt-Übung durchführen. Dem Hund schenkt diese andere Person dabei keinerlei Beachtung. Führen Sie die Lektion wie gewohnt durch. Was passiert unter Ablenkung? Gibt Ihr Hund Ihnen trotzdem Aufmerksamkeit und Blickkontakt? Das ist Spitze! Heute hat Fido einen Jackpot verdient! Geben Sie ihm für diese Leistung mindestens fünf Leckerlis statt nur einem!

Steigern Sie die Ablenkung nach ein paar Tagen. Nun soll der Helfer nicht nur vorbeigehen, sondern den Hund ebenfalls rufen oder mit Spielzeug oder Futter locken. Im weiteren Verlauf können Sie auch fremde Helfer mitmachen lassen. Je mehr Ihr Hund nur auf Sie konzentriert ist, desto besser.

Sollte Ihr Hund mehr an der ablenkenden Person interessiert sein als an Ihnen, benötigt er mehr Basisübungen. Eventuell sind Sie zu schnell vorangegangen. Das macht nichts. Beginnen Sie noch mal von vorn, im gleichen Zimmer wie zu Beginn der Blickkontakt-Übung.

Geben Sie Ihrem Hund die Chance, die Absicht der gestellten Aufgabe zu verstehen. Bedenken Sie, dass Hunde unsere Sprache nicht verstehen und nicht in der Lage sind, logisch zu denken.

Wenn es nicht klappt

Seien Sie kritisch und ehrlich mit sich selbst. Ist die gesamte Übung klar verständlich für Ihren Hund? Schaut er wirklich immer in Ihre Augen, wenn Sie seinen Namen rufen? Clicken Sie wirklich ausschließlich für Blickkontakt? Clicken Sie exakt in dem Moment, wenn Ihr Hund Sie anschaut? Oder warten Sie zu lange und clicken erst, wenn er schon wieder wegschaut? Beobachten Sie sich selbst.

Wenn Sie Fehler beim Clicken ausschließen können, erwarten Sie vielleicht zu schnell zu viel von Ihrem Hund. Eventuell müssen Sie ›Aufmerksamkeit‹ erst noch einmal wiederholen und festigen, bevor Sie einen Blickkontakt verlangen oder sogar Ablenkungen einbauen.

Testen Sie Ihren Hund nach ein paar Tagen erneut und rufen Sie seinen Namen. Gibt er Ihnen einen klaren Blickkontakt? Das ist es!

Lautloser Blickkontakt

Bei so viel Perfektion können Sie die Übung noch erweitern. Lassen Sie den Clicker weg. Rufen Sie auch nicht den Namen Ihres Hundes. Warten Sie nur darauf, dass Ihr Hund von selbst direkt in Ihre Augen schaut. Genau in diesem Moment werfen Sie ihm wortlos ein Leckerli zu. Tun Sie das aber wirklich nur, wenn sich Ihre Blicke eindeutig treffen. Wiederholen Sie diese Übung mehrmals täglich. Sie können sich dabei neben Ihrem Hund befinden oder ein paar Schritte entfernt. Sie müssen nicht ständig darauf warten, dass Ihr Hund Ihren Blick erwidert. Wenn Sie keine Lust auf diese Übung haben, ignorieren Sie seine Blicke, dann gibt es aber auch kein Leckerli.

Mit dieser Übung erreichen Sie, dass Ihr Hund Sie immer häufiger von sich aus anschaut. Immer in Erwartung auf das Leckerli, das er bekommt, falls Ihre Blicke sich kreuzen. Sie können Ihren Hund damit auf Ihre Augen konditionieren. Da ihm der Blick in Ihre Augen so viele Leckerlis beschert, wird Ihr Hund künftig sehr oft Ihren Blickkontakt suchen, sogar immer öfter, bevor er etwas Unerlaubtes tut! Hier ist Ihre Chance. Nun können Sie ihn endlich von unerwünschtem Verhalten ablenken.

Ziel erreicht. »Nichts auf der Welt ist mir wichtiger als mein Frauchen ...«

Nehmen wir einmal an Ihr Hund liebt es, Kot zu fressen. Da er nach mehreren Wiederholungen nun auch bei Spaziergängen immer häufiger Ihren Blickkontakt suchen wird, müssen Sie nur noch an einem Kuhfladen vorbeikommen ...

Sobald Ihr Hund Sie jetzt anschaut, nehmen Sie langsam ein Leckerli aus Ihrer Tasche. Er weiß was Sie tun und wird herankommen, um sich seine Belohnung abzuholen. Damit haben Sie seine Aufmerksamkeit wieder auf sich gelenkt und ein verbotenes Verhalten verhindert. Alles Weitere liegt bei Ihnen. Beginnen Sie ein Spiel, nehmen Sie ihn an die Leine oder rennen Sie um die Wette. Hauptsache, er vergisst wie lecker der Kuhfladen gewesen wäre ...

Keine ungewollten Clicks bitte!

Vermeiden Sie es ab sofort, nur mal so zum Spaß zu clicken. Der Clicker ist ein Ausbildungswerkzeug für Ihren Hund, kein Kinderspielzeug.

Clicken Sie nur, wenn Ihr Hund Ihnen ein gewünschtes Verhalten zeigt. Der Clicker bestärkt richtige oder gewollte Aktivitäten. Er ist nicht dazu gedacht, falsches

Verhalten zu stoppen! Stellen Sie sich vor, Ihr Hund jagt die Katze Ihres Nachbarn. Sie clicken nun, um Ihren Hund zu stoppen und ihn heranzurufen. Für Ihren Hund heißt der Click in dieser Situation aber: Toll jagst du die Katze! Guter Hund! Komm her und hole dir deine Belohnung!

Verstehen Sie, was ich meine?

Zufälliges Verhalten belohnen

Bevor Sie Ihrem Hund etwas Spezielles beibringen, können Sie auch ein zufälliges gutes Benehmen mit Leckerli (C & L) belohnen. Beginnen Sie mit etwas ganz Einfachem. Belohnen Sie, wenn Ihr Hund ruhig neben Ihnen liegt, wenn er seinen Schwanz jagt, wenn er sich kratzt oder wenn er nicht an Ihren Gästen hochspringt. Jedes Mal, wenn er ein nettes oder gewünschten Verhalten erneut zeigt, gibt es wieder eine Belohnung (C & L).

Es wird ihn stutzig machen. Irgendwann wird er dann darauf achten, was diesen Click verursacht. Ihr Hund wird versuchen, das herauszufinden, indem er die Umgebung, Sie und sich selbst genau beobachtet. Nun haben Sie ganz nebenbei einen ruhigen, konzentrierten Hund an Ihrer Seite.

Sie werden feststellen, dass diese Methode recht zeitaufwändig ist und es mitunter Wochen dauern kann, bis ein Verhalten eingeübt ist. Das ist richtig. Deswegen ist es hier auch nicht unser Hauptanliegen, etwas ganz Bestimmtes zu trainieren. Sollte das ganz nebenbei trotzdem passieren, sind wir natürlich mächtig stolz auf unseren Hund.

Mit den zufälligen Belohnungen wollen wir aber hauptsächlich seine Aufmerksamkeit erregen, die Konzentrationsfähigkeit erhöhen, seine Sinne schärfen oder nur sein positives Verhalten bestärken. In vielen Fällen passiert es dann ganz automatisch, dass ein Hund seine schlechten Verhaltensweisen ablegt, wenn sie nicht mehr belohnt werden. Auch Ihr Hund wird Ihnen sehr bald immer mehr gutes Benehmen vorführen, in der Hoffnung, dass darauf ein C & L erfolgt …

Aber wie geht es dann weiter?

Der passive Hund

Ein passiver Hund wird einfach innehalten und warten. Er wird Sie fragend anschauen, sich dann vielleicht hinlegen oder gelassen das Familienleben beobachten. Dieses entspannte Verhalten können Sie mit einem weiteren C & L belohnen, selbst wenn das erste C & L zum Beispiel für ein spontanes Ohrkratzen gegeben wurde. Bello wird sich darüber freuen.

Der aktive Hund

Diese zufälligen C & L veranlassen auch sehr aktive Hunde zum Innehalten. Sie werden sehen, dass sich selbst ein extrem aktiver Hund in kürzester Zeit ruhig und konzentriert verhält. Auch ein aktiver Hund will mehr C & L. Auch er wird gespannt sitzen und warten; oder er wird verschiedene Verhaltensweisen vorführen. Das ruhige Sitzen und Warten können Sie auf alle Fälle mit einem weiteren C & L belohnen.

Sollte Ihr Hund irgendein unerwünschtes Verhalten vorführen (Bellen, an Ihnen Hochspringen), beachten Sie ihn einfach nicht. Bietet er Ihnen aber ein nettes Verhalten wie z. B. ein »Pfötchen«, »Ohr kratzen«, oder »Schwanz fangen«, dann belohnen Sie auch dies umgehend mit C & L.

Der neutrale Hund

Ein Hund, der an das Clickertraining gewöhnt ist, wird nur kurz innehalten. Er weiß schon nach ein paar erneuten Versuchen, wofür es das C & L gab und was er dafür tun muss. Sie brauchen jetzt nur ein paar Wiederholungen. Sobald alles gut klappt, fügen Sie das verbale Signal mit ein. Schon haben Sie Ihrem Hund etwas Neues beigebracht.

»Sitz«

»Sitz« ist ein Basissignal; ein wertvolles Ausbildungswerkzeug, das Ihnen hilft, Ihren Hund unter Kontrolle zu bekommen. »Sitz« ist der Schlüssel für gutes Benehmen – beim Tierarzt, im Hundesalon, wenn Besucher kommen oder wenn Sie Daisy nur die Leine anlegen wollen.

So wird's gemacht

Halten Sie leckere Häppchen bereit. Gehen Sie wieder mit Ihrem Hund in ein ruhiges Zimmer. Rufen Sie ihn heran. Nun halten Sie ein Leckerli direkt vor sein Gesicht, aber geben Sie es ihm nicht.

Bewegen Sie das Leckerli langsam von seiner Nase weg nach oben und hinten, also aus seiner Reichweite. Ihr Hund wird der Bewegung Ihrer Hand folgen, um das Leckerli zu bekommen. Diese Haltung mit überstrecktem Hals ist anstrengend für ihn. Die meisten Hunde setzen sich nun instinktiv. Super! Belohnen Sie Ihren Hund mit einem Click und geben ihm sofort das Leckerli. Braver Hund!

Bitte sprechen Sie nicht!

»Sitz« – die erste und einfachste Übung.

Mit dem Leckerli führen Sie Ihren Hund in die gewünschte Position ...

... bis er sich hinsetzt. Die »Sitz«-Übung dauert nur wenige Sekunden.

Der passive Hund

Wenn Ihr Hund aufgibt, anstatt zu sitzen, locken Sie ihn nochmal. Seien Sie geduldig, es wird funktionieren. Hunde lieben dieses Spiel. Benutzen Sie für diese ›schwierigen Fälle‹ ganz besonders leckere Häppchen. Sobald er dann sitzt, geben Sie ihm das Leckerli (C & L). Sollte Ihr Hund gelangweilt davonstolzieren, bleiben Sie, wo Sie sind! Laufen Sie ihm auf keinen Fall bettelnd hinterher. Halten Sie das Fleisch in Ihrer Hand und ›untersuchen‹ Sie es mit größtem Interesse. Schenken Sie Ihrem Hund keine Beachtung, dem Leckerli umso mehr. Er wird zurückkommen! Nun versuchen Sie die Übung noch einmal.

Sollte er nicht zurückkommen, packen Sie das Leckerli wieder ein und gehen ebenfalls weg. Lassen Sie Ihren Hund ›links liegen‹. Ärgern Sie sich bloß nicht!

Versuchen Sie es in einer Stunde erneut.

Sollten alle Versuche fehlschlagen, muss Bobbi leider alle seine nächsten Futterrationen mittels der Sitz-Übung bekommen. Ohne Erbarmen. Halten Sie dazu den gefüllten Fressnapf in der linken Hand, das Leckerli in der rechten Hand. Nur wenn er die Übung mitmacht, bekommt er etwas aus dem Futternapf. Bleiben Sie standhaft! Ihr Hund wird nicht verhungern.

Wenn er auch das verweigert, gehen Sie schweigend davon. Futternapf und Leckerli nehmen Sie natürlich mit sich! Versuchen Sie es in zwei Stunden wieder.

Er will immer noch nicht? Dann muss Bobbi leider bis zum nächsten Tag warten. Bis dahin gibt es weder Futter, noch Spiel, noch irgendeine Aufmerksamkeit. Ihr Hund bekommt weder Streicheleinheiten noch nette Worte. Sie drehen den Spieß einfach um: Wie du mir, so ich dir!

Sobald er merkt, dass Sie nicht mehr erpressbar sind, wird er aufgeben und mitmachen. Etablieren Sie Ihre Rolle als Rudelführer. Zeigen Sie Ihrem Hund, dass Sie genau wissen, was Sie wollen, und dass Sie Ihren Willen auch durchsetzen. Der Respekt und die Liebe Ihres Hundes zu Ihnen werden sich von Stund an um ein Vielfaches steigern. Sie sind auf dem besten Weg, sein Idol zu werden!

Der aktive Hund

Ein sehr aktiver Hund spielt in dieser Situation gerne ein bisschen verrückt. Er läuft herum, rollt sich auf dem Boden, springt an Ihnen hoch oder bellt das Leckerli aufgeregt an. Ignorieren Sie all diese Verrücktheiten. Sie sind vergeblich und bringen ihm weder das Leckerli noch Ihre Aufmerksamkeit.

Zeigen Sie Ihrem Hund das Häppchen und warten Sie einfach, bis er sich beruhigt und ermüdet. Er wird gleich eine Pause einlegen und sich hinsetzen, um darüber nachzudenken, wie er an das Leckerli kommen könnte ... Hurra, er sitzt! Genau das wollten wir doch! Schlauer Hund – Jetzt gibt's das Futter (C & L)! Sehr gut! Versuchen Sie es gleich noch mal. Und noch mal. Versuchen Sie genau in dem Moment zu clicken, wenn sein Hintern den Boden berührt. Das hilft Ihrem Hund zu begreifen, dass es dieses spezielle Verhalten ist, das ihm das Leckerli bringt!

Viele Hunde stehen nach dem Click sofort wieder auf. Das ist in Ordnung. Der Click und das nachfolgende Leckerli beenden eine Übung.

Wiederholen Sie diese Session zwanzig bis dreißig Mal über den Tag verteilt in verschiedenen Situationen und unterschiedlichen Zimmern.

Hat er es begriffen?

Zeigen Sie Ihrem Hund das Leckerli, dann verstecken Sie es sofort hinter Ihrem Rücken. Was geschieht?

Wenn er um Sie herumgeht um das Leckerli zu finden, sagen Sie nur »falsch« und üben weiter wie zuvor.

Wenn er sich, auch ohne das Leckerli noch zu sehen, hinsetzt – Bravo! Geben Sie ihm einen Jackpot! (Drei oder mehr Leckerlis statt nur einem.)

Haben Sie den Mut, fünfzig Euro zu wetten, dass Ihr Hund sich setzt, sobald er ein Leckerli sieht? Großartig, sobald Sie dazu bereit sind können Sie beginnen, das ver-

Ihr Hund sollte sich auch dann setzen, wenn er kein Leckerli mehr sieht.

bale Signal hinzuzufügen. Nun, da Ihr Hund weiß, was Sie von ihm erwarten, ist er empfänglich dafür, die sprachliche Bedeutung seines Verhaltens zu lernen. Er ist mental bereit, einen verbalen Laut zu begreifen.

Das Handsignal einführen

Ihr Hund hat sich an den Übungsablauf gewöhnt und arbeitet gut mit? Er setzt sich schon fast pausenlos und unermüdlich vor Sie hin? Das ist fantastisch! Belohnen Sie ihn immer dafür und etablieren Sie zusätzlich das Handsignal.

Versuchen Sie nun Ihren Zeigefinger aufwärts zu richten. Halten Sie das Leckerli nur noch mit Ihrem Daumen und Mittelfinger fest. Auf diese Weise lernt Ihr Hund das Handsignal ganz automatisch mit.

Das Handsignal binden Sie übergangslos in die »Sitz«-Übungen mit ein. Das Leckerli halten Sie dabei mit Daumen und Mittelfinger fest.

Das Verhalten benennen

Nachdem Ihr Hund herausfinden konnte, was Sie von ihm erwarten und sicher ist, dass er sich setzen muss, um an das Leckerli zu kommen, ist er offen, auch ein verbales Signal aufzunehmen. Er muss sich nicht mehr auf seine Handlung konzentrieren, denn er weiß ja jetzt schon, was ihm Erfolg bringt.

Zeigen Sie Ihrem Hund das Leckerli, halten Sie Ihren Zeigefinger nach oben. Und genau in dem Moment, wenn sich seine Beine beugen, sagen Sie »Sitz«. Nicht vorher! Sobald er dann mit seinem Hintern voll am Boden ist, belohnen Sie ihn mit einem Leckerli (C & L).

Machen Sie auch diese Übung dreißig Mal pro Tag.

Wenn Sie ein verbales Signal wie »Sitz« im richtigen Moment sagen, nämlich *während* sich Ihr Hund hinsetzt, wird in seinem Gehirn eine Verbindung hergestellt zwischen seiner Aktion (den Hintern in Richtung Boden bewegen) und dem Signal, das er in dem Moment hört: *Sitz.*

Nur wenn Aktion und Signal zu gleicher Zeit stattfinden, verschmelzen beide zu einer Einheit, die Ihr Hund später nicht mehr trennen kann. Er wird praktisch automatisch darauf reagieren, ohne darüber nachzudenken. Erst wenn das geschehen ist, sollten Sie ein Wortsignal als Befehl anwenden. Ihr Hund wird dann, wie von Geisterhand gesteuert, wirklich tun, was Sie verlangen.

Das bedeutet: Sagen Sie jedes Wortsignal etwa sechs bis acht Wochen lang nur dann, wenn Ihr Hund die entsprechende Handlung gerade ausführt. Geben Sie ihm ausreichend Gelegenheit, einen Laut zu begreifen. Je länger Sie Ihrem Hund in der Lernphase Zeit lassen, desto gewissenhafter und zuverlässiger wird er später Ihre Forderungen befolgen.

Wenn Sie Wortsignale zu schnell als reine Befehle benutzen, kann Ihr Hund noch bewusst steuern, ob er darauf reagiert oder nicht! Die Chancen stehen 50:50, dass er verweigert. Sie müssen in diesem Fall noch mal von vorne beginnen, um seine Eigeninitiative zum Verweigern wirklich auszuschließen.

Wenn Sie während der Lernphase beispielsweise »Sitz« als Befehl sagen, bevor Ihr Hund sich setzt, kann in seinem Gehirn keine Verknüpfung von Aktion und Signal stattfinden.

Aus diesem Grund war auch das traditionelle Hundetraining früher so mühsam. Die Trainer haben auf die Hunde eingeschrieen und auch eingeschlagen. Sie haben an ihnen her-

Machen Sie Tempo! Sonst sitzt Ihr Hund schneller, als Sie das Signal dazu geben können.

umgezerrt und -geschoben, während sie ständig Befehle brüllten wie »Sitz!«, »Platz!«, »Komm!« Die armen Hunde hatten nie Gelegenheit bekommen, zu begreifen, was diese Worte bedeuten, und dass der Mensch nun eine ganz bestimmte Aktion von ihnen erwartet.

Heute wissen wir, dass diese Art der Ausbildung sinnlos ist. Ich hoffe nur, dass sie bald nirgendwo mehr Anwendung findet.

> **Das beste Beispiel für nicht erfolgte Verknüpfung von Aktion und Signal sind Hunde, die einfach nicht kommen, wenn sie gerufen werden. Das »Komm« wurde in diesen Fällen oftmals nicht trainiert, bis es zum Reflex wurde. Wenn auch noch Rangordnungsprobleme die Situation erschweren, wird es fast aussichtslos den Hund heranzurufen. Er wird nicht kommen ...**

Der letzte Test

Es gibt eine ganz einfache Möglichkeit, zu testen, ob das Wortsignal wirklich begriffen wurde: Sagen Sie »Sitz« in einem völlig unerwarteten Moment. Am besten ist es, wenn Ihr Hund in dem Moment nicht einmal in Ihre Richtung schaut. Sie geben kein Handsignal und haben auch keinen Blickkontakt. Folgt er Ihrer Anweisung und setzt sich? Das ist fantastisch! Loben Sie ihn und gehen Sie wieder Ihrer Beschäftigung nach. Im Moment folgen keine weiteren Wiederholungen. Das war nur ein Test, kein Training.

Jetzt versteht Ihr Hund das erste Wort unserer menschlichen Sprache. Freuen Sie sich darüber! Sie haben einen Meilenstein gelegt. Dieses kleine Wörtchen ist das Fundament Ihrer gemeinsamen Kommunikation. Von nun an ist es Ihnen möglich, sich mit Ihrem Hund aktiv zu verständigen. Er wird bis ins hohe Alter wissen, was Sie meinen, wenn Sie »Sitz« sagen – und sofort seinen Hintern zum Boden bewegen.

Sollte Ihr Hund sich nicht setzen, seien Sie nicht frustriert. Wiederholen Sie weiter wie oben beschrieben. Testen Sie ihn in einer Woche erneut.

Ignorieren Sie unaufgefordertes Sitzen

Da Ihr Hund nun weiß, dass er für das Hinsetzen belohnt wird, gibt er sich richtig viel Mühe und schaut besonders drollig dabei aus.

Auch wenn es Ihnen schwerfällt – bleiben Sie standhaft. Ignorieren Sie ab jetzt dieses spontane eigenständige Benehmen. Eine Belohnung (C & L) gibt es nur noch, wenn Ihr Hund sich setzt, nachdem Sie ihn dazu aufgefordert haben. Wir wollen ihm nicht beibringen, sich hinzusetzen. Das hat er schon kurz nach seiner Geburt gelernt.

Wir wollen erreichen, dass Ihr Hund sich setzt, nachdem Sie ihm ein bestimmtes Signal gegeben haben (Handzeichen, Wort).

Minimieren Sie die Leckerlis

Es gibt viele Trainer und auch Hundebesitzer, die nicht mit Futterbelohnung arbeiten möchten. Sie wollen nicht ein Leben lang Fleisch oder Käsewürfel in der Tasche herumtragen. Das wollen wir auch nicht.

Deshalb benutzen wir Futter zur Motivation und als Belohnung nur während der Lernphase. Sobald Ihr Hund eine Aufgabe begriffen hat, verringern wir systematisch die Anzahl und Häufigkeit der Leckerlis.

Nach ein paar Wochen genügt dann ein freudiges »Super!«, »Guter Hund!« in Verbindung mit einem kurzen Schulterklopfen. Nur wenn Ihr Hund einen Befehl besonders schnell und akkurat ausführt, bekommt er manchmal noch den altbewährten Jackpot und viel enthusiastisches Lob.

Und so werden Sie die Leckerlis nach und nach wieder los:

Rufen Sie Ihren Hund heran. Sobald er vor Ihnen ist, geben Sie das Sichtzeichen (Zeigefinger nach oben), aber Sie halten nun KEIN LECKERLI mehr in Ihrer Hand! Die Wurst- oder Käsewürfel halten Sie in Ihrer anderen Hand hinter Ihrem Rücken. Am besten funktioniert es mit einer Bauchtasche um Ihre Taille herum, so dass Ihre beiden Hände frei sind und Ihr Hund die Leckerlis nicht sehen kann.

Reduzieren Sie nach ein paar Tagen auch die Anzahl der Belohnungen. Ein Leckerli (C & L) gibt es nun nur noch jedes zweite Mal »Sitz«, ab nächster Woche nur noch jedes dritte Mal und später überhaupt nicht mehr.

Loben Sie Ihren Hund anfangs aber immer mit Begeisterung, wenn er Ihre Aufforderung richtig befolgt. Als Belohnung können Sie nun einen Ball werfen, Fangen spielen, einen Spaziergang machen oder irgendetwas anderes tun, das Ihr Hund gerne mag.

Auf diese Art weiß Ihr Hund nie, wie er belohnt wird oder wann. Das hält seine Motivation und Begeisterung aufrecht. Spiel und Training bleiben spannend wie ein Lotteriespiel. Er weiß nie, wann der Jackpot fällt.

Seien Sie die nächsten zwei bis drei Monate geduldig. Verwenden Sie das Wortsignal »Sitz« nicht zu schnell als Befehl.

Variieren Sie Ihre Übungen

Nun machen Sie die Sache etwas spannender. Manchmal verwenden Sie das Handsignal, manchmal benutzen Sie das Wortsignal. Ein andermal sagen Sie »Sitz« in dem Moment, wenn Ihr Hund seine Knie beugt. Wechseln Sie ständig die Plätze. Üben Sie in verschiedenen Räumen Ihrer Wohnung, auf dem Parkplatz, vor dem Supermarkt. Durch stetes Variieren Ihrer Übungen erreichen Sie ein wirklich zuverlässiges Befolgen Ihrer zukünftigen Aufforderung »Sitz«.

Bald haben Sie einen Hund, der auf Befehl sitzt, wo immer und wann immer Sie es wollen.

Sogar mit gut trainierten Hunden gehe ich manchmal zu den Basisübungen zurück und sage das Wortsignal in dem Moment, wenn sie mir das gewünschte Benehmen zeigen. Es gibt keinen Grund, das nicht zu tun. Im Gegenteil, es hilft enorm, das Gedächtnis eines Hundes aufzufrischen.

»Hinlegen«

Ich kann immer wieder beobachten, dass Hundebesitzer das »Hinlegen« mit einem vorherigen »Sitz« verbinden. Das ist falsch. Ein Hund muss nicht erst in Sitz-Position sein, um sich hinzulegen.

Er legt sich hundertmal täglich hin, direkt aus dem Stand. Das ist weder schwierig noch schmerzhaft für Ihren Hund. Es ist auch nichts Neues. Neu ist nur, dass er jetzt lernt, auf ein Signal hin seinem gesamten Körper zu Boden zu bringen.

»Legen« ist also ein separates Verhalten, es hat nichts zu tun mit »Sitz«. Und genauso werden wir es auch üben.

Zum einen hilft diese strikte Trennung Ihrem Hund bei der Unterscheidung der Signale. Es erleichtert ihm das Lernen. Zum anderen vermeiden Sie damit, dass Ihr Hund ständig aus dem »Sitz« in die Liegeposition abgleitet.

Machen Sie es Ihrem Hund einfach, seien Sie immer klar und deutlich in Ihren Forderungen: »Sitz« bedeutet, nur das Hinterteil am Boden zu haben, »Legen« dagegen betrifft den ganzen Körper.

Wir trainieren das »Legen« also immer aus der Steh-Position heraus.

Ich benutze hier ganz bewusst nicht das Wort »Platz« aus der Schutzhundausbildung. Meine Hunde müssen sich nicht blitzartig hinwerfen und mit dem gesamten Körper einschließlich Kopf am Boden kleben.

Wir trainieren hier eine ganz normale, für den Hund bequeme Liegeposition. Deswegen benutze ich dafür das verbale Signal »Legen«.

Sollten Sie für Ihren Hund eine spätere Schutzhundausbildung anstreben, so können Sie das strenge »Platz« problemlos zusätzlich einbauen, ohne bei ihm Verwirrung zu verursachen. Er wird das »Legen« und das »Platz« als getrennte Befehle auf unterschiedliche Weise ausführen.

Trainieren Sie das Hinlegen in einer Position, die Ihren eigenen Rücken schont.

So wird's gemacht

Wenn Sie einen kleinen, leichten Hund besitzen, heben Sie ihn für diese Übung auf einen Tisch. Sollte Ihr Hund zu groß sein, um auf dem Tisch zu stehen, können Sie an einem Treppenabsatz trainieren. Die Übung funktioniert dann erheblich besser. Außerdem schonen Sie dadurch Ihre eigenen Gelenke und Ihren Rücken. Es spricht aber auch nichts dagegen, auf ebener Erde zu üben.

»Legen« wird ähnlich trainiert wie das »Sitz«. Halten Sie das Leckerli vor die Nase Ihres Hundes und locken Sie ihn langsam zum Boden hinunter, sodass er liegen muss, um es zu erreichen.

Achten Sie darauf, sich nicht zu weit von Ihrem Hund wegzubewegen. Vermeiden Sie, dass er Ihrer Hand ständig folgen muss, um an das Leckerli zu kommen. Ziehen Sie Ihre Hand mit dem Leckerli also nur abwärts, nicht zur Seite. Auf dem Boden halten Sie Ihre Hand dann auf einen Punkt fixiert. Dadurch bringen Sie mehr Ruhe in die Übung. Ihr Hund merkt dann sehr schnell, dass das Futter nicht ›wegrennt‹ und verfolgt es nicht ständig mit seiner Nase.

Futtergierige Hunde fallen gleich zu Boden. Sollte das passieren, bekommt Ihr Hund sofort darauf das Leckerli aus Ihrer Hand (C & L).

Viele Hunde strecken aber ihr Hinterteil in die Luft und sind nur mit der Brust am Boden, andere schnüffeln angestrengt um Ihre Hand herum, ohne ein Bein zu beugen. Das gilt nicht!

Wenn das geschieht, halten Sie das Leckerli nur auf dem Boden eingeschlossen in Ihrer Hand, so dass Ihr Hund es nicht bekommen kann.

Seien Sie geduldig! Wenn Ihr Hund aufgibt und seinen Kopf oder Körper wieder aufrichtet, locken Sie ihn langsam erneut nach unten. Er wird sich hinlegen, denn die tiefe Kopfhaltung ist absolut unbequem für ihn. Sobald sein ganzer Körper am Boden ist, bekommt er das Leckerli (C & L). Versuchen Sie es gleich noch einmal. Wiederholen Sie diese Übung zwanzig bis dreißig Mal pro Tag.

Muss das sein? – Der passive Hund

Wenn sich Ihr Hund partout nicht legen will, zerlegen Sie die Übung in mehrere kleine Schritte …

Bei den anfänglichen Übungen konnten Sie sehen, wie weit Ihr Hund seinen Kopf beugt. Eventuell waren es nur zwei bis drei Zentimeter. Das reicht für den Anfang.

Locken Sie ihn mit dem Futterbröckchen erneut nach unten. Nun geben Sie ihm das Leckerli (C & L) bereits kurz bevor er sein Limit (drei Zentimeter) erreicht hat. Wiederholen Sie das und führen Sie das Leckerli pro Tag einen Zentimeter weiter nach unten. So dauert es zwar etwas länger, aber das Ergebnis ist das gleiche. Nach ein paar Tagen wird Ihr Hund dem Leckerli brav bis zum Boden folgen.

Der aktive Hund

Ihm fällt diese Übung nicht schwer. Bereits nach wenigen Versuchen weiß der sehr aktive Hund, was Sie von ihm erwarten. Sie können sein Temperament im Zaum halten, indem Sie die Übung verlängern. Geben Sie ihm nach ein paar Versuchen das

Beim Einüben von »Platz« sollte der Hund direkt aus dem Stand in die Liegeposition gleiten. Dazu ist es wichtig, dass Sie Ihre Hand mit dem Leckerchen gerade nach unten führen.

Leckerli (C & L) nicht mehr sofort, nachdem er am Boden liegt. Bauen Sie eine Verzögerung von zwei bis drei Sekunden ein, die Sie schrittweise verlängern.

Die Beinbrücke

Hier kommt eine Variante für sehr sportliche Hundebesitzer: Knien Sie sich neben Ihren Hund auf den Boden. Nun strecken Sie ein Bein nach vorne, sodass eine Brücke entsteht.

Locken Sie Ihren Hund mit dem Leckerli durch Ihr Bein hindurch. Um unter Ihrem Bein durchzukriechen, muss er sich hinlegen. Was für ein guter Hund! Dieses Leckerli (C & L) hat er sich wirklich verdient. Probieren Sie das gleich noch einmal.

Die Beinbrücke macht vielen Hunden Spaß. Als Lockmittel können Sie Futter oder das Lieblingsspielzeug benutzen

Die Sache mit der Dominanz

Dominante Hunde lehnen diese Übung grundsätzlich ab. Sich vor einem anderen auf den Boden zu legen ist ein Zeichen der Unterwerfung. »Niemals!«

Sie werden jetzt ganz erstaunliche Beobachtungen machen. Ein dominanter Hund wird völlig gelangweilt den Kopf zur Seite drehen, das Leckerli geringschätzig verschmähen und sich blind stellen.

Kann es sein, dass Ihr Hund bereits bestimmt wo es langgeht? Dann heißt es von nun an wirklich konsequent bleiben! Das ist eine klare Chance, Ihre Rangordnung neu festzulegen. Hier ein paar Möglichkeiten, Ihrem Hund das Hinlegen doch noch schmackhaft zu machen.

Nehmen Sie Ihren Hund an die Leine. Dieser symbolische Akt zeigt ihm, dass nicht er, sondern Sie die Regeln festlegen. Außerdem hindert ihn die Leine daran, einfach wegzulaufen. Damit wir uns nicht missverstehen: Es geht hier nicht darum, den Hund mit Hilfe der Leine gewaltsam herunterzuziehen, sondern lediglich darum, ihn zu begrenzen.

Zeigen Sie Ihrem Hund ganz klar, dass Sie wissen, was Sie wollen und dass Sie Ihren Willen auch durchsetzen. Dieses Machtspiel gewinnt, wer den größeren Dickschädel besitzt. Geben Sie also nicht nach, aber belohnen Sie (C & L) bereits die kleinsten Kopfbewegungen in Richtung Leckerli. Schrittweise halten Sie das Leckerli immer weiter unterhalb seines Kopfes.

Immer noch kein Erfolg? Dann müssen Sie größere Geschütze auffahren. Trainieren Sie zur Fütterungszeit mit der normalen Futterration. Halten Sie die Schüssel mit dem Futter unterhalb seiner Nase. Sobald Ihr Hund hinunterschaut, belohnen Sie ihn mit einem Häppchen des Futters. Halten Sie die Schüssel allmählich immer tiefer, bis Ihr Hund liegen muss, um das Futter zu erreichen. Erst jetzt darf er den Rest des Futters auffressen und dazu auch wieder aufstehen.

Das Handsignal einführen

Sobald Ihr Hund weiß, was Sie erwarten, können Sie das Handsignal mit einfließen lassen. Halten Sie dazu das Leckerli in Ihrer Handfläche nur mit dem Daumen fest. Die restlichen Finger sind ausgestreckt. Nun drehen Sie Ihre Hand herum, sodass Ihre Handfläche zum Boden zeigt.

Locken Sie Ihren Hund nun nach unten in die Liegeposition. Am Anfang führen Sie Ihre Hand bis zum Boden, um es Ihrem Hund leicht zu machen. Aber allmählich bleiben Sie mit Ihrer Hand weiter vom Boden weg. So können Sie später das Handsignal geben, ohne sich selbst noch nach unten beugen zu müssen.

Ein neues Handsignal, ein anderes Verhalten. Das klappt doch schon super!

Das Verhalten benennen

Ich bin begeistert! Nachdem das so prima funktioniert, bringen wir Ihrem Hund ein weiteres Wort unserer menschlichen Sprache bei. Benutzen Sie »Hinlegen«, »Ablegen«, »Legen« oder einen anderen Begriff, der Ihnen selber angenehm ist.

Locken Sie Ihren Hund wieder mit dem Leckerli zum Boden. Wie beim »Sitz« sagen Sie auch dieses Wort, während er das Verhalten ausführt.

Sagen Sie »Legen« sobald er dem Leckerli zum Boden folgt. Je nachdem wie schnell Ihr Hund dabei ist, können Sie auch mehrmals »Legen« sagen. Sowie er richtig liegt, bekommt er wieder seine Belohnung (C & L).

Den Standort wechseln

Üben Sie das neue Verhalten auch in anderen Zimmern. Sobald das gut klappt, auch im Garten und schließlich beim Spaziergang, beginnen Sie zu variieren. Arbeiten Sie abwechselnd mit Handsignal oder Wortsignal.

Sollte es im Freien noch etwas schleppend gehen, praktizieren Sie das »Legen« wie zu Beginn des Trainings. Führen Sie anfangs die Hand mit dem Leckerli wieder bis zum Boden. Das Wortsignal sagen Sie, während Ihr Hund sich legt. Er wird sich schnell erinnern und bald auch beim Spaziergang ein perfektes »Legen« vorführen.

Das Signal anwenden

Nach einer Woche Training testen Sie Ihren Hund zum ersten Mal. Sagen Sie »Legen« bei gleichzeitigem Handsignal. Legt er sich? Das gibt einen wohlverdienten Jackpot (C & L)! Allmählich lassen Sie auch das Handsignal weg, sodass Ihr Hund bald zuverlässig auf das Wort »Legen« reagiert.

Sollte es noch nicht so gut klappen, üben Sie weiter. Wiederholen Sie den Test nächste Woche erneut.

Spontanes Hinlegen ignorieren

Ihr Hund ist nun bereits so gut, dass Sie unaufgefordertes Legen nicht mehr belohnen müssen. Sagen Sie ihm aber weiterhin, was er gerade tut, sobald er sich in Ihrer Nähe hinlegt.

Ablenkungen einbauen

Versuchen Sie allmählich den Schwierigkeitsgrad zu steigern. Lassen Sie eine andere Person an der Tür klingeln oder andere Geräusche machen. Oder lassen Sie den Helfer mit Salami-Sandwich durch das Zimmer gehen und sich neben Ihren Hund

Hier ist der ablenkende Helfer interessanter als der Trainer. Da hilft nur eins: üben, üben …

setzen. Ich weiß, das ist absolut grausam für Bello. Aber nur so können Sie feststellen, wie konzentriert Ihr Hund mitarbeitet.

Sobald er sich ablenken lässt, reagieren Sie mit einem deutlichen »Nein« und wiederholen die Übung wenigstens noch ein Mal. Wenn nötig, müssen Sie Ihren Hund dazu an die Leine nehmen. Danach beenden Sie das Training mit einem Auflösungssignal wie »Fertig«, »Geschafft« oder »OK«.

Die Leckerlis reduzieren

Nun sind Sie schon fast beim Endspurt angelangt. Ihr Hund legt sich nach erfolgtem Signal neben Sie auf den Boden. Beim Spaziergang im Park, im Auto und auch beim Tierarzt. Das ist der Moment, in dem Sie beginnen können, die Leckerlis zu reduzieren. Belohnen Sie ab jetzt nur noch jedes zweite befolgte »Legen« mit Leckerli (C & L), dann jedes dritte Mal, jedes fünfte Mal. Ersatzweise bekommt Ihr Hund ein freundliches Schulterklopfen, einen anerkennenden Blick und viel motivierendes Lob von Ihnen.

Das Gelernte anwenden

Verlängern Sie allmählich die Zeitdauer, die Ihr Hund liegend verweilt. Das ist eine gute Vorübung für das spätere »Bleib«.

Eine erweiterte Variante ist, Ihren Hund aus der Liegeposition wieder ins »Sitz« zu locken. Sie können Futter dafür verwenden, mit Ihren Händen über seinem Kopf herumwackeln oder seine Füße etwas anstupsen. Sobald er sich setzt, wird er natürlich belohnt (C & L). Probieren Sie aus, wie es am besten funktioniert.

Sind Sie beide noch enthusiastisch? Spitze, dann machen wir weiter!

Sollte Ihnen das Wort »Legen« nicht gefallen, erfinden Sie einfach Ihr eigenes Signal. Das gilt auch für alle anderen Situationen, die wir hier üben. Sie dürfen durchaus Ihren Dialekt oder Mundartbegriffe anwenden. Wichtig ist nur, dass Sie immer den gleichen Begriff für die gleiche Situation benutzen und dass sich die einzelnen Befehle vom Klang her unterscheiden.

Meine Dalmatinerhündin jault zum Beispiel nach Aufforderung. Aber ich wollte nicht das Wort »Sing« dafür benutzen, da es sich kaum von »Bring« unterscheidet. Also habe ich mich für »Sag was« entschieden, und sie macht es wirklich gut!

»Komm« – Sofort!

»Komm« ist eines der wichtigsten Signale im Umgang mit Hunden. Aber es ist auch das verwirrendste, fehlerhafteste und daher höchstbezahlte Training in Hundeschulen.

So gut befolgt, macht das »Komm« nicht nur den Hunden Spaß, sondern auch ihren Besitzern!

Wenn Sie ein paar wichtige Grundregeln beachten, können Sie folgeschweren Fehlern vorbeugen:

- Seien Sie für Ihren Hund immer interessanter als der Rest der Welt.
- »Komm« muss für Ihren Hund immer eine positive Bedeutung haben! Egal, wie verärgert Sie gerade sind: Wann immer Ihr Hund zurückkommt, wo immer er war, was immer er getan hat. Das »Komm« muss mit Lob, Spiel, oder guter Laune enden – IMMER!
- Rufen Sie Ihren Hund nur mit positiver Stimme. Ich weiß, manchmal scheint es uns unmöglich. Aber, eine drohende Stimme oder Schimpfen, nachdem er herankommt, bedeuten für ihn: »Stress! Frauchen/Herrchen ist total sauer. Da bleibe ich am besten ganz weit weg.« Ihr Hund sieht sich selbst oder sein Handeln nicht als Grund Ihrer schlechten Laune! Er weiß nicht, warum Sie verärgert sind.
- Rufen Sie Ihren Hund nicht mit »Komm«, wenn Sie ihn disziplinieren möchten oder wenn andere unangenehme Dinge anstehen wie z. B. Krallenschneiden.

❒ Jagen Sie Ihren Hund nicht und rennen Sie ihm niemals hinterher, wenn er wegläuft. Er sieht das sonst als Spiel und rennt nur umso schneller davon.

Genug Theorie, gehen wir zum lustigeren Teil über. Lassen Sie uns das »Komm« jetzt
üben.

So wird's gemacht

Bei diesem Training führen Sie das Verhalten nicht erst herbei. Da Ihr Hund schon in
Bewegung ist, verbinden Sie seine Aktion sofort mit dem Wortsignal.

Als Erstes füllen Sie ein paar Leckerlis in die Futterschüssel Ihres Hundes. Nehmen Sie die Schüssel in Ihre linke Hand. Nun rufen Sie Ihren Hund beim Namen,
um seine Aufmerksamkeit zu bekommen. Zeigen Sie ihm die Futterschüssel oder
auch die Leckerlis darin und laufen Sie vor ihm davon. Sobald er Ihnen folgt, sagen
Sie, »Komm«, »Komm«, »Komm«.

Auch jetzt sagen Sie das Wortsignal genau in dem Moment, wenn Ihr Hund das
gewünschte Verhalten ausführt. Laufen Sie vor ihm davon! Solange er hinter Ihnen
her rennt motivieren Sie ihn mit »Komm«.

Laufen Sie um den Tisch herum und rufen Sie »Komm«, »Komm«, »Komm«.
Gehen Sie in ein anderes Zimmer und sagen Sie »Komm«, »Komm«, »Komm«.
Rennen Sie in den Garten und rufen Sie »Komm«, »Komm«, »Komm«.

Ist Ihr Hund immer noch hinter Ihnen? Fantastisch, dann bekommt er jetzt ein
Leckerli aus der Schüssel (C & L). Und sofort laufen Sie wieder los …

Diese beiden haben wirklich Spaß beim
»Komm«-Training. Kinder sind für so
manche Übungsstunde die perfekten
Trainer. Ihr Bewegungsdrang und ihre
Lebensfreude wirken enorm motivierend
auf Hunde.

Motivation ist der Schlüssel

Ihr »Komm«-Ruf muss immer motivierend auf Ihren Hund wirken. Zeigen Sie ihm, wie sehr Sie dieses Fangspiel lieben. Ihre Körpersprache und Ihre Stimme müssen Ihrem Hund demonstrieren, wie viel Spaß Sie selbst dabei haben. Lachen Sie laut bei diesem Training, wedeln Sie mit Ihren Armen oder hüpfen Sie wild herum. Das wird Ihren Hund ermutigen, immer weiter hinter Ihnen her zu rennen. Wenn Sie sich dabei albern vorkommen, üben Sie an einem Ort wo Sie niemand beobachten kann. Für Ihren Hund ist diese Körpersprache wichtig. Je mehr Mimik Sie anwenden, desto besser ahnt er, was Sie meinen.

Diese Übung kann für untrainierte erwachsene Menschen durchaus anstrengend sein. Sollten in Ihrer Familie oder Nachbarschaft Kinder leben, lassen Sie die Kinder diese Übung machen. Kinder lieben es, vor Hunden davonzurennen. Sie haben ein sehr viel größeres Durchhaltevermögen als wir und freuen sich, beim Training helfen zu dürfen.

Wenn Sie Laufrichtung und Schrittgeschwindigkeit variieren, halten Sie die Begeisterung Ihres Hundes für lange Zeit aufrecht.

Variationen einbauen

Da Ihr Hund so gut mitmacht, können Sie beginnen, das Training zu variieren. Wechseln Sie Ihre Schrittgeschwindigkeit von langsam zu schnell und wieder zu langsam, während Sie rufen »Komm«, »Komm«, »Komm«. Ändern Sie auch Ihre Laufrichtung. Einmal gehen Sie rechts herum, dann links herum. Oder kehren Sie einfach wieder um und laufen zurück.

Das alles können Sie in Ihrer Wohnung praktizieren. Im Garten geht es natürlich noch besser. Sinn und Zweck der Sache ist, Ihren Hund zu verunsichern. Er soll nicht schon im Voraus wissen, wo Sie hinlaufen werden. Da er fürchtet, Sie würden mit den Leckerlis wegrennen, folgt er Ihnen garantiert.

Um die Spannung zu erhöhen, lassen Sie alle paar Meter ein Leckerli fallen. Ihr Hund muss Sie also genau beobachten, um es auf dem Boden schnell zu finden.

Mit fortschreitendem Training warten Sie, bis Ihr Hund neben Ihnen angelangt ist und geben ihm die Belohnung (C & L) erst jetzt. Dadurch merkt er, dass er nicht nur für das Hinterherlaufen belohnt wird, sondern auch für sein Näherkommen, wenn Sie auf ihn warten.

Steigern Sie den Schwierigkeitsgrad

Nach spätestens einer Woche brauchen Sie die Futterschüssel nicht mehr zu benutzen, um Ihren Hund zu motivieren. Halten Sie die Leckerlis einfach in Ihrer Bauchtasche bereit, wie bei allen anderen Lektionen.

Gar nicht so einfach, die herunterfallenden Leckerlis am Boden zu finden ...

Zeigen Sie Ihrem Hund heute sein bevorzugtes Spielzeug oder ziehen Sie eine Schnur hinter sich her. Jetzt beginnen Sie das Spiel von Neuem! Rufen Sie zuerst den Namen Ihres Hundes, um seine Aufmerksamkeit zu gewinnen. Sobald er schaut oder sogar zu Ihnen kommt, laufen Sie wieder los und rufen »Komm«, »Komm«, »Komm« ...

Aber auch mit Spielzeug können Sie Ihren Hund zum Herankommen motivieren.

Wenn Ihr Hund einen starken Jagdtrieb hat, kann es genügen, nur seine Aufmerksamkeit zu erregen und wegzulaufen. Sie brauchen dann keine Motivationsobjekte zu verwenden. Hat er einen ausgeprägten Beutetrieb, dann binden Sie sein Lieblingsspielzeug an eine Schnur und ziehen es hinter sich her. Motivieren Sie Ihren Hund mit »Komm«, »Komm«, »Komm« und belohnen Sie ihn (C & L) in regelmäßigen Abständen.

Spontanes Verhalten erwünscht!

Anders als bei den übrigen Lektionen ist spontanes Verhalten nun erwünscht und jederzeit willkommen. Sobald Ihr Hund sich Ihnen auf eigene Initiative nähert, sagen Sie ihm, was er gerade tut: »Komm«. Auch diese Eigeninitiative belohnen Sie hin und wieder (C & L), um seine Motivation zu bestärken.

☐ Wenn Sie fernsehen und Ihr Hund beschließt Ihnen Gesellschaft zu leisten, hört er Sie sagen »Komm«, »Komm«, »Komm«.

☐ Wenn Sie im Garten arbeiten und Ihr Hund nähert sich neugierig, ermutigen Sie ihn auch mit »Komm«, »Komm«, »Komm«.

☐ Wenn Sie duschen und Ihr Hund kommt freudig angerannt ... Nun, diese Entscheidung überlasse ich jetzt besser Ihnen selbst ...

Halten Sie für diese spontanen Momente in jedem Zimmer ein paar Leckerlis bereit. Auf dem Fernseher, auf der Anrichte oder auf dem Schuhschrank. Hundetraining ist ein nie endendes Spiel, also nehmen Sie es leicht, mit Spaß und guter Laune.

Die Familien-Methode

Eine zusätzliche Variante wäre, das »Komm« mit Hilfe anderer Familienmitglieder oder Freunden zu trainieren. Dazu stehen oder sitzen sich mindestens zwei Personen gegenüber. Dolly ist in der Mitte. Jeder Beteiligte hat Leckerlis in der Tasche. Jetzt ruft eine Person »Dolly, Komm!«

Sobald Dolly bei der Person ist, wird sie mit Leckerli belohnt (C & L). Und schon ruft die nächste Person »Dolly, Komm«. Auch von dieser Person gibt es ein Leckerli für das Herankommen und so weiter.

Dieses Trainingsspiel sorgt bei allen Beteiligten garantiert für gute Laune. Positiver Nebeneffekt: Ihr Hund hat jede Menge Bewegung, während Sie dabei sitzen können.

Bitte benutzen Sie für dieses aktive Training nur ganz weiche Leckerlis wie Banane oder Camembert. Achten Sie darauf, dass Ihr Hund das Futter völlig hinuntergeschluckt hat, bevor Sie weitermachen.

Trainingsspaß zu viert. Alle Beteiligten rufen den Hund im Wechsel zu sich.

»Ich komm ja schon, wo sind meine Leckerlis ...?«

»Tschüss erst mal, aber vielleicht gibt's da drüben Käse ...«

Trainieren mit Helfer

Sie können das »Komm« Training auch zusammen mit einem Helfer praktizieren. Dazu hält der Assistent Ihren Hund ganz normal fest. Sie zeigen Ihrem Hund ein schmackhaftes Stück Fleisch, lassen ihn daran schnuppern und entfernen sich langsam damit.

Nach etwa fünf bis zehn Metern halten Sie an und knien sich hin. Nun motivieren Sie Ihren Hund, indem Sie ganz intensiv immer wieder seinen Namen rufen (Sie sagen noch nicht »Komm«!).

Machen Sie ein riesiges Getue aus dieser Aktion. Wedeln Sie mit Ihren Armen, strampeln Sie mit Ihren Beinen. Motivieren Sie Ihren Hund! Rufen Sie immer wieder seinen Namen.

Sobald Ihr Hund hochgradig stimuliert und aufgeregt ist, lässt der Helfer ihn los. In diesem Moment, wo er mit Höchstgeschwindigkeit auf Sie zustürzt, rufen Sie »Komm«, »Komm«, »Komm«.

Welche Lebensfreude! Ist das nicht herrlich? Wer sonst auf der Welt zeigt uns so stürmisch und ehrlich seine Zuneigung?

Achtung: Wählen Sie bitte einen Assistenten, der wirklich in der Lage ist, Ihren aufgeregten Hund festzuhalten!

Das Signal testen

Sobald Sie glauben, dass Ihr Hund weiß, was »Komm« bedeutet, testen Sie ihn wieder. Lassen Sie ihn in einem eingezäunten Gelände frei herumlaufen. Sobald er sich unbeobachtet fühlt, rufen Sie erst seinen Namen, warten Sie eine Sekunde, dann rufen Sie *einmal* »Komm« und laufen langsam davon. »Rambo ... Komm!«

Folgt Ihnen Ihr Hund? Fabelhaft, das ist einen Jackpot wert!

Sollte Rambo zögern, ob er zu Ihnen kommen soll oder nicht, gehen Sie in die Hocke! Dadurch werden Sie für Ihren Hund optisch kleiner und wirken weiter entfernt. Dieser Trick wirkt fast immer. Wenn Ihr Hund trotzdem nicht kommt, ist das Wortsignal noch nicht ausreichend konditioniert. Machen Sie jetzt nicht den Fehler ihn anzubetteln, doch noch zu kommen! Sie laufen nicht zu ihm zurück. Sie rufen auch kein zweites Mal. Es ist vorbei. Ignorieren Sie ihn für ein paar Minuten.

Wiederholen Sie die »Komm« Spiele für etwa eine Woche, dann testen Sie Ihren Hund erneut. Stellen Sie allerhöchste Ansprüche an dieses Training. Geben Sie sich erst zufrieden, wenn Ihr Hund nach *einem einzigen Mal* rufen wirklich zu Ihnen kommt.

In die Hocke zu gehen ist ein einfacher Trick, um Ihren Hund zum Herankommen zu animieren.

Variationen einbauen

In den folgenden Wochen rufen Sie Ihren Hund aus unterschiedlichsten Entfernungen zu sich. Spielen Sie die »Komm« Spiele an verschiedenen Plätzen. Durch diese Spiele formen Sie das Verhalten Ihres Hundes.

Je öfter er das »Komm« hört, während er zu Ihnen läuft oder Ihnen folgt, desto besser verschmelzen diese beiden Faktoren in seinem Unterbewusstsein. Ihr Wort und sein Handeln werden zu einer Einheit, die er später nicht mehr bewusst trennen kann. Fast wie ein Reflex. Sie sagen »Komm«, und Ihr Hund kommt zu Ihnen – garantiert!

Sparen Sie beim »Komm« nicht an Zeit und Aufwand.

Praktizieren Sie das »Komm« Training heute wirklich intensiv, damit Ihr Hund morgen kommt wenn Sie ihn rufen, und zwar IMMER!

Das Signal anwenden

In den ersten drei Monaten verwenden Sie »Komm« als Befehl beim Spaziergang bitte sehr sparsam. Rufen Sie Ihren Hund nur heran, wenn Sie wirklich sicher sind, dass er auch kommen wird. Geben Sie ihm keine Gelegenheit, den Befehl zu verweigern! Er würde das beim nächsten Mal sofort zu seinem Vorteil ausnutzen und wieder nicht kommen.

Solange Sie unsicher sind, machen Sie es wie beim Training. Rufen Sie seinen Namen oder pfeifen Sie und entfernen Sie sich langsam vom Hund weg. Bleiben Sie gelassen! Er wird Ihnen folgen, da bin ich ganz sicher.

> Das »Komm« ist erst vollständig trainiert, wenn Ihr Hund nach <u>einem Mal</u> rufen darauf reagiert und sofort zu Ihnen kommt.

Spaziergänge im Freien

Wir werden nun das Herankommen festigen und üben es im Park, zwischen anderen Hunden und fremden Menschen. Für den Spaziergang brauchen Sie das Lieblingsspielzeug Ihres Hundes und schmackhafte Leckerlis.

Beschäftigen Sie Ihren Hund mit seinem Spielzeug. In spielfreien Momenten tragen Sie es in Ihrer Hand, nicht in der Tasche. So können Sie es als Anreiz benutzen, um Ihren Hund von ungewollten Ablenkungen (Jogger, Kinder, Radfahrer usw.) fernzuhalten. Locken Sie seinen Blick in solchen Momenten weg vom ablenkenden Objekt und hin zum Spielzeug. Oder spielen Sie Beutestreiten, das hält Ihren Hund wirklich auf das Spielzeug konzentriert.

Ändern Sie, wie bereits im Training, ständig Ihre Laufrichtung. Vor allem: Folgen Sie nicht Ihrem Hund! Lassen Sie nicht ihn bestimmen, wo es langgeht!

Läuft er nach rechts, gehen Sie nach links. Ein Wortsignal benutzen Sie dafür nicht. Geht Ihr Hund zurück, laufen Sie geradeaus weiter. Rennt er nach vorne, drehen Sie sich um und laufen zurück. Rufen Sie ihn nicht, wenn Sie die Richtung wechseln. Bleiben Sie nicht stehen und schauen Sie ihm auch nicht hinterher! Ihr Hund muss lernen, seine Konzentration und Aufmerksamkeit auf Sie zu richten. Nicht umgekehrt! Lassen Sie ihn erleben, dass Sie von nun an entscheiden, in welche Richtung Sie beide gehen werden, nicht Ihr Hund!

In kritischen Momenten rufen Sie nur seinen Namen, entfernen sich aber von ihm weg. Sobald Ihr Hund Ihnen folgt, rufen Sie »Komm«.

Der Ausreißer

Auch Ihnen wird es wenigstens einmal passieren, dass Ihr Hund sich auf und davon macht. Laufen Sie ihm jetzt bloß nicht rufend hinterher! Das würde ihn nur dazu animieren, noch schneller wegzulaufen. Hunde lieben Verfolgungsjagden.

Auch wenn er wegrennt, Ihr Hund beobachtet Sie dabei ganz genau. Bleiben Sie ruhig und tun Sie das Gleiche – entfernen Sie sich von ihm weg. Behalten auch Sie ihn unbemerkt im Auge. Sobald Ihr Hund nach Ihnen Ausschau hält, denn er will Sie auf keinen Fall verlieren, rufen Sie seinen Namen und gehen Sie langsam in eine andere Richtung davon. Sie können auch so tun, als hätten Sie etwas sehr Interessantes am Boden gefunden. Beugen Sie sich hinunter, so als ob Sie etwas suchen würden. Laufen Sie dabei langsam in entgegengesetzter Richtung weiter. Jetzt führen Sie das Spiel und er jagt Ihnen hinterher. Wer ist wohl hier der Schlaue? Da Sie die Situation jetzt wieder im Griff haben, rufen Sie laut und fröhlich »Komm«, »Komm«, »Komm«.

Sie haben Recht, es ist immer wieder die gleiche Übung. Aber so ist es eben. Wenn Sie möchten, dass Ihr Hund Ihnen folgt, müssen Sie vor ihm weglaufen. Seine Triebe und Instinkte sagen ihm, Ihnen zu folgen. Er tat das schon als ganz kleiner Welpe, als er automatisch immer seiner Mutter hinterher tapste.

Die meisten Hunde tun es auch noch, wenn sie in eine Familie kommen. Sie laufen wie Schatten hinter uns her. Leider beginnen wir Menschen irgendwann, die Rollen zu vertauschen. Plötzlich rennt der Mensch seinem Hund hinterher. Um ihm die Leine anzulegen, um ihm Futter zu bringen, um ihn zu baden oder um es dem lieben Hund auf eine andere Weise bequem zu machen. Wen wundert es da noch, dass der Hund nicht kommt, wenn er gerufen wird? Er hat sich einfach schon prima an den Fünf-Sterne-Service gewöhnt. »Mama wird schon kommen und mich holen ...«

Im wirklichen Leben

Rufen Sie Ihren Hund bei Spaziergängen wirklich nur, wenn es einen Grund dafür gibt. Achten Sie darauf, dass während der Lernphase immer etwas passieren muss, sobald er auf Abruf zu Ihnen kommt. Belohnen Sie ihn mit Futter, spielen Sie Ball oder üben Sie Tricks ein.

In Momenten, in denen Sie Ihren Hund nicht aktiv beschäftigen, lassen Sie ihn in Ruhe herumschnüffeln und die Gegend erkunden. Seien Sie ruhig und entspannt. Vertrauen Sie Ihrem Hund, dann läuft er auch nicht weg.

Wenn Sie Ihren Hund einmal von seinen Freunden wegrufen müssen, um nach Hause zu gehen, lassen Sie dabei keine negative Stimmung aufkommen.

Rufen Sie ihn erst in einem Moment, wenn er gelangweilt wirkt und das Spiel mit den anderen Hunden seinem Ende zugeht. Rufen Sie ihn nicht, während er noch total ins Spiel vertieft ist. Er würde nicht darauf reagieren. Sobald er kommt, belohnen Sie Ihren Hund mit einem Leckerli. Spielen Sie mit ihm herum und lassen ihn die anderen Hunde vergessen. Erst dann gehen Sie zusammen nach Hause.

Vergessen Sie nie: Sie wetteifern gegen den Rest der Welt um die Aufmerksamkeit Ihres Hundes!

Nerven Sie Ihren Hund nicht mit ständigem »Komm hier lang«, »Komm mit Mama/Papa«, »Komm weiter«. Achten Sie auch darauf, das Wort ›Komm‹ nicht für andere Zwecke zu missbrauchen wie »Komm friss schon«, »Ach komm, was soll das«, »Komm da weg«. Damit würden Sie die Bedeutung des Signals zerstören. Wenn Ihr Hund das Wort ›Komm‹ ständig so ganz nebenbei hört, ohne dass er wirklich zu Ihnen kommen muss, wird es für ihn belanglos. Er wird also auch nicht mehr darauf reagieren, wenn Sie ihn wirklich einmal zu sich rufen.

Außerdem wirkt Ihr ständiges Rufen und Nach-ihm-Schauen auf Ihren Hund ganz anders,

Na Bravo! Nicht nur der eigene Hund kommt heran. Alle anderen Hund reagieren auch auf »Komm« ...

als Sie glauben. Er sieht es als hilfloses, unterwürfiges Verhalten und übernimmt dadurch langsam aber bestimmt immer öfter die Führung bei Spaziergängen.

Benutzen Sie »Komm« nicht, wenn unangenehme Ereignisse auf Ihren Hund warten wie beispielsweise Medizin eingeben, Krallen schneiden oder Fell kämmen. In solchen schwierigen Situationen gehen Sie zum Hund und holen ihn zu sich – wortlos. Damit vermeiden Sie, dass er das »Komm« mit einer negativen Situation verbindet.

Die falsche Methode

Viele Hunde kommen nicht, wenn sie gerufen werden. Jetzt versuchen Hundebesitzer ihren Hund zu überlisten und machen einen entscheidenden Fehler: Ein Leckerli wird hochgehalten, um den Hund doch noch zum Herankommen zu motivieren.

Bitte tun Sie das niemals! Wenn Sie schon damit begonnen haben, vergessen Sie diese Methode so schnell wie möglich. Warum? Weil Ihr Hund jetzt nur herankommt, um das Leckerli zu bekommen. Er kommt nicht heran, weil er gerufen wurde.

Das bedeutet, er wird immer nur kommen, solange er ein Leckerli in Ihrer Hand sieht! Das ist nicht, was wir wollen.

Leckerlis dürfen das Herankommen nicht

So nicht: Bald wird er nur noch herankommen, wenn er Leckerlis in Ihrer Hand sieht.

verursachen. Sie werden nur zu Beginn des Trainings als Motivation eingesetzt. Im späteren Verlauf benutzen Sie sie lediglich als Belohnung für das Befolgen des Befehles. Und selbst diese Belohnungshappen werden ganz allmählich reduziert.

Für ein zuverlässiges Herankommen müssen Sie von Ihrem Hund weglaufen! Sobald er Ihnen dann folgt, rufen Sie »Komm«, »Komm«, »Komm« und konditionieren ihn damit auf das verbale Signal.

Körpersprache

Unsere Hunde kommunizieren untereinander mittels Körpersprache. Sie benutzen dazu ihren Körper, den Kopf und die Augen. Versuchen Sie das einmal selbst, und Ihr Hund wird instinktiv verstehen: »Komm mit. Auf geht's!«

Wenden Sie etwas Körpersprache an, während Ihr Hund zu Ihnen kommt. Schwenken Sie einen Arm in Vorwärts-Richtung. Tun Sie das Gleiche mit Ihrem Kopf.

Nach einigen Tagen versuchen Sie es, wenn Sie nahe beieinander sind. Sobald Ihr Hund Sie anschaut, schwenken Sie Ihren Kopf in Vorwärts-Richtung, stehen Sie auf und laufen Sie los. Ohne irgendein verbales Signal wird Ihr Hund Ihnen folgen. Die Kopfbewegung nach vorne ist eines der Basissignale, die seine Mutter ihn schon lehrte …

Die Hundepfeife

Es ist sehr hilfreich, wenn Sie Ihren Hund an eine Pfeife gewöhnen. Die meisten Hunde hören viel besser auf einen Pfiff als auf einen Ruf. Der Vorteil einer Pfeife ist, dass Ihr Hund den Pfiff auch aus größerer Entfernung hören kann. Außerdem klingt eine Pfeife immer neutral, niemals wütend oder aufgebracht. Und sie schont die eigene Stimme!

So wird's gemacht

Die beste Gelegenheit zur Einführung der Pfeife ist, während Ihr Hund frisst. Rufen Sie zur nächsten Fütterungszeit Ihren Hund beim Namen. Pfeifen Sie mehrfach zur Verstärkung. Geben Sie ihm sein Futter als Belohnung. Während er nun frisst, pfeifen Sie mehrmals. Wiederholen Sie diese Übung für eine Woche zu jeder Fütterung.

Danach trainieren Sie weiter die normale Komm-Übung. Rufen Sie den Namen Ihres Hundes und laufen Sie von ihm weg. Sobald er Ihnen folgt, wechseln Sie ständig zwischen »Komm« rufen und pfeifen, »Komm« rufen und pfeifen, »Komm« rufen und pfeifen.

Üben Sie das für ein paar Tage, und beim nächsten Spaziergang im Park werden Sie angenehm überrascht sein.

»Bleib!«

Nach so viel Rennerei ist es an der Zeit, wieder etwas Ruhigeres zu üben. Das »Bleib!« ist ein sehr effizientes Signal. Es hilft Ihnen, Ihren Hund in einer Vielfalt von Situationen unter Kontrolle zu haben: beim Tierarzt, in einem Restaurant und bei Spaziergängen ohne Leine. »Bleib!« ist ein entscheidendes Signal für die Sicherheit Ihres Hundes und für Ihren eigenen Seelenfrieden.

Achten Sie bitte darauf, das »Bleib!« mit tiefer, ernster Stimme auszusprechen. Ihr Hund muss merken, dass es jetzt ernst wird. In seine Sprache übersetzt müsste es heißen: »Ich meine das wirklich! Ohne Diskussion!«

So wird's gemacht
Das »Bleib« kann Ihr Hund im Liegen oder Sitzen lernen. Probieren Sie aus, wie es besser funktioniert. Einfacher ist es, wenn er in Liegeposition ist. Hunde sind im Liegen entspannter, können nicht so schnell aufspringen und halten länger durch. Es klappt zwar nicht mit allen Hunden, trotzdem beziehe ich mich bei meiner Beschreibung auf ein »Legen-Bleib«. Denn das werden Sie später viel öfter anwenden als ein »Sitz-Bleib«.

Im Liegen erträgt Ihr Hund das »Bleib« geduldiger und kann es situationsgerechter lernen.

Stellen Sie sich jetzt vor Ihren Hund. Halten Sie Ihre Handfläche wie eine Mauer über sein Gesicht und gehen Sie nur einen Schritt rückwärts, vom Hund weg. Halten Sie Blickkontakt und sagen Sie mit tiefer Stimme »Bleib«. Wenn Ihr Hund diese Position für ein bis zwei Sekunden hält, machen Sie einen Schritt vorwärts, also wieder zu ihm hin, und belohnen ihn mit einem Leckerli (C & L).

Achten Sie darauf, ihn nicht mit dem Leckerli aus seiner Liegeposition heraus zum Aufstehen zu animieren! Das gilt besonders, wenn Sie einen Clicker benutzen.

Arbeiten Sie schnell, dann wird Ihr Hund liegen bleiben. Am besten klappt das, wenn Sie das Leckerli direkt zwischen seine Vorderpfoten auf den Boden legen. Wiederholen Sie alles gleich noch einmal.

Sollte er dennoch aufstehen wollen, bringen Sie ihn mit »Legen« zurück in seine Ausgangsposition und wiederholen das Ganze.

Ihr Hund darf erst aufstehen, nachdem Sie ein Auflösungssignal gegeben haben. Das kann »fertig«, »OK« oder »vorbei« sein. Dieses Signal am Ende einer Übung ist wichtig für Ihren Hund. Es ist ein sicheres Zeichen für ihn, dass die Arbeit beendet ist und er jetzt gehen kann.

> **Benutzen Sie Auflösungssignale regelmäßig, nicht nur beim »Bleib«. Sie erleichtern Ihre gegenseitige Kommunikation. Sie wissen ja: je leichter es Ihr Hund hat, desto schneller lernt er und desto besser wird er sich verhalten.**

Wiederholen Sie das »Bleib« nur fünf Mal pro Trainingseinheit. Es ist eine strenge Übung, die Disziplin verlangt und gar nicht lustig ist. Mit maximal fünf Wiederholungen vermeiden Sie, dass sich Fehler einschleichen oder Ihr Hund unaufmerksam wird.

Damit die gute Laune nicht auf den Nullpunkt absackt, beenden Sie die »Bleib« Lektion immer mit etwas Positivem. Spielen Sie Ball mit Ihrem Hund, lassen Sie ihn Leckerlis suchen oder rennen Sie um die Wette. Durch das Spiel wird er den Ernst der vorangegangenen Übung vergessen und morgen gerne wieder das »Bleib« mit Ihnen üben.

Gehen Sie vorläufig noch nicht weiter vom Hund weg. Drehen Sie sich auch nicht um. Sie machen nur einen Schritt rückwärts und halten Blickkontakt. Verlängern Sie aber allmählich die Zeitspanne, bevor Sie wieder zu ihm hingehen.

Der passive Hund

Hier ist Passivität wirklich von Nutzen. Inaktive Hunde lieben das »Bleib«, es entspricht ihrem Charakter. Oft ist es viel problematischer, diese Hunde in die Liegeposition zu bringen (siehe »Legen«, S. 57). Sobald Sie das geschafft haben, wird Ihr Hund vermutlich seinen Kopf wegdrehen und den Unbeteiligten spielen. Immerhin, er hat sich auf Verlangen hingelegt. Das ist doch schon mal was. Der hohe Sockel, auf dem er sich befindet, beginnt zu bröckeln. Das spürt er genau, und will natürlich nicht so leicht aufgeben. Nun werden Sie erstmal kräftig von Ihrem Hund ignoriert. Gut so, das ist genau was wir brauchen. Führen Sie die Übung ganz normal durch, lassen Sie sich von seinem Verhalten nicht aus der Ruhe bringen.

Halten Sie die Hand über seinen Kopf, gehen Sie einen Schritt rückwärts und sagen Sie »Bleib«. Machen Sie einen Schritt vorwärts und geben Sie Ihrem Hund das Leckerli. Jetzt wird es spannend. Was passiert? Nimmt Ihr Hund das Leckerli an? Super! Das heißt er gibt nach, und Sie konnten Ihre Führungsposition festigen! Er beginnt also, sich Ihren Wünschen unterzuordnen.

Aber es kann auch anders kommen … Sehr dominante Hunde nehmen die Futterbelohnung nicht an. Stolz und voller Arroganz lehnen sie hochmütig ab. Damit erwartet Sie ein erneuter Machtkampf, den Sie nicht verlieren dürfen.

Überraschen und verwirren Sie Ihren Hund in diesem Moment. Nehmen Sie das Leckerli wieder zurück und gehen Sie einfach weg. Lassen Sie ihn genauso links liegen wie er es mit Ihnen tut. Morgen wiederholen Sie die Übung, ganz ohne Stress und Zwang. Beharrlichkeit bringt Sie zum Ziel. Nur wenn Sie dickköpfiger sind als Ihr Hund, werden Sie seinen Respekt ernten. Er wird dann schnell nachgeben und immer besser mitarbeiten.

Der aktive Hund

Machen Sie sich auf eine gnadenlose Geduldsprobe gefasst. Aktive Hunde wollen toben und herumspringen, nicht am Boden liegen und warten. Wir müssen unserem vierbeinigen Energiebündel das ruhige Liegenbleiben also schmackhaft und reizvoll machen. Was ist das Spannendste im Leben eines Hundes? Natürlich, jagen und Beute machen. Also imitieren wir ein Jagdspiel.

Benutzen Sie dafür etwas absolut Interessantes. Das Lieblingsspielzeug Ihres Hundes oder ein gefüllter Kong® eignen sich am Besten. Das werden wir ihm als Beute schmackhaft machen.

Zeigen Sie Ihrem Hund die ›Beute‹ und fordern Sie ihn auf, sich hinzulegen. Strahlen Sie selber dabei sehr viel Ruhe und Gelassenheit aus. Werden Sie nicht nervös, wenn es beim ersten Mal »Legen« nicht gleich klappt, weil Ihr Hund unbedingt an sein Spielzeug will und im Traum nicht ans Hinlegen denkt. Bleiben Sie standhaft. Ihr Hund muss erst liegen, bevor es weitergeht.

Knien oder setzen Sie sich auf den Boden. Daran erkennt Ihr Hund, dass Sie nicht gleich loslaufen werden. Das wird ihn etwas beruhigen.

Verstecken Sie das Spielzeug unter Ihrem T-Shirt, um es außer Sichtweite zu haben. Wenn Ihr Hund liegt, halten Sie Ihre Hand über oder vor seinen Kopf und sagen Sie mit ruhiger Stimme »Bleib«. Dabei gehen Sie bitte nicht vom Hund weg. Bewegen

Sie sich so wenig wie möglich. Es ist sehr vorteilhaft, wenn Ihr Hund Sie dabei ansieht. Schauen Sie nun auf einen Punkt etwa einen Meter seitlich vor Ihrem Hund.

Atmen Sie mit offenem Mund ein und halten Sie die Luft an, als ob Sie staunen oder etwas Verblüffendes sehen würden. Damit treiben Sie die Spannung auf die Spitze.

Nehmen Sie das Spielzeug unter Ihrem T-Shirt hervor und legen Sie es genau auf diesen Punkt. Gleichzeitig sagen Sie »Nimm«, »Deins« oder was Ihnen in diesem Moment über die Lippen rutscht.

Diese Beute ist nun seine Belohnung für das Liegen und sein folgsames »Bleib«. Verlängern Sie allmählich die Zeit, bis Sie das Spielzeug unter Ihrem Pullover hervorholen. Wenn Ihr Hund zehn Sekunden liegen bleibt und bereits apportieren kann, können Sie nun Schritt für Schritt das Spielzeug weiter weg werfen. So gleiten Sie vom »Bleib« direkt ins »Bring« über.

Wenn Ihr Hund das »Bleib« für zehn Sekunden befolgt, aber noch nicht apportieren kann, lassen Sie das Spielzeug unter Ihrem T-Shirt. Gehen Sie das erste Mal einen Schritt rückwärts von ihm weg und üben weiter wie oben beschrieben.

Beim »Bleib« ist Geduld und Einfühlungsvermögen gefragt. Entfernen Sie sich anfangs nicht zu weit von Ihrem Hund.

Der anhängliche Hund

Es ist herzerwärmend und goldig, wenn uns unser vierbeiniger Liebling auf Schritt und Tritt verfolgt. Nur für das »Bleib« ist das leider ein Hindernis. Sollte Ihr Hund auch sehr anhänglich sein, brauchen Sie etwas Geduld. Sie können nicht auf Distanz arbeiten und vom Hund weggehen. Sie können aber die Zeitspanne verlängern. Da sich Ihr Hund sowieso nicht von Ihnen entfernt, funktioniert das sehr schnell.

Ihr Hund wird keine Probleme damit haben, sich hinzulegen. Das ist gut so.

Bleiben Sie selbst sehr nahe bei ihm. Halten Sie Ihre Hand über seinen Kopf und sagen Sie »Bleib«. Zählen Sie bis drei und geben ihm nun sein Leckerli (C & L). Wenn Ihr Hund sehr ungeduldig ist, belohnen Sie ihn bereits nach einer Sekunde. Verlängern Sie in den nächsten Tagen allmählich die Zeit zwischen »Bleib« sagen und Leckerli geben.

Erst wenn Ihr Hund das »Bleib« für zehn Sekunden befolgt, gehen Sie das erste Mal einen Schritt rückwärts von ihm weg – und sofort zu ihm zurück. Halten Sie Augenkontakt.

Ihr Hund wird jetzt nicht mehr aufspringen um Ihnen zu folgen. Wie wär's mit einem Jackpot für diese Glanzleistung?

> Achten Sie beim »Bleib« darauf, entweder die Distanz zu verlängern oder die Zeitspanne. Niemals beides gleichzeitig. Lassen Sie das Training langsam stattfinden. Gehen Sie nicht zu schnell zu weit weg von Ihrem Hund. In der Lernphase beginnen Sie immer mit dem Zeitfaktor. Nur ganz allmählich entfernen Sie sich vom Hund weg.

Es klappt nicht

Sollte gar nichts funktionieren und Ihr Hund partout nicht liegen bleiben wollen, arbeiten Sie erst einmal mit Leine. Anders geht es leider nicht.

Stellen Sie sich auf die Leine, die lose am Boden liegt oder stecken Sie Ihren Fuß durch die Handschlaufe. Ihr Hund hat damit noch genügend Bewegungsfreiheit. Die Leine soll ihn nur am Weglaufen hindern und Sie haben Ihre Hände frei. Nun versuchen Sie die Übung noch einmal. Aufgrund der Einschränkung durch die Leine wird Ihr Hund jetzt auch besser mitarbeiten. Wenn die Leine lang genug ist, können Sie selber sogar noch ein bis zwei Schritte gehen. Perfekt!

Sie können die Leine weglassen, sobald Ihr Hund wenigstens zehn Sekunden lang liegen bleibt. Danach können Sie wie beschrieben fortfahren. Ihren Hund bei den »Bleib« Übungen angeleint zu lassen ist identisch mit vielen späteren Lebenssituationen, in denen er es diszipliniert befolgen soll, zum Beispiel wenn Sie Ihren Hund vor einem Supermarkt anleinen, wo er brav auf Sie warten muss, statt mit anderen Menschen mitzugehen. Oder wenn Sie zusammen an einer Bushaltestelle stehen und plötzlich ein Jogger vorbeirast, den er nicht beachten darf …

»Bleib« ist neben »Nein« und »Aus« eine der Schlüsselübungen für die Kontrollierbarkeit Ihres Hundes. Nehmen Sie das Training bitte ernst, damit Ihr Hund es später auch wirklich mit der entsprechenden Disziplin befolgt.

> Ein besser trainiertes »Bleib« hätte in der Vergangenheit viele Menschen und Kinder vor ernsthaften Verletzungen bewahren können. Das Gleiche gilt für die Zukunft. Denn Hunde sind nunmal keine Menschen, sondern Tiere. Und sie sind keine harmlosen Pflanzenfresser, sondern Beutejäger; ausgestattet mit den entsprechenden Waffen: vier extrem scharfen Eckzähnen – die sie auch bereit sind einzusetzen! Manchmal sogar gegen ihre Besitzer.

Sehr aktive Hunde bleiben erst einmal angeleint, um ein ständiges Wegrennen zu vermeiden.

Die Zeit verlängern

Erst wenn Ihr Hund mindestens zehn Sekunden geduldig liegen bleibt, gehen Sie zwei Schritte rückwärts. Bleiben Sie nur ein bis zwei Sekunden stehen und sagen Sie ihm wiederholt »Bleib«. Gehen Sie wieder zu ihm und belohnen Sie ihn (C & L). Verlängern Sie diese Zeitspanne allmählich, bis Sie zwanzig Sekunden lang zwei Schritte entfernt von ihm stehen können und Ihr Hund ruhig liegen bleibt. Wenn das auch klappt, dürfen Sie drei Schritte vom Hund weggehen. Die Zeitspanne verlängern Sie nun bis auf dreißig Sekunden.

Geben Sie immer wieder das Handsignal gepaart mit dem Wort »Bleib«.

Im Schnitt sollten Sie die Distanz zum Hund um einen Schritt pro Woche verlängern. Die Zeitspanne verlängern Sie aber um drei, vier Sekunden täglich.

Den Schwierigkeitsgrad erhöhen

Erst wenn Ihr Hund mindestens dreißig Sekunden liegend auf Sie wartet und Sie sich problemlos etwa fünf Schritte von ihm entfernen können, gehen Sie ganz normal von ihm weg. Sie drehen ihm das erste Mal bei dieser Übung den Rücken zu. Das ist ein kritischer Moment. Trotz intensiven Trainings denkt Ihr Hund jetzt, dass Sie wirklich weggehen. Kommen Sie diesem Eindruck zuvor. Zeigen Sie ihm deutlich, dass es sich um die gleiche »Bleib« Übung handelt wie gestern auch.

Schauen Sie ihm in die Augen, geben Sie das Handsignal, und sagen Sie langsam und deutlich »Bleeeeiiiib«. Drehen Sie sich vorsichtig (aber nicht zögernd) um und gehen Sie drei Schritte von Ihrem Hund weg. Schauen Sie ruhig über Ihre Schulter zu ihm zurück. Dadurch fühlt er sich immer noch beobachtet und wird liegen bleiben. Nach drei Schritten drehen Sie sich ihm wieder zu, warten zwei Sekunden und gehen zu ihm zurück.

Loben und belohnen Sie ihn ausgiebig. Das war doch nicht so schwer, oder? Wenn doch, gönnen Sie sich auch eine Belohnung. Sie haben es sich wirklich verdient.

Sollte Ihr Hund nicht liegen bleiben, drehen Sie sich nur für zwei Sekunden um, gehen aber nicht von ihm weg. Verlängern Sie allmählich die Zeit, die Sie von Ihrem Hund weggedreht vor ihm stehen. In ein paar Tagen gehen Sie dann einen Schritt weiter weg vom Hund.

Wenn es so auch nicht funktioniert, müssen Sie mit der Basisübung weiterüben. Also dem Hund zugewandt stehen und Blickkontakt halten. Beobachten Sie sich dabei selbst. Wo liegt der Fehler? Ihr Hund muss wirklich ganz ruhig liegen bleiben. Wenn er schon auf dem Sprung ist oder unruhig wirkt, sind Sie entweder zu weit weg oder es dauert ihm zu lange. Finden Sie es heraus. Verkürzen Sie entweder die Distanz oder gehen Sie schneller wieder zu ihm zurück.

Das Signal anwenden

Rufen Sie Ihren Hund heran. Lassen Sie ihn sich hinlegen. Jetzt geben Sie das Handsignal und sagen »Bleib«. Laufen Sie ein paar Schritte von ihm weg, dann wieder auf ihn zu und um ihn herum. Belohnen Sie ihn (C & L) und fordern Sie ein erneutes »Bleib«. Gehen Sie ein paar Schritte frei im Zimmer herum. Ob Sie dabei Blickkontakt halten, hängt vom Verhalten Ihres Hundes ab. Bei sehr aktiven Hunden ist diese Art der Kontrolle angebracht, ruhige Hunde brauchen sie nicht unbedingt. Geben Sie Ihrem Hund auch aus der Distanz immer wieder das Handzeichen zusammen mit dem Wortsignal »Bleib«. Ist er immer noch in Position? Bravo! Belohnen Sie ihn mit etwas ganz Besonderem. Das ist eine super Leistung!

Den Übungsplatz wechseln

Jetzt, da Ihr Hund das Konzept versteht, versuchen Sie für ein paar Sekunden in ein anderes Zimmer zu gehen, nachdem Sie ihn zum »Bleib« aufgefordert haben. Versuchen Sie die gleiche Übung im Garten, dann an einem umzäunten öffentlichen Platz (Schulhof, Fußballfeld, Tennisplatz).

Tapfer erträgt Rendang die tosenden Wellen. Richtig trainiert bleibt Ihr Hund auch in unangenehmen Situationen so lange liegen, bis Sie das Signal wieder auflösen.

Beispiel: Christie

Meine Nachbarin Andrea und ich liefen wieder einmal mit unseren sieben Hunden spazieren. Wir plauderten über Gott und die Welt und unsere Hunde tobten neben uns am Strand herum.

Kurz darauf kam uns eine andere Freundin entgegen. Wir blieben kurz stehen und unterhielten uns flüchtig. Unsere Hunde störte der kurze Stopp nicht, sie vertrieben sich die Zeit auch ohne uns.

Nach wenigen Minuten setzten wir unseren Spaziergang fort. Plötzlich erstarrte Andrea, fasste mich am Arm und sagte fassungslos »Christie ist verschwunden!«

Wir schauten am Strand entlang, hinter Imbissbuden und unter sämtlichen Büschen. Wir riefen andauernd nach Christie und meine Freundin wurde immer nervöser. Ihre Panik war verständlich. Indonesien ist ein islamisches Land, in dem Hunde als schmutzig gelten. Sie werden nicht nur misshandelt, sondern auch gestohlen. Das Fleisch von Mischlingshunden wird zu Schaschlik verarbeitet. Teure Rassehunde wechseln den Besitzer. Es ist grauenvoll und das Schlimmste, was einem Hundebesitzer auf Bali passieren kann. Jeder hofft inständig, dass seine Hunde von diesem Schicksal verschont bleiben. Da solche Vorfälle alltäglich sind, wachen wir alle mit Argusaugen über unsere Hunde. Andrea's Panik war also nur zu realistisch.

Da wir Christie nirgendwo sahen, liefen wir langsam zurück. Ich versuchte meine Freundin zu trösten. »Christie ist ein Golden Retriever, also zu wertvoll, um als Schaschlik zu enden. Außerdem sieht jeder an ihren weißen Gesichtshaaren, dass sie kein junger Hund mehr ist.«

Ich konnte mir nicht vorstellen, dass ihr etwas zugestoßen sein sollte. Ich wusste, dass Abfälle eine magische Anziehungskraft auf Christie ausübten und sagte: »Wahrscheinlich hat sie einen frischen Müllhaufen ausfindig gemacht und schlägt sich nur den Bauch voll.«

Wir einigten uns darauf, erst einmal zu Hause Mittag zu essen und danach noch mal am Strand nach Christie zu suchen.

Wortlos und traurig gingen wir nach Hause. Als wir vom Strand in unsere Gasse einbogen, rannte auch noch Jazzie, Andrea's jüngster Hund, plötzlich davon. Na, das fehlte gerade noch. Nach ein paar Schritten sahen wir aber, warum. Jazzie hatte die Witterung ihrer Großmutter Christie aufgenommen und rannte los, um sie zu begrüßen. Denn Christie saß bereits wartend vor dem Gartentor und begrüßte die restlichen Familienmitglieder freudestrahlend!

Ein kleines Beispiel dafür, wie ein gut trainiertes Bleib-Signal allen Beteiligten viel Aufregung erspart hätte …

»Bleib — Komm«

Wir gehen natürlich nicht ständig zum Hund zurück, um das Bleib wieder aufzulösen. Diese Übung wird fast ausschließlich im Schutzdienst oder bei Arbeitshunden benötigt. Unser Begleit- oder Familienhund soll aus der passiven Bleib-Position selbst wieder zu uns herankommen.

Freuen Sie sich nicht zu früh! Diese Übung ist schwieriger für Ihren Hund, als Sie glauben. Bisher wurde ihm mit »Bleib« jegliche Bewegung untersagt. Und nun soll er sich doch in Bewegung setzen, möglichst auch noch rennen …

Ihr Hund wird also erst einmal überrascht sein, wenn Sie ihn plötzlich aus dem »Bleib« zu sich heranrufen. Die meisten Hunde zögern jetzt und bewegen sich nicht von der Stelle.

Sie müssen ihn also motivieren und anfeuern. Machen Sie es Ihrem Hund einfach, diesen Wechsel zu verstehen. Bleiben Sie erst einmal ziemlich nahe bei ihm. Eine Entfernung von fünf Schritten ist ausreichend. Gehen Sie in die Hocke, um ihn zu rufen. Wedeln Sie mit Ihren Armen und rufen Sie ihn begeistert heran.

Sollte er immer noch zögern, laufen Sie möglichst laut und auffällig von ihm weg, so wie beim »Komm«-Spielen.

Beim ersten Mal, und nur wenn es nicht anders geht, dürfen Sie ihm auch sein Lieblingsspielzeug kurz zeigen. Das hilft Ihrem Hund, seine Unsicherheit zu überwinden. Es darf aber nicht zur Gewohnheit werden! Sie wissen ja, Ihr Hund soll kommen, weil Sie ihn rufen, nicht, weil er etwas Interessantes sieht.

Später können Sie diese Übung in ein lockeres Spiel verwandeln. Gehen Sie in ein anderes Zimmer, nachdem Sie Ihren Hund zum »Bleib« aufgefordert haben. Jetzt verstecken Sie sich und rufen Ihren Hund zu sich. Sobald er Sie aufgespürt hat, wird er ausgiebig gelobt und belohnt. So ein guter Hund!

Es kann passieren, dass Ihr Hund nun bei den »Bleib« Übungen etwas unzuverlässiger mitarbeitet. Das liegt daran, dass er verunsichert ist und nicht ganz klar weiß, was für ein »Bleib« jetzt gemeint ist. Soll er liegen und warten oder werden Sie ihn jeden Moment abrufen?

Jetzt müssen Sie selbst sehr diszipliniert sein. Lassen Sie ihn nicht aufstehen, solange Sie es nicht ausdrücklich von ihm verlangen. Aber werden Sie nicht ungeduldig. Bleiben Sie ruhig. Sollte Ihr Hund unaufgefordert aufstehen, tadeln Sie ihn mit einem klaren »Nein«. Sagen Sie sonst nichts. Bringen Sie ihn schweigend zurück zur Ausgangsposition und beginnen Sie die Übung noch mal mit »Bleib«.

Nach vielen, vielen Wiederholungen wird Ihr Hund auf Ihr »Bleib« Signal wirklich an seinem Platz bleiben, bis Sie ihn auf irgendeine Weise davon erlösen.

Ein »Bleib – Komm« mit absoluter Perfektion:

1. Bei »Legen – Bleib« muss der Hund warten.

2. Mit »Komm« darf er sich in Bewegung setzen.

3. Nach dem Herankommen erfolgt ein aufmerksames Vorsitzen.

4. Schließlich soll der Hund seinen Hundeführer umrunden …

5. … und an dessen linken Seite wieder absitzen.

Ablenkungen einbauen

Im letzten Teil dieser Übung binden Sie zusätzliche Ablenkungen mit ein. Lassen Sie Familienmitglieder vorbeigehen, die jedoch keinen Kontakt mit dem Hund aufnehmen. Falls Ihr Hund an der anderen Person Interesse zeigt, sagen Sie kurz »Nein – Bleib«, um seinen Blick wieder auf Sie selber zu fokussieren. Sollte es dennoch passieren, dass er aufsteht, bringen Sie ihn wieder zum Ausgangspunkt und verlangen ein wirklich klares »Legen – Bleib!« von ihm.

Als Nächstes üben Sie das »Bleib« draußen, während spielende Kinder in der Nähe sind. Schließlich lassen Sie einen Freund mit seinem Hund vorbeilaufen. Wählen Sie den Abstand groß genug, damit sich Ihr Hund dabei nicht aus seiner Position bewegt. Die Entfernung zum anderen Mensch/Hund Team verringern Sie ganz allmählich. Erst wenn das problemlos funktioniert, üben Sie das Gleiche auch, wenn fremde Hunde in der Nähe sind.

»Bleib« im Alltag

Wie bei allen anderen Übungen reduzieren Sie auch beim »Bleib« ganz allmählich die Leckerlis. Binden Sie das Signal verstärkt in Ihr Alltagsleben mit ein. Benutzen Sie es, wenn Ihr Hund Ihnen nicht ins andere Zimmer folgen soll, wenn er nicht in die

Küche darf oder wenn er nicht über den frisch gewässerten Rasen laufen soll. So gewöhnt er sich schnell daran, das Signal mit verschiedenen Situationen zu assoziieren.

Wenn Ihr Hund einmal ganz spontan ruhig und geduldig neben Ihnen liegt, können Sie ihn durchaus loben. Für solche guten Leistungen gibt es immer ein extra Leckerli.

»Sitz – Bleib«

Das »Bleib« in Sitzposition können Sie Ihrem Hund auf die gleiche Weise beibringen. Allerdings ist es für Hunde nicht sehr komfortabel, lange Zeit im Sitzen zu warten. Bitte überlasten Sie Ihren Hund nicht damit. Am Ende der Ausbildung ist es eine sehr gute Leistung, wenn Ihr Hund das »Sitz – Bleib« für eine Minute unter Ablenkung durchhält, während Sie außer Sicht sind.

»Schlafen«

Beim »Schlafen« muss Ihr Hund für längere Zeit ruhig liegen und entspannen. Es ist eine sehr ruhige Übung. Trotzdem gehört sie in die Gruppe der Verbote und zählt zu den strengen, für Hundebesitzer unangenehmeren Übungen. »Schlafen« verbessert das Verhalten Ihres Hundes und festigt Ihren eigenen Alpha-Status, da der Hund dabei seine Führungsposition aufgeben muss. Das »Schlafen« ist eine ideale Übung für alle Hunde, die sich gerne aufgeregt und lauthals auf die Besucher ihrer Besitzer stürzen.

Aber es ist auch eine geeignete Übung, um hyperaktive Hunde zu beruhigen. Beim Trainieren dieser Übung wird Ihr Hund begreifen müssen, dass er nun gar nichts tun soll. Diese Passivität wird ihn anfangs überraschen und wundern. Doch wenn er es später gut beherrscht, werden Sie ihn überallhin mitnehmen können. Denn ein Hund, der ruhig und ausdauernd zu Füßen seines Halters liegt, ist immer und überall willkommen.

Klingt einfach, oder? Das »Schlafen« ist leicht zu lernen – für Ihren Hund. Für Sie selber könnte es eine herzzerreißende Lektion werden.

So wird's gemacht

Machen Sie diese Übung bitte erst abends oder nach der Fütterung Ihres Hundes, wenn er sowieso eine passive Phase hat. Üben Sie es besser nicht, wenn gerade Gassi-geh-Zeit ist.

Binden Sie Ihren Hund mit seiner Leine an Ihre Couch, einen Tisch oder einen Schrank an. Wählen Sie dafür einen angenehmen Platz, an dem er sicher ist und sich wohlfühlt. Binden Sie ihn nicht in der Nähe einer Tür oder in der Mitte des Zimmers an. Keine Angst, das ist keine Quälerei. Ihr Hund hat mit einer normalen Hundeleine immerhin einen Bewegungsradius von etwa zwei Metern. Das ist mehr als genug, denn er soll sich ja beim »Schlafen« überhaupt nicht von der Stelle bewegen.

Fordern Sie Ihrem Hund zum »Legen – Schlafen!« auf.

Jetzt trinken Sie einen Kaffee, lesen die Zeitung oder beantworten Ihre E-Mails.

Vergewissern Sie sich, dass Sie Ihren Hund von Ihrem Platz aus sehen können. Vermeiden Sie Ablenkungen. Für diese Übung sollten Sie alleine mit ihm sein.

Sie tun jetzt nichts, außer Ihren Kaffee zu trinken, am PC zu arbeiten und so weiter. Aber beobachten Sie Ihren Hund, ohne dass er es merkt! Er sollte beim ersten Mal wenigstens fünf Minuten liegen bleiben.

Sollte Ihr Hund versuchen aufzustehen, bringen Sie ihn mit »Nein« zurück an seine Anfangsposition. Fordern Sie noch einmal mit tiefer Stimme »Legen – Schlafen!«.

Er muss merken, dass Sie es ernst meinen. Vielleicht hat Rambo Spaß daran, Sie zu provozieren und steht noch einmal auf. Tadeln Sie ihn erneut mit »Nein!« Seien Sie geduldig, aber zuversichtlich! Führen Sie ihn mit »Legen – Schlafen« wieder zu seiner Anfangsposition zurück. Es gibt keine Diskussion!

Nach zweimaligem Diszipliniertwerden sollte Ihr Hund wissen, worum es geht: Nein, es gibt kein Sitz, kein Auf-dem-Boden-Rollen, kein Bellen und auch kein wütendes Herumzerren!

Sie erlauben ihm nichts anderes als zu liegen und zu warten. Das einzige, was ihm gestattet wird ist ... einzuschlafen.

> Ihr Hund hat trotz Leine einen ziemlich großen Bewegungsfreiraum. Es ist hier wichtig, dass Sie bestimmen, wo er sich hinlegen soll. Deshalb achten Sie bitte penibel darauf, ihn immer wieder am Anfangspunkt ablegen zu lassen! Nach einer Ermahnung kann er sich nicht hinlegen, wo es ihm passt. Sie sind der Chef, Sie treffen die Entscheidungen, und Sie bestimmen wo er zu liegen hat. Nämlich immer an der gleichen Stelle. Nur wenn Sie diese Disziplin von Ihrem Hund fordern, werden Sie sie auch bekommen.

Bei dieser Übung soll Ihr Hund gar nichts tun. Außer: Warten und schlafen ...

Der aktive Hund

Hier wird die Übung wieder zur Geduldsprobe: Ihr sehr aktiver Hund wird immer noch stark protestieren und auch ein drittes Mal versuchen, wieder aufzustehen. Nun müssen Sie ihn auch ein viertes oder zehntes Mal auffordern, sich wieder an seinen Ausgangspunkt zu legen. Machen Sie das so lange, bis Ihr Hund sich fügt. Das muss leider sein! Er muss merken, dass auch Sie Ihren Willen durchsetzen können. Überwinden Sie sich zu diesem Schritt! Wenn Sie standhaft bleiben, wird Ihr Hund bald aufgeben und sich Ihren Wünschen fügen. Ihre Beziehung wird sehr bald sehr viel gelassener funktionieren.

Erst wenn Ihr Hund erkennt, dass Sie wissen, was Sie wollen anstatt unschlüssig und unsicher zu sein, wird er sich Ihnen auch anpassen, genau wie in einem richtigen Rudel. Ein ranghohes Tier sichert seine Position hauptsächlich durch Selbstbewusstsein, Disziplin und Gelassenheit. Ein unsicheres, ängstliches oder streitsüchtiges Tier wird niemals von den anderen Gruppenmitgliedern als Rudelführer anerkannt, weil psychische Schwächen das Überleben des gesamten Rudels gefährden können.

Aus diesem Grund ist es auch sinnlos, einen Hund anzuschreien oder wütend auf sein Verhalten zu reagieren. Er würde das nur als Schwäche deuten und uns seinen Respekt entziehen.

Die Übung beenden

Zu Beginn sollte Ihr Hund fünf Minuten liegen bleiben. Wenn diese Zeit aber zur Qual wird, sollten Sie mit weniger beginnen. Achten Sie darauf, wann Ihr Hund erste Zeichen von Unbehagen oder Unruhe zeigt. Befreien Sie ihn aber nicht sofort. Sonst belohnen Sie damit sein Quengeln. Ermahnen Sie ihn noch einmal mit »Schlafen!« und warten Sie einen Moment. Nun gehen Sie zu Ihrem Hund, loben ihn ausgiebig (C & L), geben ein Auflösungssignal wie »Fertig« oder »Geschafft« und binden ihn wieder los. Fordern Sie bitte in Zukunft immer erst noch etwas von Ihrem Hund, bevor Sie seinen Bedürfnissen nachgeben. Somit bekräftigen Sie Ihre Führungsposition und bestimmen, wann abgebrochen wird. Wenn die erste Übung heute nur anderthalb Minuten dauerte, machen Sie morgen mit zwei Minuten weiter.

Endlich geschafft, jetzt wird erst mal nach Herzenslust herumgetollt!

Die Zeitspanne verlängern

Verlängern Sie die Zeit um etwa eine Minute pro Tag, sodass Ihr Hund nach ein paar Wochen problemlos dreißig Minuten auf einem zugewiesenen Platz liegen bleibt. Das ist wirklich gut. Ihre Besucher, Freunde und Familienangehörigen werden angenehm überrascht und begeistert sein. »Ja was für ein braver, wohlerzogener Hund!«

Das Training variieren

Auch beim »Schlafen« bauen Sie Ablenkungen mit ein. Während der zweiten Woche laufen Sie im Zimmer herum und tun irgendetwas. In der dritten Woche gehen Sie aus der Tür, kommen aber sofort zurück. Nach vier Wochen lassen Sie eine andere Person ins Zimmer kommen. Falls erforderlich, geben Sie während der Ablenkung erneut das Signal »Schlafen«, um Ihren Hund an seine Aufgabe zu erinnern.

Ich benutze ganz bewusst das Wort »Schlafen« für diese Übung. Denn das reguläre »Bleib« im Sitzen oder Liegen ist ja eigentlich ein wachsames »Warten«. Das »Schlafen« dagegen ist ein wirklich passives, unmotiviertes Liegenbleiben.

Ohne Leine üben

Nach vier Wochen können Sie auch versuchsweise die Leine öffnen. Verlangen Sie aber nicht gleich zwanzig Minuten von Ihrem Hund. Beginnen Sie diese veränderte Situation wieder mit nur fünf Minuten und verlängern Sie langsam.

Den Liegeplatz wechseln

Erst wenn Ihr Hund ohne Leine mindestens fünfzehn Minuten liegen bleibt, wechseln Sie den Übungsplatz. Lassen Sie ihn von jetzt an auf seiner ganz persönlichen Matte oder seinem Bett abliegen und fordern Sie ihn auf zu »schlafen«. Beginnen Sie wieder mit nur fünf Minuten.

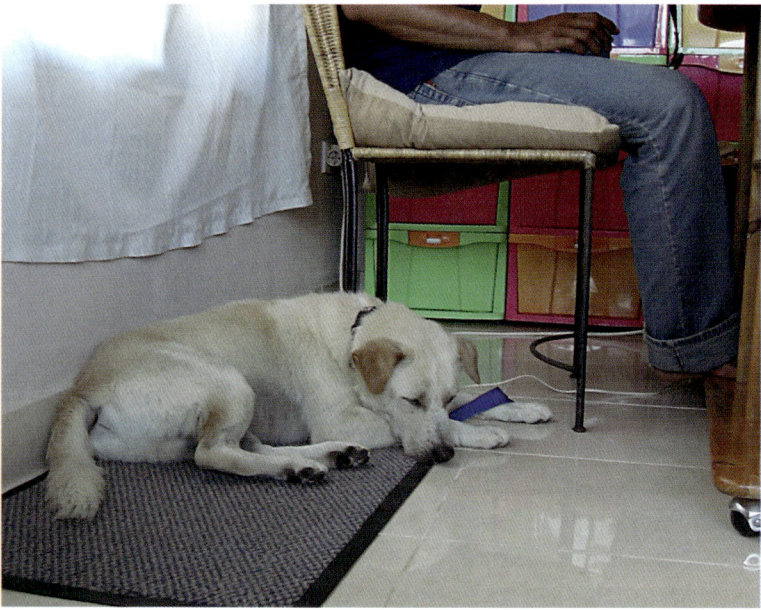

Trainieren Sie mit der persönlichen Matte Ihres Hundes. Bald können Sie ihn dann auf seine Matte zum Schlafen schicken ...

Das »Schlafen« anwenden

Wiederholen Sie das »Schlafen« täglich. Nach ein paar Wochen führen Sie Ihren Hund nicht mehr direkt zu seiner Matte, sondern bleiben etwa einen Meter davor stehen. Nun zeigen Sie mit Ihrer Hand darauf und sagen »Schlafen«. Er sollte jetzt in der Lage sein, selbstständig den letzten Meter zu laufen und sich bereitwillig auf seine Matte zu legen.

Wenn er das nicht tut, ist es noch zu früh für das Signalwort. Führen Sie ihn zu seiner Matte und fordern ihn erneut zum »Schlafen« auf.

Üben Sie weiter und testen Sie das Verhalten nächste Woche wieder.

Erweitern Sie die Entfernung zur Matte, bis Sie Ihren Hund von überall im Haus auf seine Matte zum »Schlafen« schicken können.

»Bei Fuß«

Nichts ist aufregender und lohnender für einen Hund, als seinen Besitzer über enge Wege, steile Treppen und schmale Brücken durch die Stadt zu ziehen. Wohin der Weg auch führt, er weiß genau: Am Ende der Strecke wartet etwas Wunderbares auf ihn. Gestern ging es zum Park, heute will die Familie zum Schwimmbad, morgen verwöhnt ihn der Metzger mit einem Stück Fleischwurst. Es ist immer eine Freude, mit seinen Menschen auszugehen. Wenn sie doch bloß etwas schneller laufen würden …

Kommt Ihnen das vertraut vor? Ärgern Sie sich nicht darüber, ändern Sie es!

Wenn ein Hund an der Leine zieht, kann das viele Ursachen haben. Vielleicht durfte er als Welpe zu oft ohne Leine laufen, vielleicht durfte er immer die volle Länge einer Ausziehleine nutzen, vielleicht hat er einen starken Spürtrieb. Mag sein.

Eines hat er aber auf alle Fälle nicht: Interesse an seinem Besitzer. Deshalb üben Sie bitte parallel auch »Aufmerksamkeit« (Seite 41) mit Ihrem Hund. Das wird Ihr »Bei Fuß« Training positiv beeinflussen.

Bevor Sie mit dem Training beginnen, stellen Sie zuvor sicher, dass nicht Sie es sind, der an der Leine zieht! Die meisten Hundebesitzer halten die Leine viel zu straff, weil sie ihren Hund am Ziehen hindern wollen. Das macht es nur noch schlimmer!

Denn wenn Hunde Druck verspüren, werden sie dem immer strikt entgegenwirken. Wenn Sie also die Leine fest anziehen, wird Ihr Hund versuchen, dem Druck am Hals zu widerstehen und beginnt dagegen zu ziehen.

Die richtigen Hilfsmittel

Wichtigste Voraussetzung für ein erfolgreiches »Bei Fuß« Training ist, dass die Leine locker durchhängt.

Eine Flexi-Leine eignet sich also hierfür nicht, da sie anhaltenden Druck am Hals vermittelt und nie durchhängt. Selbst wenn man sie feststellt, spürt man durch den starren Griff doch nicht, wie fest der Druck oder Zug auf den Hund wirkt.

Arbeiten Sie mit einer leichten, einen Meter langen Führleine. Diese haben Sie selbst gut in der Gewalt und Ihr Hund hat ausreichend Bewegungsfreiraum.

Sie benötigen wirklich kein Stachelhalsband. Auch wenn das manchmal behauptet wird. Benutzen Sie bitte auch kein Würgehalsband, da es ernsthafte Verletzungen im Hals-Nacken-Bereich verursachen kann, wenn Ihr Hund einmal straff anzieht. Arbeiten Sie mit einem ganz normalen Nylon- oder Lederhalsband, wie sonst auch.

Sie brauchen auch keinen Clicker. Die meisten Menschen haben jetzt gar keine Hand dafür frei. Mit der einen Hand halten Sie die Leine, mit der anderen geben Sie die Leckerlis. Da bleibt nicht mehr viel Auswahl. Arbeiten Sie nur mit viel Lob und ein paar wenigen Leckerlis.

So wird's gemacht

Lassen Sie Ihren Hund erst einmal nach Herzenslust toben, Ball spielen und herumrennen. Oder trainieren Sie »Bei Fuß« nach Ihrem gemeinsamen Spaziergang, wenn Rocky schon müde und erschöpft ist.

Es gibt mehrere Varianten für ein erfolgreiches »Bei Fuß« Training. Probieren Sie ruhig alle einmal durch, um herauszufinden, auf welche Methode Ihr Hund am besten reagiert. Je nach Situation und Umgebung können Sie auch mehrere Varianten kombinieren.

Verändern Sie nicht Ihre eigene Körperhaltung. Bleiben Sie selbst immer in Geradeaus-Richtung. Auch wenn Sie ein Leckerli geben oder Ihren Hund ermahnen müssen, behalten Sie Ihre Laufrichtung bei. Achten Sie darauf, dass Ihre Füße immer nach vorne zeigen. Das ist eine Orientierungshilfe für Ihren Hund.

Benutzen Sie wie beim »Komm« sofort ein Wortsignal, sobald Ihr Hund diszipliniert neben Ihnen läuft – selbst wenn es nur zwei Schritte sind. Sie können »Bei Fuß« sagen, oder einfach nur »Fuß«. Ihr Hund muss nicht erst herausfinden, was Sie von ihm erwarten. Er tut ja schon, was Sie verlangen, nämlich neben Ihnen laufen. Jetzt muss er nur noch lernen ›schön‹ zu laufen, richtig »Bei Fuß«.

Variante 1 – Blockieren

Diese Methode ist am effektivsten, erfordert aber sehr schnelle Reaktionen von Ihnen. Nehmen Sie Ihren Hund an Ihre linke Seite. Die Leine halten Sie am besten in der rechten Hand hinter Ihrem Rücken. Das schränkt Ihren Hund schon so weit ein, dass er Sie nur noch um maximal einen halben Meter überholen kann.

Halten Sie die Leine hinter Ihrem Rücken, dann haben Sie Ihren Hund besser im Griff.

Direkt links neben Ihrem Hund sollte sich eine Mauer, ein Wassergraben, oder ein Zaun befinden. Das wird ihn später daran hindern, Ihren Aktionen auszuweichen.

Laufen Sie gemeinsam los. Sobald Ihr Hund nach vorne ziehen will, blockieren Sie ihn mit Ihrem linken Bein. Sie stellen also Ihr linkes Bein direkt vor ihn, wie eine Wand.

Noch besser ist es, wenn Sie es schaffen, sich frontal vor Ihren Hund zu stellen. Ihr gesamter Körper wird damit zum unüberwindbaren Hindernis. Schauen Sie ihm in die Augen und tadeln Sie ihn mit einem strengen »Nein!«

Treten Sie wieder zurück in ihre Ausgangsposition und gehen Sie gemeinsam weiter. Sollte Ihr Hund wieder nach vorne preschen, blockieren Sie ihn erneut. Er wird Ihr Anliegen sehr schnell verstehen, denn er selbst würde einen Artgenossen auf die gleiche Weise am Weitergehen hindern. Sie können das gut beobachten, wenn sich Ihnen im Park ein fremder Hund nähern will. Ihr eigener Hund wird sich sofort in voller Länge quer vor den Störenfried stellen und ihn damit am Weitergehen hindern.

Sollte Ihr Hund stark ziehen, blockieren Sie ihn mit einem Bein oder Ihrem gesamten Körper.

Gleichzeitig unterstreicht diese Methode Ihre Stellung als Rudelführer. Sie bestimmen die Richtung. Sie legen fest, wann wie schnell wohin gegangen wird.

Sollten Sie Ihrem Hund beim Üben versehentlich auf die Pfoten treten, macht das nichts. Das wird ihm nur umso deutlicher klar machen, dass er vor Ihrem Körper nichts zu suchen hat.

Da Ihr Hund nicht nach links ausweichen kann, denn da ist ja eine Hauswand oder ein Zaun, wird er bald versuchen, an Ihrer rechten Seite zu laufen, um Ihren Blockaden zu entgehen. Lassen Sie das nicht zu. Führen Sie ihn immer wieder an Ihre linke Seite zurück, indem Sie selber einen Schritt nach rechts machen.

Sie müssen aber nicht nur blockieren und tadeln. Sobald Ihr Hund zwei oder drei menschliche Schritte an lockerer Leine läuft, sagen Sie »Bei Fuß« oder nur »Fuß«. Jetzt hat er sich wirklich ein Leckerli verdient.

Nach drei bis vier Tagen Training sollte Ihr Hund dann in der Lage sein, entspannt an Ihrer linken Seite »Bei Fuß« zu laufen.

Variante 2 – Richtung wechseln

Auch hier ist Ihr Hund wieder an Ihrer linken Seite. Die Leine halten Sie diesmal in Ihrer linken Hand. Sie können diese Methode überall auf freien Straßen und Plätzen anwenden, wo keine hilfreiche Mauer neben Ihrem Hund vorhanden ist.

Gehen Sie los. Lassen Sie die Leine durchhängen. Ihr Hund wird sofort sein Tempo erhöhen, dadurch spannt sich die nur einen Meter lange Leine recht schnell. Sobald er die volle Länge der Leine erreicht hat, drehen Sie sich um und gehen in entgegengesetzter Richtung weiter. Kündigen Sie Ihren Richtungswechsel nicht an. Schauen Sie auch nicht zu Ihrem Hund. Zeigen Sie ihm nur deutlich, dass Sie sich für eine andere Richtung entschieden haben. Er wird Ihnen verwundert folgen und gleich wieder versuchen, in Führung zu gehen.

Sobald Ihr Hund nach vorne zieht, wechseln Sie einfach die Richtung.

Sobald die Leine wieder voll gespannt ist, wechseln Sie erneut die Richtung. Und wieder laufen Sie entgegengesetzt weiter, sobald Ihr Hund beginnt, an der Leine zu ziehen. Machen Sie immer weiter so.

Ihr Hund zieht nach links, Sie gehen nach rechts. Ihr Hund läuft zurück, Sie laufen vorwärts. Ihr Hund zieht nach vorne, Sie drehen um und gehen zurück.

Wenn Sie beim ersten Training mehr als zehn Meter zurücklegen können, ist Ihr Hund schon sehr gut. Doch irgendwann (vielleicht schon morgen) hat er die Nase voll davon, dass Sie anscheinend nicht wissen, wo Sie hinwollen. Ihr plötzliches Umdrehen verursacht außerdem jedes Mal einen leichten Ruck an seinem Hals. Das versucht er sehr schnell zu vermeiden und zieht sich in die Passivität zurück. Er wird langsamer, passt sich Ihrem Tempo an und wartet ab, in welche Richtung es denn nun gehen soll. Feiner Hund!

Variante 3 – Stehen bleiben

Diese Methode funktioniert ähnlich wie Variante 2. Nur dass Sie diesmal nicht Ihre Laufrichtung wechseln, sondern einfach stehen bleiben, sobald Ihr Hund Sie überholen will. Manchen Hundebesitzern fällt das Stehenbleiben einfach leichter als das Umdrehen.

Sagen Sie nichts, tun Sie nichts, ignorieren Sie Ihren Hund total.

Ziehen Sie ihn nicht zu sich zurück. Warten Sie, bis er von sich aus kommt. Erst wenn Ihr Hund verwundert wieder neben Ihnen ist, loben Sie ihn, belohnen ihn mit Leckerli und laufen weiter.

Sobald Ihr Hund wieder zieht, bleiben Sie abermals stehen.

Er wird sehr schnell begreifen, dass ihm das Ziehen an der Leine gar nichts bringt, er aber mit leckeren Fleischstücken belohnt wird, wenn er brav an Ihrer Seite läuft. Während Ihr Hund ein paar Schritte schön neben Ihnen läuft, sagen Sie ihm, was er gerade tut: »Bei Fuß«.

Ihr Hund wird sich wundern, warum Sie plötzlich anhalten ... und ebenfalls stehen bleiben.

Variante 4 – Futter

Diese Methode ist nicht geeignet für Leute mit Rückenproblemen. Ihr Hund ist wieder links von Ihnen. Diesmal müssen Sie die Leine in der rechten Hand hinter Ihrem Rücken halten. In der linken Hand haben Sie ein wohlriechendes Leckerli. Wichtig ist, dass Sie das Fleisch direkt vor die Nase Ihres Hundes halten. Er muss es riechen und sollte es auch deutlich sehen. Bei mittelgroßen und großen Hunden ist das gut durchführbar, da ist Ihre Hand bei aufrechter Haltung ziemlich genau vor dem Kopf des Hundes.

Nur bei kleinen Hunden kann es zur Qual für Sie selbst werden, weil Sie sich sehr weit seitlich hinunterbeugen müssen, während Sie in Vorwärtsrichtung laufen.

Allerdings hält diese Variante Ihren Hund über ziemlich weite Strecken garantiert hinter Ihrer Hand. Denn er versucht ja an das Futter zu kommen, das unentwegt vor ihm ›davonrennt‹.

Bestimmen Sie selbst, wie weit er laufen muss, bevor er das Leckerli ergattert. Aber zwei bis drei Meter sollten es schon sein. Lassen Sie es ihn einfach beim Laufen aus Ihrer Hand nehmen. Während er es verschluckt, holen Sie bereits das nächste Stück Wurst aus Ihrer Tasche und das Spiel beginnt von vorn. Auch bei dieser Methode bringen Sie das Wortsignal »Bei Fuß« mit ein, sobald Ihr Racker diszipliniert neben Ihnen bleibt.

Verlängern Sie die Abstände zwischen den Leckerli-Gaben auf bis zu zwanzig Meter. Später werden wir aus genau dieser Übung hier »das automatische Sitz« trainieren.

Sollte es Ihrem Hund doch gelingen, an Ihrer Hand vorbeizuschlüpfen, drehen Sie im 90° Winkel nach links ab. Jetzt drängen Sie sich einfach an ihm vorbei. Er muss Ihnen nun ausweichen – und geht dabei automatisch einen Schritt zurück. Nun haben Sie ihn wieder da, wo er hingehört, hinter Ihrer Hand mit dem Futter.

Futter übt einen starken Reiz aus. Sobald die Übung gut funktioniert, können Sie die Leine auch wieder normal halten.

Variante 5 – Ein Hindernis aus Blättern

Diese Methode kann Erfolg bringen, wenn Sie dabei behutsam vorgehen. Aber sie hat sich auch bei dominanten, starken Hunden gut bewährt.

Halten Sie die Leine wie üblich in Ihrer linken Hand. In Ihrer rechten Hand halten Sie einen Zweig, der viele Blätter hat.

Sobald Ihr Hund an Tempo zulegt, schwenken Sie den Zweig direkt vor seinem Kopf einmal hin und her. Er wird sich wundern: Damit hat er nicht gerechnet. Was kam da aus dem Nichts an ihm vorbeigeschossen? Die vielen Blätter und Ihre schnelle Bewegung sorgen außerdem für ziemlich eigenartige Geräusche. Nun wird Ihr Hund unter allen Umständen versuchen, sich auf Ihre rechte Seite zu retten. Er glaubt, dort sei es für ihn sicherer. Führen Sie ihn auch jetzt wieder ganz gelassen nach links, indem Sie an seine rechte Seite treten. Oder lassen Sie ihn den Zweig auf Ihrer rechten Seite kurz sehen, dann kommt er sofort wieder an Ihre linke Seite.

Wedeln Sie nicht mit dem Zweig herum, wenn Ihr Hund normal und folgsam »Bei Fuß« geht. Solange Ihr Hund brav neben Ihnen läuft, halten Sie Ihren rechten Arm wirklich ruhig am Körper! Vermeiden Sie ausholende Schwenkbewegungen. Sagen Sie gut gelaunt und motivierend immer wieder »Fuß« oder »Bei Fuß«, solange Ihr Hund ruhig an Ihrer linken Seite läuft.

Sollte Ihr Hund verstört oder ängstlich auf den Zweig reagieren, müssen Sie abbrechen. Dann ist diese Methode nicht geeignet für ihn. Jeder Hund erschreckt sich dabei beim ersten Mal, das ist normal. Aber ängstliche Hunde heulen auf, geraten in Panik und verweigern das Weiterlaufen. So weit darf es nicht kommen.

Brechen Sie auch ab, wenn Ihr Hund versucht, in den Zweig zu beißen. Dann ist es entweder ein Spielzeug für ihn oder ein Gegner, den er bekämpfen will. Das Ganze verfehlt dann seinen Zweck.

> **Bitte beachten Sie unbedingt, dass der Zweig Ihren Hund nicht treffen darf! Er wird nur als symbolisches Hindernis benutzt, das in unregelmäßigen Abständen vor ihm auftaucht.**

Der berühmte Leinenruck

Da er absolut sinnlos ist, vergessen Sie ihn am besten gleich wieder. Der Leinenruck zeigt keinerlei Wirkung, wenn er nicht wirklich mit starkem Schmerz verbunden ist. Der erste Leinenruck muss einen Hund absolut überraschen und ihm wehtun. Nur so wird es eine entscheidende, negative Erfahrung, die er in Zukunft vermeiden wird. Ohne Zwangseinwirkung wird Ihr Hund den Ruck nicht einmal wirklich registrieren und beharrlich weiter an der Leine ziehen. Die ganze Sache bringt Ihnen selber nichts ein als Schmerzen im Arm vom vielen Leine-Rucken.

Außerdem entspricht der Leinenruck nicht dem Prinzip von positiver Motivation. Hunde sollen auf positive Weise lernen, was richtig ist und was nicht. Die Anwendung von Gewalt bekämpft auch hier nur das Symptom, nicht aber die Wurzel des Problems. Ihr Hund würde aufhören zu ziehen, weil es ihm weh tut, nicht weil er begriffen hat, worum es geht.

Der aktive Hund

Junge, unkonzentrierte oder sehr verspielte Hunde suchen immer nach einer Ablenkung. Ihnen ist das »Bei Fuß« Laufen viel zu langweilig. Ständig schweifen ihre Blicke in der Gegend herum, um Objekte aufzuspüren, denen sie hinterherjagen können. Ein wehendes Blatt im Wind, ein Stück Papier, ein Vogel, oder auch nur eine Fliege kommen da gerade recht.

»Mein Mensch findet das bestimmt auch sehr spannend.«

Nein, wir finden es nicht spannend! Wenn es auch noch so niedlich ausschaut, speziell bei jungen tapsigen Hunden – geben Sie jetzt nicht nach. Sonst nutzt Ihr Hund später immer solche Gelegenheiten, um Ihren Anweisungen zu entfliehen. Er weiß genau, wie er Sie um den Finger wickeln kann! Alles, was Sie Ihrem Hund nicht eindeutig verbieten, sieht er als Bestätigung und Erlaubnis an.

Damit ist in erster Linie Konsequenz gemeint! Wenn Ihr Hund heute auf das Sofa darf und morgen nicht, dann ist das für ihn nicht eindeutig. Also wird er die für ihn angenehmste Variante auswählen … und auf's Sofa springen wann er will, auch wenn er nass oder schmutzig ist. Konsequenz hat nichts mit Strenge zu tun, sondern mit Klarheit. Denken Sie einfach immer daran, bevor Sie Ihrem Hund etwas erlauben oder auch nicht. Einmal »Ja« sollte immer -Erlaubt- bedeuten. Einmal »Nein« sollte auch immer -Tabu- bleiben. Wenn Sie ihm jetzt gestatten auf Ablenkungen zu reagieren, und morgen nicht, was soll Ihr Hund davon halten? Das erschwert nur Ihre Übung. Schmetterlingen kann er auch nach dem Training noch hinterherjagen.

Es ist nicht einfach gegen die ganze Welt zu konkurrieren, aber mit ein paar simplen Tricks werden Sie es schaffen, Ihren Hund von Ablenkungen fernzuhalten.

Üben Sie mit Ihrem Energiebündel das »Bei Fuß« Gehen erst einmal in Ihrem Flur, damit er sich an den Ablauf gewöhnen kann. Danach üben Sie im Garten und schließlich auf der Straße. Die Futter-Methode ist hier sehr erfolgreich, da Sie damit Ihren Hund am stärksten von Ablenkungen fernhalten können.

Der passive Hund

Passive Hunde haben überhaupt keine Lust, »Bei Fuß« zu gehen. Sie brauchen sehr viel Zeit, um an Büschen, Blättern oder sonstigen Gegenständen herumzuschnüffeln. Sie bewegen sich nicht besonders schnell und steuern die Situation mit extremer Passivität. Alle paar Schritte bleiben sie stehen. Sei es zum ›Markieren‹ der Umgebung, zum Schnuppern oder um sich zu kratzen. Manche von ihnen setzen oder legen sich einfach hin und wollen nicht mehr weitergehen. Viele Hundebesitzer reagieren jetzt hilflos. Ist Fiffi vielleicht krank? Hat sie Hunger? Hat sie Schmerzen?

Nein, alles ist ok. Fiffi versucht nur, ihren Willen durchzusetzen. Sie möchte bestimmen, wann wie schnell wohin gegangen wird. Sie etabliert damit langsam, aber sicher ihre Rolle als Rudelführer. Was Sie Fiffi jetzt zugestehen, wird sie in Zukunft immer für sich beanspruchen. Wenn Sie also beim ersten Spaziergang dreimal stehen bleiben, weil Fiffi schnuppern will, dann müssen Sie nach sechs Monaten garantiert zwanzigmal auf sie warten.

Bei Rüden kann das noch extremer werden. Die heben irgendwann alle zwei Meter das Bein, damit ist an Vorwärtskommen nicht mehr zu denken. Übrigens markieren auch Hündinnen ihr Revier, sobald der Besitzer das duldet und ständig mit dem Hund stehen bleibt. Hunde sind Opportunisten, sie nehmen alles, was wir ihnen gewähren!

Ganz ehrlich, wie würden Sie auf das ständigen Anhalten reagieren? Fiffi auf den Arm nehmen und den Rest des Weges schleppen? Den Spaziergang beenden und wieder nach Hause gehen? Sich mit Fiffi zusammen ins Gras legen und erst mal eine Pause machen?

Tun Sie das bitte nicht! Solange Ihr Hund normal frisst, spielt, Urin und Kot absetzt ist er nicht krank. Er hat vier Beine und jede Menge Muskeln, um den Spaziergang fortzusetzen.

Bleiben Sie unbestechlich! Schenken Sie diesem ganzen Theater keine Beachtung! Diskutieren Sie nicht mit Fiffi nach dem Motto »Ja was hat denn mein Hundchen?« Gehen Sie einfach langsam weiter, ohne sich nach Ihrem Hund umzuschauen. Sie bestimmen das Tempo und die Richtung, nicht Ihr Hund.

Wie bei den vorherigen Übungen auch, wird Fiffi nachgeben, sobald sie merkt, dass Sie Ihren Willen durchsetzen werden.

Machen Sie diesen Willenstest bitte nur mit einer Flexi-Leine. Damit können Sie weit genug weggehen, ohne Ihrem Hund körperliche Schmerzen zu bereiten. Sie sollen Fiffi nicht wie einen Sack Mehl gewaltsam hinter sich herzerren.

Spätestens jetzt werden Sie fragen »Vielleicht bleibt mein Hund ja stehen, weil er mal muss«. Wenn er wirklich einmal muss, werden Sie das merken. Selbst ein winziger Yorkshire Terrier wird Sie dann mit so vehementer Kraft stoppen, dass Sie garantiert nicht weitergehen werden. Haben Sie keine Angst, lassen Sie es ruhig darauf ankommen.

»Bei Fuß« gehen heißt, zügig nebeneinander herzugehen. Ohne Schnupperpausen, ohne Unterbrechung zum Pinkeln oder Schmetterlinge jagen. Sie werden gleich lesen, wie Sie das am Besten erreichen können.

Weitergehen »Bei Fuß«

Sie haben die verschiedenen Methoden ausprobiert und fleißig geübt. Inzwischen hat Ihr Hund gelernt, dass »Bei Fuß« bedeutet, neben Ihnen zu gehen, nicht vor Ihnen, aber auch nicht extrem hinter Ihnen. Das heißt: Seine Schulter befindet sich idealerweise neben Ihrem linken Knie. Bis jetzt haben Sie bereits kurze Entfernungen gut gemeistert. Sobald Ihr Hund etwa hundert Meter weit »Bei Fuß« neben Ihnen gehen kann, dürfen Sie die Anforderungen erhöhen. Beziehen Sie von nun an ein paar hilfreiche Grundregeln mit ein, und Ihr Hund wird schon bald in der Lage sein, weite Strecken sehr diszipliniert neben Ihnen zu gehen.

Suchen Sie Hindernisse

Bauen Sie Hindernisse in Ihr Lauftraining mit ein. Suchen Sie nach Bäumen, Pfosten, Büschen oder Laternenmasten in der Umgebung. Gehen Sie direkt darauf zu und immer rechts daran vorbei. Geben Sie Ihrem Hund anfangs kein Zeichen. Lassen Sie ihn weiter am Boden schnüffeln oder in der Luft herumschauen. Er soll selbst entscheiden, wie er den Baum umrunden möchte. Damit locken Sie ihn direkt in sein Verhängnis: Er wird prompt links daran vorbeigehen, die Leine verfängt sich also am Baum. Er soll genau diese Erfahrung machen.

Sie gehen jetzt nicht zum Hund hin, sondern gehen ganz langsam weiter. Oder Sie bleiben stehen, wobei die Leine fest angespannt bleibt. Lassen Sie Ihren Hund den richtigen Weg, an der Leine entlang, zu Ihnen finden. Er kann das, vertrauen Sie ihm. Er muss ein paar Schritte zurückgehen, um das Hindernis herum, um wieder an Ihre Seite zu kommen.

Huh, das geht schief. Aber auch Ihr Hund wird schnell lernen, an Ihrer Seite ein Hindernis zu umgehen.

Nur wenn Ihr Hund sehr ängstlich reagiert oder sich unentschlossen hinsetzt, gehen Sie *auf Ihrer Seite* zwei bis drei Schritte zurück. Gehen Sie nicht auf die Seite, auf der Ihr Hund sich befindet. Wenn Sie etwas zurückgehen, sieht er die volle Leinenlänge, das ist genug Hilfestellung. Er wird sofort zu Ihnen gelaufen kommen.

Dieses Missgeschick wird ihm nicht oft passieren. In Zukunft wird er besser aufpassen und mit Ihnen zusammen rechts am Hindernis vorbeigehen.

Um Ihrem Hund die Entscheidung zu erleichtern, erinnern Sie ihn künftig kurz vor einem Hindernis daran »Bei Fuß« dicht neben Ihnen zu bleiben.

Wenn Hunde sehr vertieft nach hinten oder zur Seite schauen, kann es passieren, dass sie ein Hindernis gar nicht sehen … und prompt dagegen laufen. Ups!

Gehen Sie Kurven

Bringen Sie etwas Abwechslung in Ihre täglichen »Bei Fuß«-Übungen, gehen Sie Kurven. Gehen Sie nicht nur stur geradeaus. Schwenken Sie immer wieder links oder rechts herum. Das erhöht die Achtsamkeit Ihres Hundes, denn er muss sich dabei wirklich voll auf Sie konzentrieren. Zusätzlich erspart es Ihnen das ständige Korrigieren oder Tadeln mit »Nein«, falls er einmal nicht ganz korrekt mitläuft.

Da Ihr aktiver Hund gerne schnell läuft, gehen Sie verstärkt links herum. Das blockiert ihn für einen Moment am Weiterlaufen nach vorne. Er muss sich Ihnen anpassen und mit nach links abschwenken. Wenn Ihr Hund gerne zurückbleibt, locken Sie ihn mit einem Leckerli und einem schnellem »Fuß, Fuß, Fuß« rechts herum. Das volle »Bei Fuß« dauert in diesem kurzen Moment zu lange. Loben Sie ihn ausgiebig und geben Sie ihm im Weitergehen seine Belohnung.

Schauen Sie selbst immer geradeaus, gehen Sie mit normalem Schritt. Umrunden Sie nicht Ihren Hund, weil er vielleicht zu weit nach rechts kommt! Es ist Sache Ihres Hundes, Ihnen auszuweichen! Wenn er nicht aufpasst, stößt womöglich Ihr Knie gegen seinen Kopf oder Sie treten ihm versehentlich auf die Pfoten. Pech gehabt.

Hunde sind Meister im Deuten von Körpersprache. Auch Ihr Hund wird nach solch einem Zwischenfall das Spiel sofort verstehen. Es nennt sich ›der Hund folgt dem Menschen‹, nicht umgedreht.

Sie bestimmen die Pausen

Da Sie nicht unnötig hart mit Ihrem Liebling umgehen sollen (was Sie sowieso nicht tun, selbst wenn ich Ihnen tausend Euro dafür geben würde), dürfen Sie sich jetzt etwas nachgiebig zeigen. Egal ob passiver oder aktiver Hund – legen Sie alle dreihundert Meter eine Pause ein. Bleiben Sie einfach stehen. Ihr Hund darf jetzt all seinen Bedürfnissen nachkommen. Er darf tun, wonach ihm zumute ist: Schnuppern, Pipi machen oder sich ausruhen.

Nach zwei Minuten gehen Sie wortlos weiter. Fordern Sie Ihren Hund nicht auf, mitzukommen. Er muss lernen, sich Ihnen anzupassen und Ihren Aktionen Aufmerksamkeit schenken. Wenn er nicht aufpasst, wird er automatisch durch Halsband und Leine daran erinnert.

Vergrößern Sie allmählich die Abstände zwischen den Pausen. Irgendwann halten Sie nur noch an, weil Sie einen Bekannten treffen, weil Sie etwas trinken wollen oder weil Sie sich selbst auf einer Bank ausruhen möchten. So wird sich Ihr Hund daran gewöhnen, auch große Strecken »Bei Fuß« zu laufen, denn die nächste Pause kommt bestimmt …

> **Je länger Ihr Hund Sie erfolgreich durch die Gegend ziehen konnte, desto schwieriger ist es, ihn davon wieder abzubringen. Seien Sie geduldig. Selbst für einen sehr bockigen Hund ist »Bei Fuß« eine der leichtesten Übungen, solange sein Besitzer konsequent bleibt.**

Blickkontakt

Sieht es nicht fantastisch aus, wenn ein Hund während des Spaziergangs immer wieder fasziniert und fragend zu seinem Besitzer aufschaut? Solch ein Anblick vermittelt Außenstehenden ein Gefühl von gegenseitigem Vertrauen und Bereitschaft, füreinander da zu sein. Es ist ein Ausdruck von Kommunikation und Harmonie zwischen dem Hund und seinem Menschen.

Ganz so dramatisch ist es in der Realität aber doch nicht.

Mit einem ganz einfachen Trick wird auch Ihr Hund bald regelmäßig zu Ihnen aufblicken:

Wenn Sie permanent etwas Futter in Ihrer linken Hand vor Ihrem Körper halten, wird Ihr Hund regelmäßig zu Ihnen aufschauen. Er will auf keinen Fall sein Leckerli aus den Augen verlieren. Er möchte auch nicht den Moment verpassen, wenn Sie es endlich in seinen Fang schieben. Das werden Sie ja fairerweise tun, oder? Zu Beginn sollte Ihr Hund das Futter alle zwei bis drei Meter bekommen. Ganz allmählich verlängern Sie die Distanz.

Außenstehende wissen natürlich nicht, dass Sie ein Stück Leberwurstbrot in Ihrer Hand verstecken. Für andere Menschen ist nicht erkennbar, ob Ihr Hund Ihnen in die Augen schaut oder zum Futter. Das sehen nur Sie selbst.

Oder üben Sie ›lautloser Blickkontakt‹, während Ihr Hund neben Ihnen läuft: Jedes Mal, wenn er Ihnen selbstständig in die Augen schaut, belohnen Sie ihn mit einem Leckerli. Auch damit erreichen Sie sehr schnell, dass Ihr Hund Sie beim Laufen regelmäßig ansieht.

Wenn Ihnen das Leberwurstbrot zu schmierig ist und Ihr Hund gut auf Beute reagiert, können Sie auch einen Ball zum Motivieren in Ihrer Hand halten. Ihren Hund belohnen Sie dann mit Leckerlis aus Ihrer Tasche.

Perfektionieren Sie dieses Training, bis Ihr Hund auch ohne Leine, in Freifolge, bereitwillig zu Ihnen aufschaut.

Erwartungsvoll schaut Wenke zu ihrem Besitzer hoch ... oder fixiert sie vielleicht doch nur den Ball in seinen Händen?

Das automatische Sitz

Sie sehen, bereits nach ein paar Tagen läuft Ihr Hund diszipliniert »Bei Fuß« an Ihrer linken Seite. Nun machen die Spaziergänge Ihnen beiden Freude. Sie brauchen Ihren Hund nicht mehr von rechts nach links oder von hinten nach vorne zu ziehen. Sie brauchen auch nicht mehr darauf zu achten, dass Sie ihm nicht auf die Pfoten treten.

Nun, da Ihr Hund weiß, wo sein Platz ist, können Sie selbst während des Spaziergangs Schaufenster betrachten, die Natur genießen oder sich mit Bekannten unterhalten. Das ist doch wirklich entspannend, oder?

Wie wäre es denn, wenn Ihr Hund sich jetzt ohne Kommando automatisch neben Sie setzt, wann immer Sie stehen bleiben? Das wirkt auf fremde Menschen sehr beeindruckend. Jeder wird das gute Verhalten Ihres Hundes in höchsten Tönen loben. Versuchen Sie es einmal. Es ist eine einfache Lektion. Die schwierigsten Übungen haben Sie schon lange gemeistert.

Das »automatische Sitz« eignet sich hervorragend als Ergänzung des »Bei Fuß« Trainings für stark ziehende Hunde.

 So wird's gemacht
Nehmen Sie die Leine wieder in Ihre rechte Hand hinter Ihrem Rücken und gehen Sie zusammen geradeaus. Halten Sie ein Stück Wurst oder Käse in Ihrer linken Hand. Es ist gut, wenn Ihr Hund das Leckerli riecht und versucht, es Ihnen aus der Hand zu nehmen. Dadurch bleibt er automatisch etwas hinter Ihnen.

Reduzieren Sie Ihre Geschwindigkeit und machen Sie zwei langsamere Schritte, bevor Sie endgültig stehen bleiben. Die langsamen Schritte signalisieren Ihrem Hund, dass die Situation sich ändert. Das erhöht seine

Warten Sie, bis Ihr Hund sich von selbst neben Sie setzt.

Aufmerksamkeit. Es hilft ihm, sich auf Sie zu konzentrieren. Sobald Sie anhalten, zeigen Sie Ihrem Hund das Leckerli, um ihn zu motivieren. Sagen Sie nichts. Warten Sie, bis Ihr Hund sich setzt und geben Sie ihm das Stück Wurst als Belohnung.

Ein Wortsignal ist nicht notwendig

Wenn Ihr Hund sich nicht setzen will, gehen Sie einige Schritte und versuchen es noch einmal. Dies ist ein neues Verhalten, seien Sie geduldig. Es kann sein, dass er einige Zeit braucht, um den Sinn dieser Übung zu begreifen. Versuchen Sie es mehrmals, um ihm verstehen zu helfen, was Sie erwarten. Halten Sie immer wieder einfach an und schauen Sie was passiert. Die meisten Hunde setzen sich nach ein paar Versuchen hin – ganz einfach, weil das bequemer für sie ist. Na also, und schon gibt es die Belohnung.

Es ist in Ordnung, wenn Ihr Hund am Anfang nicht geradlinig neben Ihnen sitzt. Sie können die Qualität des Verhaltens später formen. Alles, was wir im Moment wollen, ist, dass Ihr Hund sich jedes Mal, wenn Sie anhalten, automatisch neben Sie setzt. Sehen Sie diese Übung als einen Höhepunkt Ihrer Spaziergänge und bald wird Ihr Hund es lieben.

Der passive Hund

Wenn die Methode ›Geduld‹ nicht funktioniert, müssen Sie etwas nachhelfen. Probieren Sie aus, wofür Ihr Hund empfänglich ist:

Variante 1 – Futter

Locken Sie Ihren Hund mit dem Leckerli in die Sitz-Position. Tun Sie das genauso wie vorher bei der »Sitz« Übung (Seite 49). Sie ziehen also das Leckerli vor der Nase Ihres Hundes über seinen Kopf nach hinten. Sobald er sitzt, bekommt er seine Belohnung.

Variante 2 – Sichtzeichen

Sie können Ihrem Hund mit dem Sichtzeichen etwas auf die Sprünge helfen. Denken Sie aber daran, dass Sie selbst immer nach vorne schauen und sich dabei nicht zum Hund hindrehen. In dieser Position ist es für Sie unbequem, den erhobenen Zeigefinger als Handsignal zu benutzen. Halten Sie stattdessen Ihren Daumen nach oben. Das ist sehr viel einfacher.

Gelegentlich dürfen Sie Ihrem Hund mit einem Handsignal weiterhelfen.

Variante 3 – Wortsignal

Wenn Ihr Hund weiß, was das Wort »Sitz« bedeutet, können Sie es hier sparsam mit anwenden. Geben Sie Ihrem Hund aber immer erst ausreichend Zeit (wenigstens 20 Sekunden), sich ohne Signal zu setzen. Nur wenn es gar nicht anders geht und Sie weder mit Futter noch mit Sichtzeichen Erfolge verzeichnen, sagen Sie letztendlich einmal »Sitz«.

Tempo machen

Sobald Ihr Hund weiß, dass er sich neben Sie setzen soll, wenn Sie stehen bleiben, verkürzen Sie die Laufstrecke zwischen den Stopps. Sie halten bei jedem dritten Schritt an. Diese Übung muss jetzt ganz zackig durchgeführt werden. Ihrem Hund darf keine Zeit bleiben, sich nach Ablenkungen umzuschauen. Zwei Schritte laufen – Stopp. Zwei Schritte laufen – Stopp. Zwei Schritte laufen – Stopp. Nur so wird ihm wirklich klar, dass das keine Laufübung ist, sondern der Schwerpunkt im Haltmachen liegt.

Geradlinig sitzen

Können Sie sich an unsere allererste Ausbildung erinnern? Wir brachten Ihrem Hund bei, vor Ihnen zu sitzen. Sie werden bemerken, dass Ihr Hund sich immer dreht, weil er auch jetzt vor Ihnen sitzen will. Das ist die Macht der Gewohnheit.

Helfen Sie ihm, den Unterschied zu verstehen. Bleiben Sie selbst immer ganz gerade stehen. Ihre Füße zeigen dabei nach vorn. Dies hilft Ihrem Hund, geradlinig an Ihrer Seite zu sitzen. Sobald es weitergeht, laufen Sie grundsätzlich mit dem linken Fuß los. So kann sich Ihr Hund recht gut an Ihnen orientieren.

Für ein geradliniges ›Automatisches Sitz‹ trainieren Sie auch diese Übung entlang einer Mauer, eines Hindernisses oder eines Zaunes.

Wiederholen Sie diese Übung, bis das ›Automatische Sitz‹ wirklich automatisch passiert. Minimieren Sie die Leckerlis recht schnell. Dieses simple Verhalten muss nicht monatelang extra belohnt werden. Hin und wieder ein kurzes Streicheln als Lob reicht dafür aus.

Gegenstände apportieren – »Bring!«

Gegenstände zu apportieren entspricht dem natürlichen Jagdtrieb von Hunden. Daher begreifen die meisten Hunde ziemlich schnell das System von Nachjagen – Aufheben – Zurückbringen. Spezielle Rassen wie Retriever oder Cocker Spaniel möchten am liebsten 24 Stunden am Tag Objekte apportieren. Sollte bei Ihrem Hund der Beutetrieb nicht derart extrem ausgeprägt sein, kann er trotzdem ein begeisterter ›Retriever‹ werden. Sie müssen das Apportieren nicht auf einen Ball oder ein Stöckchen beschränken. Es ist ein ausgesprochen vielseitiges und ausbaufähiges Verhalten. Ihr Hund kann Ihnen die Zeitung bringen, die Mülltüte nach draußen tragen oder den Putzeimer herbeischleppen. Ihrer Fantasie sind dabei keine Grenzen gesetzt.

Das Trainieren solcher praktischen Tricks macht Ihnen garantiert beiden Spaß! Sobald Ihr Hund es richtig kann, wird er Ihnen auch gerne bei der täglichen Hausarbeit helfen.

Doch auch beim Apportieren gibt es einige Kleinigkeiten zu berücksichtigen. Achten Sie auf Disziplin, sonst entwickelt Ihr Hund sehr schnell schlechte Angewohnheiten. Er wird mit dem Stöckchen davonrennen anstatt es zurückzubringen. Er wird die Zeitung fest in seinem Fang halten anstatt sie Ihnen zu überlassen. Oder er lässt den Ball ganz einfach vor Ihre Füße fallen, damit Sie ihn aufheben müssen.

Wir wollen ein besseres »Bring«. Wir wollen, dass Ihr Hund einen Gegenstand zurückbringt, sich vor Sie hinsetzt und wartet, bis Sie ihm den Gegenstand abnehmen. Das klingt interessant? Dann lassen Sie uns beginnen! Apportieren ist kein separates Verhalten wie z. B. das »Sitz«. Es ist eine Serie von verschiedenen Aktionen, die zu einer Verhaltenskette zusammenschmelzen, um ein gewünschtes Ergebnis zu erhalten:

1. Interesse am Gegenstand
2. Dem Gegenstand hinterherjagen
3. Den Gegenstand aufnehmen
4. Den Gegenstand festhalten
5. Den Gegenstand zurückbringen
6. Vor Ihnen sitzen
7. Warten, bis Sie den Gegenstand abnehmen

So ist es richtig!
Dem Spielzeug nachjagen ...

das Spielzeug aufnehmen ...

zurückbringen ...

und schließlich das Spielzeug
abgeben, damit Frauchen es erneut
werfen kann.

Wenn Sie beim Training genau in dieser Reihenfolge vorgehen, wird Ihr Hund schneller und disziplinierter apportieren als jeder andere Hund. Glauben Sie mir.

Es steht Ihnen frei, ob Sie einen Clicker für das »Bring« benutzen. Die meisten Leute finden es verwirrend, zusätzlich zum Leckerli und dem Spielzeug noch den Clicker zu halten. Denn Sie müssen auch Ihren Hund motivieren und eventuell korrigieren, und all das mit nur zwei Händen ...

1. Interesse am Bring-Objekt

Wichtigste Voraussetzung für das Apportieren ist, dass Sie das zu bringende Objekt an eine ein bis zwei Meter lange Schnur binden können. Damit stellen Sie sicher, dass es *Ihr* Gegenstand ist und dass Sie die Macht darüber haben. Ihr Hund kann sich also damit nicht einfach auf und davon machen.

Am Besten wäre es, wenn Sie sein Lieblingsspielzeug verwenden könnten. Damit werden Sie das Interesse Ihres Hundes garantiert sofort wecken.

Sie können aber auch ein altes Handtuch benutzen, eine Beißwurst oder einen Kong®.

Tennisbälle und andere Bälle, die sich nicht festbinden lassen, sind für dieses Training leider ungeeignet!

Knoten Sie das Objekt richtig gut fest, sodass es sich auf keinen Fall lösen kann, falls Ihr Hund später fest daran zieht. Um das Interesse Ihres Hundes zu wecken und seinen Beutetrieb zu aktivieren, reiben Sie das Spielzeug leicht mit Käse oder Leberwurst ab. Hhhmmm ... lecker.

Bleiben Sie konsequent nur bei diesem einen Spielzeug. Das Bring-Objekt steht Ihrem Hund auch nicht frei zur Verfügung. Benutzen Sie es wirklich nur für die Apportierübungen. Die restliche Zeit bleibt es unter Verschluss. Sie bestimmen, wann damit gespielt wird, und Sie bestimmen, wann es wieder im Schrank verschwindet.

Um den Beutetrieb des Hundes zu aktivieren, binden Sie einen Lappen oder ein Spielzeug an einer Schnur fest und lassen es Ihren Hund fangen.

2. Dem Gegenstand hinterherjagen

Zuallererst formen wir den Jagdtrieb Ihres Hundes in eine erwünschte, brauchbare Richtung. Er wird begreifen, dass Nachbars Katze, Autos, Fahrräder oder Jogger absolut verboten sind. Seinen Spielsachen aber darf er hinterherjagen, solange er Spass daran hat.

Schwingen Sie nun die Schnur mit dem Spielzeug vor Ihrem Hund hin und her. Wenn es gut nach Leberwurst riecht, versucht Ihr Hund sehr schnell, dieses Objekt zu fassen. Er wird versuchen, hineinzubeißen, es mit der Pfote anzuhalten, oder sogar hinterherzulaufen. Ziel dieser Übung ist, dass Ihr Hund das Spielzeug *nicht* erwischt! Er soll es nur verfolgen.

Fordern Sie Ihren Hund nicht auf, das Spielzeug zu fangen. Er muss von selbst auf die Idee kommen. Triebe oder Instinkte lassen sich weder auf Knopfdruck noch mit guten Worten aktivieren. Bitten Sie ihn also nicht verbal »Na fang den Knochen«, »Komm hol ihn dir« und so weiter.

Schwenken und ziehen Sie das Spielzeug einfach nur herum, damit Beutetrieb und Jagdtrieb erwachen. Sobald das geschieht, beginnt Ihr Hund von selbst, dem Spielzeug richtig hinterherzujagen.

Wer von Ihnen ist nun schneller bei diesem Spiel?

Sobald Ihr Hund aktiv wird, feuern Sie ihn mit »Fein«, »Fang« oder »Bravo« an, dem Spielzeug hinterherzurennen. Damit halten Sie seine Motivation aufrecht und bestärken sein Handeln.

Machen Sie regelmäßig kurze Pausen, in denen Ihr Hund ein Leckerli bekommt. Belohnen Sie ihn für das Hinterherjagen und Verfolgen des Objektes. Er muss dafür nicht sitzen oder sich hinlegen!

Lassen Sie sich auch bei dieser hoch aktiven Übung wieder von Ihren Kindern helfen. Sie selbst laufen nur mit herum, um die Leckerlis an Ihren Hund zu verteilen.

Richtig motivieren

Viele Hunde sind in dieser Situation unsicher oder sogar verängstigt. »Warum hüpft Frauchen mit diesem Spielzeug im Haus umher? Und Herrchen rennt ständig um sie herum. So komisch haben sie sich noch nie benommen.« Und schon sucht Daisy Schutz unter dem Sofa.

Auch Hunde, bei denen die Rangordnung stimmt, die ihren Besitzer als Alpha-Wesen respektieren, sind etwas schwerer zu motivieren. Sie würden es niemals wagen, Anspruch auf etwas zu erheben, das ihrem ›Rudelführer‹ gehört, es ihm streitig machen oder gar wegzunehmen versuchen.

Beides trifft bei Ihrem Hund nicht zu? Hm … dann liegt es wohl an Ihnen, wenn Ihr Hund keine Lust hat. Ihre eigene Stimmung und Motivation sind hier entscheidend. Spielen Sie dieses Spiel nicht, wenn Sie gestresst, müde oder schlecht gelaunt sind. Ihr Hund würde es merken und dementsprechend verhalten reagieren. Seine Reaktionen sind abhängig von Ihren Aktionen!

Versuchen Sie es noch einmal.

Nun springen Sie herum, quietschen vor Freude und machen eine große Show um dieses Objekt. Schauen Sie es begeistert an, schnuppern Sie daran, freuen Sie sich über Ihr ›Spielzeug‹ – und Ihr Hund wird Interesse zeigen! Lassen Sie ihn einfach mitmachen und belohnen Sie ihn regelmäßig für das Jagen seiner ›Beute‹.

Der passive Hund

Ihr Hund ist überhaupt nicht interessiert? Kein bisschen motiviert? Dann wechseln Sie das Bring-Objekt. Kaufen Sie morgen eine Kalbs- oder Rinderhaxe (bitte kein Schweinefleisch nehmen). Für Ihre Familie kochen Sie daraus eine leckere Gemüse-suppe. Die Haxe binden Sie anschließend an die Schnur – und verwenden sie als neues Beute-Objekt. Wenn Sie keine Suppe mögen, können Sie Rinderhaxe auch roh zum Training benutzen. Hunde lieben rohes Fleisch.

Nur sollten Sie die Übungen aber im Freien durchführen oder auf gefliestem Boden, denn das Fleisch hinterlässt garantiert hässliche Spuren auf Teppichen!

Schauen Sie nicht zu Ihrem Hund, rufen Sie ihn auch nicht. Beschäftigen Sie sich aber sehr intensiv mit dem Knochen. Schauen Sie ihn an, schnuppern Sie begeistert daran, tragen Sie ihn vor sich her. Genauso machen es Hunde mit ihrer echten Beute.

Obwohl ich jetzt typisch hündische Körpersprache von Ihnen verlange, brauchen Sie den Knochen nicht in den Mund zu nehmen. Tragen Sie ihn einfach in Ihren Händen vor Ihrem Gesicht her …

Jetzt müsste Ihr Hund beginnen, Sie zu beobachten und Ihren merkwürdigen Aktionen Aufmerksamkeit schenken.

Nun können Sie den Knochen fallen lassen und einfach hinter sich herziehen. Sie können ihn auch nur vor der Nase Ihres Hundes hin und her schwenken und selbst stehen bleiben.

Wenn Sie laufen wollen, achten Sie darauf, immer nur quer zum Hund zu gehen oder von ihm weg. Vermeiden Sie, auf Ihren Hund zuzugehen. Ein Beutetier würde ihm auch nicht geradewegs ins Maul spazieren.

Ein ängstlicher Hund könnte eine frontale Annäherung sogar als Angriff werten und sich noch weiter zurückziehen.

Egal, ob Sie selbst gehen oder stehen bleiben, der Knochen bewegt sich nur vom Hund weg, niemals zu ihm hin.

Sollte Ihr Hund sehr schüchtern sein, können Sie sich auch auf den Boden setzen und den Knochen unter Ihren Beinen, hinter Ihrem Rücken oder über Ihre Arme entlang führen. Aber immer weg vom Hund, sodass er einen Grund hat, dem Knochen zu folgen. Necken Sie Ihren Hund, wecken Sie seine Neugierde. Verstecken Sie den Knochen unter Ihrem T-Shirt, dann zeigen Sie ihn wieder kurz. Wackeln Sie damit herum und wecken Sie den Jagdtrieb Ihres Hundes.

Der aktive Hund

Ich habe noch nie einen aktiven Hund erlebt, der nicht hinter seinem Spielzeug hergejagt wäre. Schreiben Sie mir doch, wie es bei Ihnen gelaufen ist, welches ›Beute-Objekt‹ Ihr Hund über alles liebt, oder welche Tricks er beim Apportieren anwendet. Ich würde mich über Ihr Feedback freuen.

3. Den Gegenstand aufnehmen

Erst wenn Ihr Hund wirklich interessiert hinter dem Spielzeug herläuft, lassen Sie es ihn zum ersten Mal fassen. OK, er hat das Bring-Objekt erwischt. Jetzt achten Sie bitte auf zwei wichtigen Aspekte:

❐ Lassen Sie die Schnur auf keinen Fall los
❐ Schauen Sie weder zu Ihrem Hund noch zum Spielzeug

Lassen Sie Ihren Hund das Bring-Objekt tragen, während Sie die Schnur am anderen Ende festhalten. Gehen Sie langsam drei bis vier Schritte von Ihrem Hund weg und ziehen ihn sanft mit sich, bis er neben Ihnen auf gleicher Höhe läuft.

Schauen Sie nicht auf das Spielzeug!

Laufen Sie zusammen ein paar Schritte, Ihr Hund muss dabei die Beute fest im Fang halten.

4. Den Gegenstand halten und abgeben

Ihrem Hund ist natürlich nicht klar, dass er das Objekt zurückbringen soll. Deshalb zeigen Sie es ihm, indem Sie ihn sanft mit sich ziehen. Für Ihren Hund bedeutet das: »Mit der Beute zu Herrchen/Frauchen laufen«. Da Sie weder zu ihm noch zu seiner Beute schauen, also kein Interesse daran haben, wird er auch bereitwillig mit Ihnen gehen. Er wird seine ›Beute‹ nicht loslassen. Genau das wollen wir. Somit lernt Ihr Hund, einen Gegenstand über längere Zeit im Fang zu halten.

Jetzt nehmen Sie das Objekt aus seinem Fang heraus. Halten Sie dazu Ihre offene Handfläche unter das Kinn Ihres Hundes. Diese Handstellung wird vermeiden, dass das Objekt auf den Boden fällt. Fassen Sie das Objekt seitlich mit Daumen und Mittelfinger und schieben Sie es nach vorne aus dem Fang heraus.

Um das Abgeben zu erleichtern, halten Sie ein Leckerli mit Ihrer anderen Hand vor die Nase Ihres Hundes. Da er das Leckerli haben will, wird er seinen Fang öffnen. Nun geben Sie Ihrem Hund das Leckerli, nehmen das Spielzeug an sich, und sagen im gleichen Moment »Aus«. Beginnen Sie das Spiel gleich nochmal

Schritt für Schritt:

Das Spielzeug jagen – das Spielzeug fangen und halten – mit Ihnen laufen während er das Spielzeug trägt – das Spielzeug gegen ein Leckerli tauschen.

Ziehen Sie Ihren Hund sanft zu sich heran.

Tauschen Sie das Beuteobjekt mit einem leckeren Stück Fleisch. Auf diesen Handel gehen fast alle Hunde gerne ein.

Der beutestarke Hund

Beutestarke Hunde sind weniger korrupt. Warum sollten sie ihre schwer erkämpfte Beute einfach mal so gegen ein Leckerli tauschen? Beutestarke Hunde werden ihre Beute mit allen Mitteln verteidigen oder damit wegrennen, um sie in Sicherheit zu bringen. Auch wenn es sich dabei nur um ein Spielzeug handelt.

Wenn auch Ihr Hund das Objekt nicht loslassen will, streiten Sie mit ihm um die Beute, spielen Sie ›Tauziehen‹ mit ihm. Bitte spielen Sie das aber nicht, wenn Ihr Hund zu Aggressionen neigt oder Sie seine Reaktionen nicht einschätzen können. Seien Sie auch sehr vorsichtig, solange Ihr Hund sein endgültiges Gebiss noch nicht hat. Wenn Ihr Hund älter ist als sieben Monate, dürfen Sie natürlich kräftig mit ihm um die Beute streiten.

Spielen Sie anfangs in einem Zimmer Ihrer Wohnung, damit Ihr Hund nicht wirklich wegrennen kann.

Ihr Hund jagt dem Spielzeug hinterher. Nach ein paar Versuchen erbeutet er es auch und hält es fest im Fang.

Streiten Sie nun mit ihm darum. Er wird sein Bring-Objekt nicht loslassen und Sie ziehen am anderen Ende der Schnur.

In einem Moment, wenn Ihr Hund wirklich kraftvoll anzieht, geben Sie das Objekt frei und lassen ihn das Spiel gewinnen.

Er hat Ihnen also die Beute abgenommen! Lassen Sie Ihren Hund diesen Erfolg genießen.

Drehen Sie sich um und gehen Sie aus dem Raum. Geben Sie weder Ihrem Hund noch dem Bring-Objekt weitere Aufmerksamkeit. Warten Sie, was geschieht.

Ich wette, er wird das Spielzeug hinter ihnen herbringen und Sie zu einer neuen Partie ›Tauziehen‹ einladen. Denn er will noch einmal gegen Sie gewinnen! Das ist ein smarter Hund! OK, spielen wir noch mal!

Ein beutestarker Hund ist weniger bestechlich ...

... und darf am Ende durchaus einmal der Sieger sein.

Wenn Ihr Hund nicht hinter Ihnen her kommt, sondern mit seiner Beute weg-rennt, tun Sie etwas ganz Unerwartetes: Stellen Sie sich so, dass er Sie sehen kann. Nun holen Sie ein zweites Bring-Objekt aus Ihrer Hosentasche oder unter Ihrem T-Shirt hervor. Ihr Hund merkt jetzt sofort, dass er den Sieg noch nicht voll in der Tasche hat. Damit übernehmen Sie wieder die Führung dieses Spiels. Schwenken Sie das neue Bring-Objekt herum, zeigen und verstecken Sie es, motivieren Sie Ihren Hund diese neue Beute zu fangen! Das wird ihn total erstaunen. Er wird auch dieses Objekt erbeuten wollen, und schon beginnt das Spiel von vorn.

»Das will ich auch noch!« Um Ihren Hund am Weg-rennen zu hindern, setzen Sie ein zweites Spielzeug ein. Da er das auch haben möchte, kommt er garan-tiert zu Ihnen gelaufen.

Während er diesem zweiten Ob-jekt nachjagt, kann eine andere Per-son das erste Objekt wegräumen, ohne dass Ihr Hund das merkt.

Wenn Sie später etwas Übung ha-ben, können Sie selber mit einer Hand um ein Bring-Objekt streiten und mit der anderen Hand das vom Hund vernachlässigte Objekt wieder unter Ihrem T-Shirt verstecken.

Es ist eigentlich dieses Beutestrei-ten und sein Sieg über Sie, das Ihren Hund animiert, das Objekt zu Ihnen zurückzubringen. Er will immer wie-der gegen Sie gewinnen. Es dauert nicht lange, und selbst ein beutestar-ker Hund beginnt Gegenstände zu apportieren, anstatt damit wegzulau-fen.

Um das Spiel zu beenden, warten Sie, bis Ihr Hund das Bring-Objekt erneut zu Ihnen bringt. Tauschen Sie es, wie vor-her beschrieben, mit einem Leckerli. Ein paar zusätzliche Leckerlis lassen Sie auf den Boden fallen. Verstecken Sie das Spielzeug sofort hinter Ihrem Rücken unter Ihrem T-Shirt, während Ihr Hund mit dem Leckerli-Auflesen beschäftigt ist.

Loben Sie Ihren Hund und gehen Sie einer anderen alltäglichen Beschäftigung nach. Streiten Sie morgen erneut um die Beute. Wiederholen Sie, bis Ihr Hund Ihnen das Spielzeug regelmäßig zurückbringt. Sorgen Sie sich nicht, er tut es. Hunde wol-len demonstrieren, wie smart und schlau sie sind.

Sie werden jetzt sagen »Wenn mein Hund ständig gewinnt, fühlt er sich als Boss und wird womöglich dominantes Verhalten entwickeln.« Stimmt nicht. Ihr Hund hat keine Macht über das Spiel. Erinnern Sie sich? Sie holen das Beute-Objekt aus der Schublade und Sie packen es wieder dahin zurück. Sie sind also derjenige, der dieses Spiel überhaupt erst ermöglicht.

5. Den Gegenstand zurückbringen

Sie sehen, selbst Ihr triebstarker Hund bringt einen Gegenstand zurück, wenn es einen guten Grund dazu gibt.

Trotzdem: Ein Spielzeug zurückzubringen ist der kritischste Teil der Übung. Einem Gegenstand hinterherjagen und dann festhalten entspricht dem natürlichen Jagdverhalten von Hunden und ist schnell trainiert.

Das Zurückbringen ist deshalb problematisch, weil für Ihren Hund dieses Spielzeug kein Spielzeug ist, sondern seine Beute. Für ihn stellt das Spielzeug eine Maus, ein Küken oder ein Kaninchen dar. Dies ist der Grund, warum die meisten Hunde davonlaufen, sobald sie das Spielzeug erbeutet haben. Sie sind nicht gewillt, ihre Beute zu tcilen. (Ganz im Gegenteil zu den meisten Hundebesitzern, die ihre Mahlzeiten ständig mit ihren Hunden teilen.)

Deshalb ist es wichtig, dass Sie selbst nie Interesse am Bring-Objekt zeigen, bevor Ihr Hund es nicht wirklich zu Ihnen zurückbringt.

Das Spielzeug (seine Beute) zu Ihnen zurückzubringen ist eine Tat gegen seine Instinkte. In freier Natur teilen Hunde nur sehr große Beute, die sie alleine nicht transportieren und verzehren können. Kleine Beute wird weggeschleppt und alleine verzehrt oder für später verbuddelt. Nur ganz junge Welpen bringen arglos alle möglichen Gegenstände zurück zum Rudel.

Am Ufer eines Gewässers können Sie das Apportieren am besten üben.

So wird's gemacht

Nun wollen wir ins richtige Apportieren überwechseln. Ihr Hund wird dem Bring-Objekt nicht mehr nur hinterherjagen, sondern soll es jetzt vom Boden aufheben und Ihnen zurückgeben. Schwenken Sie dazu das Spielzeug ein paar Mal herum und lassen Sie es nun maximal einen Meter von sich entfernt auf den Boden fallen. Wenn Ihr Hund die Vorübung begriffen hat, wird er jetzt hinterherspringen, das Spielzeug aufnehmen und festhalten. Sie nehmen es ihm wie gewohnt ab, indem Sie es gegen ein Leckerli eintauschen.

Verstecken Sie die Leckerlis hinter Ihrem Rücken, bevor Sie sie gegen das Spielzeug tauschen.

Sollte er versuchen, damit wegzurennen, gehen Sie wieder langsam los und ziehen ihn wie bei der Basisübung mit sich. Bleiben Sie nach wenigen Schritten stehen und tauschen Sie das Spielzeug mit dem Leckerli.

Beim zweiten Versuch verkürzen Sie die Distanz und lassen das Objekt unmittelbar neben sich zu Boden fallen. Laufen Sie los, sobald Ihr Hund das Bring-Objekt aufnimmt.

Lassen Sie ihm keine Chance mehr, damit wegzurennen.

Nach ein bis zwei Wochen können Sie die Schnur schrittweise verlängern und das Spielzeug weiter weg werfen.

Sobald das gut funktioniert, können Sie zum ersten Mal die Schnur lösen und testen, ob Ihr Hund das Objekt trotzdem zurückbringt. Das wäre eine tolle Leistung!

Der Hund bringt sein Spielzeug zurück. So macht Appportieren Spaß.

Sollte er versuchen, Sie auszutricksen, binden Sie das Spielzeug wieder fest. Damit zeigen Sie ihm, dass Sie das Spielzeug, ihn selbst und die gesamte Situation fest im Griff haben. Das wird Ihren Hund enorm beeindrucken.

> **Benutzen Sie für dieses aktive Training nur ganz weiche Leckerlis wie Banane, Camembert oder gekochte Nudeln. Achten Sie darauf, dass Ihr Hund das Futter völlig hinuntergeschluckt hat, bevor Sie weitermachen.**

Die Handlung benennen

Sobald Ihr Hund weiß, was er zu tun hat, nämlich das Objekt zurückzubringen, fügen Sie das Wortsignal mit ein. Achten Sie aber darauf, dass ihn Ihre Worte nicht ablenken. Lassen sie ihn erst einmal hinterherrennen und den Gegenstand aufnehmen. Sobald er dann damit zurückkommt, sagen Sie wiederholt »Bring«, »Bring«, »Bring«.

Das Apportieren perfektionieren

Sobald Ihr Hund zuverlässig apportiert, beginnen Sie, sein Verhalten zu formen. Lassen Sie ihn sitzen, bevor Sie ihm das Spielzeug abnehmen. Dazu brauchen Sie nur das Handsignal, den erhobenen Zeigefinger, anzuwenden, sobald Ihr Hund etwa einen Meter von Ihnen entfernt ist.

Da Sie das in der ersten Lektion ausgiebig geübt haben, wird Ihr Hund jetzt auch darauf eingehen. Er wird sich genau vor Sie hinsetzen, mit dem Spielzeug im Fang. Nun tauschen Sie wie gewohnt das Objekt gegen ein Leckerli und sagen Sie »Aus«.

Lassen Sie ihn das Spielzeug kontinuierlich ein paar Sekunden länger halten. Dazu benutzen Sie Ihren Clicker. Wenn Ihr Hund jetzt vor Ihnen sitzt, warten Sie zwei bis drei Sekunden, bevor Sie clicken und das Objekt mit »Aus« gegen ein Leckerli tauschen.

Vollendet ist das Training, wenn Ihr Hund problemlos ein Objekt über ein Hindernis apportieren kann.

»Mein Hund lässt alles einfach fallen«

Es kommt vor, dass Hunde ungeduldig werden und vor lauter Gier auf ein Leckerli das Spielzeug fallen lassen.

Machen Sie diese Unart nicht mit! Beugen Sie sich um nichts in der Welt hinunter, um das Spielzeug aufzuheben!

Ihr Hund wird sich daran erinnern, dass Sie das Objekt immer aus seinem Fang genommen haben, um es gegen ein Leckerli einzutauschen. Wenn er merkt, dass Sie nicht bereit sind, diese Regel zu ändern, wird er es letztendlich selber aufheben. Nun nehmen Sie es ihm wie gewohnt mit »Aus« ab und er bekommt seine Belohnung.

Sollte er es wirklich nicht aufheben, verlassen Sie wortlos den Übungsplatz. Üben Sie morgen weiter.

Sollte sich diese Unart fest etablieren, üben Sie erst einmal »Gegenstände aufheben« (s. S. 111) mit Ihrem Hund. Danach wird er bestimmt nichts mehr fallen lassen.

Variationen

Nun müsste Ihr Hund in der Lage sein, das Bring-Objekt auch im Garten zu apportieren. Eventuell können Sie schon bald auch mit anderen Gegenständen trainieren. Denken Sie nur immer daran: Sobald die Situation wechselt, wird es für einen Moment schwieriger für Ihren Hund. Wiederholen Sie immer erst einmal die Basisübung, dann stellt er schnell die Verbindung zur jetzigen Situation her.

Wie bei allen anderen Übungen reduzieren Sie auch beim Apportieren ganz allmählich die Leckerlis.

Golden Retriever, Labrador, Cocker Spaniel & Co.

Sollten Sie einen solchen Hund besitzen, erübrigen sich oft die Leckerlis zum Training. Versuchen Sie bei diesen Rassen auf alle Fälle erst einmal ohne Belohnung zu arbeiten, aber mit ganz viel Motivation und Lob. Das reicht meistens schon aus. Wenn Sie dann auch noch an einem Flussufer oder an einem See trainieren können, ist das Ganze ein Kinderspiel. Denn wenn Sie das Spielzeug ins Wasser werfen, muss es Ihr Hund notgedrungen zurückbringen. Einen anderen Weg gibt es nicht. Nun müssen Sie nur noch darauf achten, wo Ihr Hund wieder aus dem Wasser herauskommt ...

Wenn das gut funktioniert, lassen Sie ihn später mit der ›Beute‹ im Fang »Sitz« machen. Erst dann nehmen Sie ihm das Objekt ab und erlauben ihm, sich zu schütteln.

Verhaltenstraining

Ab in die Kiste! Die Transportbox

Wohin verschwindet Ihr Hund, wenn er Angst hat? Wo verkriecht er sich, wenn Sie mit ihm schimpfen? Wo liegt er, wenn Sie fernsehen oder zu Abend essen? Wo döst er am liebsten vor sich hin?

Vermutlich unter dem Sofa, dem Bett oder dem Tisch. Durch die Abdeckung von oben wirken diese Möbelstücke höhlenartig und vermitteln ihm das Gefühl von Vertrautheit. Instinktiv fühlt er sich hier wohl und sicher.

Sie sind weder grausam noch herzlos, wenn Sie Ihren Hund an eine Transportbox, eine Hundekiste oder einen Zwinger gewöhnen. Eine Hundebox ist kein Gefängnis, sondern ein ganz privater, sicherer Zufluchtsort für Ihren Hund. Es ist ›seine Höhle‹, in der er immer Geborgenheit und Sicherheit finden sollte.

Hier kann er abseits vom Familienalltag schlafen und sich entspannen oder einfach nur dem bunten Treiben aus sicherer Entfernung zusehen.

Sie selbst werden in so mancher schwierigen Lebenssituation viel weniger Stress haben, wenn Ihr Hund trainiert ist, in einer Hundebox zu bleiben.

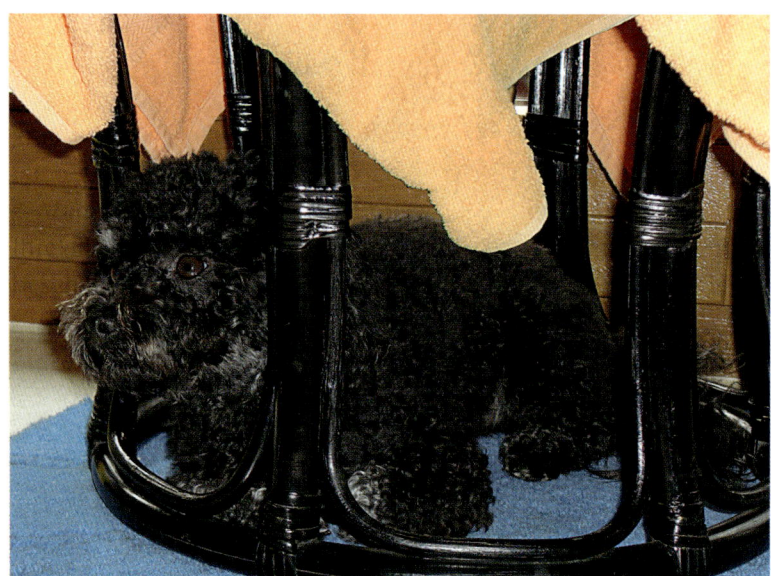

An solch einem geschützten Platz fühlen Hunde sich am wohlsten.

Partys

Geburtstagsfeiern, Weihnachten, Silvester oder andere geräuschvolle Partys können zur traumatischen Erfahrung für Ihren Hund werden.

Hunde sind neugierig und wollen immer mit dabei sein. Sie wollen sehen, wer da kommt und einfach so in Ihr Revier eindringt. Aber fremde Menschen, Lärm oder kreischende (fremde) Kinder wirken oft verwirrend und können Ihren Hund erschrecken, solange er nicht an solche Situationen gewöhnt ist.

Eine in einem anderen Zimmer aufgestellte Hundebox hilft Ihnen, Ihren aufgeregten Hund von der Menge fernzuhalten. Wenn Sie dabei richtig vorgehen, wird Ihr Hund dankbar sein, solche tumultartigen Stunden in seiner sicheren Box zu verbringen. Lesen Sie im Kapitel »Stress, wenn Besuch kommt« (Seite 133), wie Sie dabei richtig vorgehen.

Auf Reisen

Gesetzliche Bestimmungen verlangen, dass Hunde während einer Flugreise oder einer unbegleiteten Bahntransportreise aus Sicherheitsgründen in einer Transportkiste untergebracht sind. Oft werden sie dann in separaten Räumen abgestellt und mehr oder weniger als Frachtgut behandelt. Lärm, fremde Umgebung und die eigenartige Transportmethode wirken verwirrend auf unsere vierbeinigen Freunde.

Wenn Ihr Hund in seiner eigenen, vertrauten Box reisen darf, wird der Trip im Frachtraum für ihn sehr viel leichter erträglich sein.

Wenn Sie mit dem Auto reisen, kann sich Ihr Box-trainierter Hund in seiner Kiste richtig entspannen.

Nun kann er zwar nicht mehr im Auto herumspazieren oder von einem Sitz zum anderen rutschen, er kann auch nicht mehr vom Hintersitz über den Steuerknüppel auf den Schoß des Fahrers springen ... aber die Reise wird für Sie alle sehr viel sicherer und angenehmer verlaufen.

Tierklinik

Für jeden Hundebesitzer kann einmal die traurige Situation entstehen, dass sein Hund schwer erkrankt, ernsthaft verletzt wird oder eine Operation benötigt.

Wenn auch Ihr Hund einmal in einer Tierklinik bleiben muss, wird er sich viel schneller wieder erholen, wenn er in seiner eigenen Box untergebracht ist.

Die gesamte Situation – von zu Hause weg zu sein, Schmerzen zu ertragen, von fremden Menschen umgeben und ständig angefasst zu werden – wird er in seiner vertrauten Höhle als sehr viel angenehmer und erträglicher erleben.

Sollten Sie mehrere Haustiere besitzen, erholt sich ein kranker Hund viel besser, wenn er sich in ›seiner Box‹, abseits von den anderen Tieren, ausruhen kann. Hier ist er sicher vor heftigen Spielaufforderungen, Attacken und anderen Aktivitäten seiner Spielgefährten und anderer Rudelmitglieder.

Schlafplatz

Viele Hunde schlafen gerne in ihrer gemütlichen ›Höhle‹. Nachts ist die Hundebox durchaus zweckmäßig für ein erfolgreiches Training zur Stubenreinheit. Hunde beschmutzen ihren Schlafplatz nur im äußersten Notfall. Siehe den Abschnitt »Training zur Stubenreinheit« auf Seite 139.

Private Momente

In sehr beschäftigten Momenten ist es oft hilfreich, wenn ein Hund nicht unbeobachtet im Haushalt herumstreifen kann. In seiner Hundebox untergebracht, kann er weder Kabel zerfressen noch herumliegende Bücher anknabbern.

Und in absolut privaten Augenblicken ist es sowieso beruhigender, wenn Pluto nicht zähnefletschend neben dem Bett sitzt ...

Einige Grundregeln

Bevor Sie mit dem Training beginnen, stellen Sie sicher, dass die Hundebox vom ersten Moment an ein angenehmes Objekt für Ihren Hund ist:

- Eine Hundebox muss groß genug sein, damit Ihr Hund darin aufrecht stehen kann. Er muss aber auch in der Lage sein, ausgestreckt darin zu liegen und sich umzudrehen. Wenn Ihr Hund noch ein Welpe ist, kann es besser sein, eine Kiste mit Trennwand zu kaufen. Die Abtrennung verstellen Sie entsprechend dem Wachstum Ihres Hundes. Er kann also quasi in seine Box hineinwachsen.

- Machen Sie die Transportbox gemütlich für Ihren Hund. Rüsten Sie sie mit einer weichen Decke, einem Spielzeug oder einem Kauknochen aus.

- Platzieren Sie die Box in einer Ecke Ihres Hauses, wo sie niemandem im Weg ist, aber Ihr Hund das Familienleben trotzdem voll beobachten kann.

- Lassen Sie Ihren Hund keine negative Erfahrung mit der Hundebox machen. Benutzen Sie die Box niemals als Ort der Bestrafung. Die Hundekiste muss immer ›seine Höhle‹ sein; ein sicherer, friedlicher Hafen, in dem er sich geborgen fühlt.

Welche Zeitspanne ist angemessen?

Hunde ändern ihre Schlafplätze und -positionen regelmäßig. Sie wandern vom Parkettboden auf das Sofa, vom Sofa geht es in den Flur und von hier aus wieder auf den Wohnzimmerteppich. Sie brauchen diese Bewegung, um die Muskeln und Gelenke zu lockern. Außerdem müssen Hunde ihre Körpertemperatur konstant halten. Sie lieben zwar unsere Sofas, Betten und Teppiche; aber oft wird ihnen das schon nach kurzer Zeit zu warm, also legen sie sich wieder auf eine glatte Oberfläche.

Fazit: Lassen Sie einen Welpen nicht länger als eine Stunde am Stück in seiner Box. Für erwachsene Hunde sind drei Stunden in einer Hundebox oberstes Limit.

Wie Sie Ihren Hund an seine Box gewöhnen

Wie in allen anderen Lektionen halten Sie wieder köstliche Käse- oder Fleischwurst- würfel bereit. Die Tür der Hundebox lassen Sie bitte vorerst geöffnet, auch nach den Übungen! Sie können sie auch aushängen, bis Ihr Hund wirklich mit der Box vertraut ist.

So wird's gemacht

Ihr Hund ist neben Ihnen und schaut gespannt in die Box. Legen oder werfen Sie ein Leckerli in die Kiste, ganz nahe am Eingang.

Sobald sich Ihr Hund dem Leckerli nähert, clicken Sie. Die Belohnung nach dem Click muss er jetzt nur noch aufnehmen, sie liegt ja schon vor ihm in der Box. Falls Ihr Hund das Leckerli aus der Box nicht aufnehmen will, geben Sie ihm seine Belohnungen weiterhin aus der Schüssel.

Der passive Hund

Er schaut Sie jetzt fragend an, ob er das Leckerli nehmen darf. Ermutigen Sie ihn dazu. Er hat es sich verdient.

Sollte Ihr Hund sehr ängstlich reagieren, müssen Sie das Leckerli erst einmal vor die Box legen, sobald er daran zu schnuppern versucht, belohnen Sie mit C & L. Nach ein paar Versuchen legen Sie das Futter auf den Rand des Einstieges und schließlich in die Box hinein.

Nun, da das Leckerli etwas weiter drinnen liegt, muss Ihr Hund schon einen extrem langen Hals machen, um es zu erreichen. Wiederholen Sie ein paar Mal und platzieren Sie das Leckerli nun so weit nach hinten, dass Ihr Hund eine Pfote auf den Einstieg setzen muss, um daran zu kommen. Geschafft! Loben Sie ihn ausgiebig für diese Meisterleistung! Wiederholen Sie noch so lange, bis sich Ihr Hund an das Ein- und Aussteigen gewöhnt hat.

Der aktive Hund

Der mutige Hund wird das Leckerli nehmen, sobald Sie es in die Box gelegt haben. »Tolles Spiel, Nachschub bitte!« Clicken Sie genau in dem Moment, wenn sich Ihr Hund das Leckerli schnappt!

Sie müssen nun wirklich schnell reagieren! Verlagern Sie das Futter während der nächsten Versuche allmählich weiter in die Box hinein. Sollten Sie noch nachkommen, clicken Sie als Nächstes, sobald Ihr Hund einen Fuß in die Box setzt. Nach ein paar Wiederholungen werfen Sie das Futter an den hintersten Rand der Hundebox. Jetzt wird es ein reines Fangspiel, bei dem Sie keinen Clicker mehr benötigen. Ihr Hund hat jetzt bereits begriffen, was Sie von ihm erwarten.

Wiederholen Sie diese Übung mehrmals täglich. Sollte Ihr Hund bereits apportieren, können Sie nun Spielzeug in der Hundebox verstecken oder seinen Lieblingskauknochen.

Es ist alles erlaubt, was Ihren Hund auf positive Weise mit der Hundebox vertraut macht.

Schließen Sie die Box

Werfen Sie das Leckerli in die Box. Sobald Ihr Hund hinterherspringt, schließen Sie die Tür. Warten Sie zwei bis drei Sekunden, dann clicken Sie und geben ihm das Leckerli von außen durch das Gitter. Er wird schnell verstehen, dass es eine Belohnung erst gibt, wenn die Tür geschlossen ist.

Lassen Sie Ihren Hund wieder aussteigen und wiederholen Sie diesen Schritt noch ein paar Mal. Ihr Hund wird sich schnell an die geschlossene Tür gewöhnen.

Das Verhalten benennen

Nach einigen Wiederholungen können Sie ein verbales Signal hinzufügen. Im exakten Moment, wenn Ihr Hund in die Hundebox steigt, sagen Sie »Bett«, »Box«, »Kiste« oder was immer Ihnen lieb ist.

Verlängern Sie die Zeitspanne

Füttern Sie Ihren Hund einmal am Tag in seiner Hundebox, um ihn wirklich mit seiner Höhle vertraut zu machen. Ein mit Leberwurst oder Käse gefüllter Kong® eignet sich dazu auch sehr gut.

Steigern Sie langsam die Zeitspanne, die Ihr Hund in der geschlossenen Hundebox verbringt. Aber bleiben Sie bitte immer noch ganz in der Nähe Ihres Hundes.

Mit schmackhaften Leckerlis klappt auch dieses Training im Handumdrehen.

Lassen Sie die Tür der Box geöffnet, dann hat Ihr Hund schnell Vertrauen in die neue Situation.

Verlassen Sie das Zimmer

Wie sich Ihr Hund vertraut und sicher in seiner Hundebox fühlt, können Sie das Zimmer für eine Minute verlassen. Machen Sie Ihren Hund nicht auf Ihr Weggehen aufmerksam. Gehen Sie wortlos aus dem Zimmer und kommen Sie nach einer Minute zurück. Allmählich steigern Sie die Zeitspanne um etwa eine Minute pro Tag, in der Ihr Hund alleine ist, während Sie in ein anderes Zimmer gehen.

Verlassen Sie die Wohnung

Nach zwei Wochen verlassen Sie für einen Moment Haus oder Wohnung. Bringen Sie den Abfall nach draußen oder gehen Sie zum Briefkasten, während Ihr Hund in seiner Kiste wartet.

Wenn dies auch funktioniert, bleiben Sie ein bisschen länger draußen. Machen Sie eine Gartenarbeit oder fegen Sie die Treppe. Bleiben Sie aber nahe genug, sodass Ihr Hund Sie noch hören oder wittern kann.

Allein zu Haus

Nach etwa vier Wochen können Sie den letzten Schritt machen und Ihr Grundstück verlassen. Fahren Sie fünf Minuten um den Block herum. Während der nächsten Wochen steigern Sie langsam die Zeit, in der Sie wegbleiben.

Gehen Sie immer ohne großes Aufsehen. Zeigen Sie Ihrem Hund, dass diese Situation normal ist. Auch wenn Sie zurückkommen gibt es keinen Grund, so überschwänglich zu reagieren, als hätten Sie sich jahrelang nicht gesehen.

Öffnen Sie die Hundebox und lassen Sie Ihren Hund heraus. Gehen Sie aber gleich einer normalen Beschäftigung nach, zum Beispiel Händewaschen oder Kleidung wechseln. Erst danach belohnen Sie Waldi für sein gutes und geduldiges Verhalten während Ihrer Abwesenheit.

Hier fühlen sie sich sicher und geborgen: Die drei Wochen alte Mini legt sich kurzerhand zum Alpha-Rüden Bonnie in die Hundebox.

»Mein Hund bleibt nicht in der Hundebox«

Warum nicht? Was ist der Grund dafür? Sind Sie zu schnell vorgegangen? Hat die Box bei den Übungen gewackelt und Ihren Hund damit verunsichert? Wurde er während der Lektionen durch Lärm von draußen irgendwie erschreckt?

Oder ist er einfach nur ein kleiner Hund mit starkem Willen? Dann gehen Sie folgendermaßen vor: Wiederholen Sie alle vorherigen Übungen noch einmal. Solange die Tür der Hundebox offen ist, dürfte es keine Probleme geben. Schließen Sie jetzt die Box. Was passiert?

»Mein Hund ist verwirrt, aber noch ruhig«

Gut, also bekommt er dafür sofort ein C & L. Nun können Sie ganz langsam die Zeitspanne bis zum C & L täglich um eine Sekunde verlängern. Das Leckerli gibt es natürlich von außen durch die geschlossene Tür. Öffnen Sie danach die Box und lassen Sie Ihren Hund wieder heraus. Machen Sie das nur einmal pro Tag, ohne weitere Wiederholungen.

»Mein Hund tobt und bellt«

Beachten Sie ihn nicht! Schenken Sie ihm keinerlei Aufmerksamkeit. Wenn Sie mit Ihrem Hund sprechen oder ihn ansehen während er ›verrückt‹ spielt, belohnen Sie damit nur sein schlechtes Benehmen.

Warten Sie. Auch ein bellender Hund muss mal atmen oder hält kurz inne, um Ihre Reaktion auf sein Gezeter zu testen. Genau in dem Moment geben Sie ihm ein C & L. Es wäre perfekt, wenn Sie in diesem Moment Blickkontakt hätten. Versuchen Sie, das schrittweise zu erreichen. Ihr Hund bekommt also erst die Belohnung, wenn er ruhig ist und Sie ansieht.

Benutzen Sie für diese Übung größere, weiche Käsewürfel. Denn je länger er kaut, desto länger wird er ruhig sein. Sobald Ihr Hund seine Belohnung hinuntergeschluckt hat, ertönt wieder ein Click, und er bekommt das nächste Leckerli. Er hat also gar keine Zeit mehr zum Bellen. Super, lassen Sie ihn nun wieder heraus.

Ihr Hund hat sich heute bereits zwei Leckerlis erschwiegen. Machen Sie morgen damit weiter und steigern Sie langsam die Anzahl der Belohnungshäppchen!

Seien Sie schnell. Kommen Sie Ihrem Hund mit C & L zuvor, dann hat er gar keine Chance zu bellen.

Wenn sich Ihr Hund mit der Situation angefreundet hat, können Sie das verbale Signal einführen und seinen Aufenthalt in der Hundebox langsam verlängern.

Stress, wenn Besuch kommt

Eigentlich ist es ja ein Grund zur Freude, wenn Freunde oder Familienangehörige ihren Besuch ankündigen. Leider gibt es unzählige Hundebesitzer, für die solche Momente zum Albtraum werden. Kaum klingelt es an der Haustür, springt Bello dann auch prompt wie von der Tarantel gestochen vom Sofa, fletscht die Zähne, bellt gnadenlos und ist bereit, sein Reich gegen alles und jeden zu verteidigen.

In diesem Moment wirkt selbst der zarteste Yorkshire Terrier wie eine blutrünstige Bestie auf Ihre Besucher. Ein paar Mutige wagen sich dennoch in die gute Stube vor. Das Sofa ist natürlich absolut tabu, weil – Bellos Stammplatz. Besucher dürfen sich bestenfalls auf Sessel oder Stühle setzen. Bello bleibt natürlich dicht daneben. Jederzeit bereit, die geringste Beinbewegung mit einem kleinen, harmlosen Biss zu vergelten …

Solche unliebsamen Szenen können Sie in Zukunft vermeiden.

Sollte auch Ihr Hund bei jedem Klingelton lauthals bellen, an Ihren Gästen hochspringen oder gar versuchen, nach deren Hosenbeinen zu schnappen, bringen Sie ihm erst einmal gutes Benehmen bei.

Sie können falsches, freches oder gar aggressives Verhalten gegenüber Besuchern nicht stoppen, indem Sie Ihren Hund vorher »wegsperren«. Und schon gar nicht können Sie ihn schimpfend vom Hosenbein Ihres Chefs losreißen, um ihn dann am Halsband ins Nachbarzimmer zu ziehen und in seine Box einzusperren! Nun wird er erst richtig toben. Gleichzeitig lernt er, dass Besucher seine ärgsten Feinde sind – und beim nächsten Mal wird alles noch schlimmer!

Wäre es nicht nett, wenn Ihr Hund alle Besucher nur schnell und höflich kurz begrüßt und danach wohlerzogen auf seinen Platz geht?

Diese unfreundliche Begrüßung wirkt nicht gerade einladend auf Besucher, ist aber mit etwas Training zu korrigieren.

Auch dieser Wunsch kann sich bald für Sie erfüllen. Trainieren Sie mit Ihrem Hund »Blickkontakt«, damit Sie ihn auf seine Matte verweisen können. Wie das geht, lesen Sie gleich im weiteren Text. Oder gewöhnen Sie ihn an eine Hundebox (siehe Seite 125). Beide Methoden können Sie einsetzen, um Ihren Hund von Besuchern, Trubel oder Stress fernzuhalten.

Ihr Hund darf aber durchaus alle Besucher und Gäste erst einmal in Ruhe beschnuppern. Lassen Sie ihn sich seine eigene Meinung zu den einzelnen Personen bilden. Erst wenn er damit fertig ist oder sich gelangweilt mitten ins Zimmer legen will, bringen Sie Ihren Hund nach nebenan in seine Box oder schicken ihn auf seine Matte. Ob Sie sich für Box oder Matte entscheiden, hängt vom Charakter Ihres Hundes ab. Für ängstliche und aggressive Hunde empfiehlt sich die Transportbox. Beide Charaktere können in Stresssituationen negativ und unberechenbar reagieren. Das ist peinlich für alle Beteiligten. Bedenken Sie auch, dass manche Menschen wirklich Angst vor Hunden haben. Nehmen Sie Rücksicht darauf und ersparen Sie diesen Personen den Anblick eines ›zähnefletschenden Ungeheuers‹.

Einen hyperaktiven, verspielten Hund, der alle Besucher aufgeregt anspringt, abschleckt und freudig anbellt, verweisen Sie am besten mit »Schlafen« auf seine Matte. Dann ist er mit dabei, kann aber niemandem seine feuchten Küsse aufdrücken.

So wird's gemacht

Erst einmal müssen Sie Ihren Hund an das Ritual ›Besuch‹ gewöhnen. Das wird die gesamte Situation enorm entschärfen. In vielen Fällen reicht das schon aus, und ein weiteres Training erübrigt sich. Üben Sie mit Freunden, die eingeweiht sind und wissen, wie sie reagieren sollen.

Der Klingelton

Sie brauchen keine fremde Person für diese erste Übung. Jedes andere Familienmitglied kann diese Aufgabe übernehmen und an der Türe klingeln.

Variante 1

Lassen Sie den Helfer an Ihrer Wohnungstür klingeln. Wenn das schon ausreicht, um Tarzan in Erregung zu versetzen, gehen Sie nicht hin, um die Türe zu öffnen! Bleiben Sie ruhig sitzen. Schenken Sie Ihrem tobenden Hund keinerlei Beachtung. Verstecken Sie sich hinter einer Zeitung. Das verstärkt die Bedeutungslosigkeit dieser Situation.

Sobald sich Tarzan beruhigt hat, belohnen Sie ihn mit Leckerli (C & L). Kurz darauf klingelt der Helfer erneut. Das Spiel beginnt von vorn. Wiederholen Sie das fünf bis sieben Mal hintereinander für mehrere Tage. Irgendwann wird es Ihrem Hund zu dumm, ständig umsonst aufzuspringen und die Tür anzubellen. Gleichzeitig merkt er aber bereits, dass immer von irgendwoher ein Leckerli kommt, sobald er zu bellen aufhört. Da ihm das Nicht-Bellen Erfolg bringt, wird er sein Toben schrittweise einstellen. Sein Verhalten wird sich langsam zum Positiven ändern.

Erst wenn Ihr Hund gelassen auf das Klingeln reagiert, können Sie dem Helfer die Türe das erste Mal öffnen.

Variante 2

Setzen Sie sich vor die Decke oder das Kissen Ihres Hundes. Die restlichen drei Seiten sollten mit Wand oder Möbelstücken blockiert sein. Damit hindern Sie Ihren Liebling während der Übung auf ganz simple Weise am Weglaufen.

Rufen Sie Ihren Hund nun zu seinem Schlafplatz heran. Sobald er sich auf seinem Kissen niederlegt, belohnen Sie ihn (C & L). Als Nächstes rutschen Sie einen halben bis einen Meter vom Hund weg. Sagen Sie nichts, warten Sie auf einen Blick von ihm. Belohnen Sie etwa zehn Minuten lang jeden Blickkontakt. Sooft Ihr Hund Sie in dieser Zeit anschaut, honorieren Sie das mit Leckerli (C & L).

Sollte Ihr Hund versuchen, sich zu entfernen, schicken oder locken Sie ihn zurück auf seinen Schlafplatz. Sobald er sich dort wieder hinlegt, unterstreichen Sie seine Handlung mit einem passenden Wort wie »Decke«. Wiederholen Sie diese Blickkontakt-Übung am nächsten Tag noch einmal für zehn bis fünfzehn Minuten.

Jetzt kommt der große Test. Am dritten Tag vertiefen Sie das Gelernte noch einmal mit ein paar Wiederholungen. Plötzlich klingelt Ihr Helfer an der Tür.

Wie reagiert Ihr Hund? Bellt er? Wird er nervös? Springt er von seinem Kissen auf?

Macht nichts, er kann nicht wegrennen, da Wand, Möbelstücke und Ihr Körper ihn blockieren. Sollte er trotzdem zu entwischen versuchen, führen Sie ihn mit dem Wort »Decke« ganz ruhig und entspannt wieder auf sein Kissen.

Danach zeigen Sie Ihrem Hund zur Motivation ein Leckerli. Sobald er Sie anschaut, geben Sie es ihm (C & L). Fahren Sie damit fort, seinen ›Blickkontakt‹ zu belohnen, bis der Hund wieder ganz ruhig ist. Wiederholen Sie diesen Klingeltest gleich noch weitere zwei Mal. Das reicht für heute.

Setzen Sie sich allmählich immer weiter weg von Ihrem Hund. Es dauert nicht lange und Ihr Hund wird zu Ihnen schauen, sobald es an der Türe klingelt. Gut gemacht, Sie haben Ihr Ziel erreicht! Ihr Hund verbindet den Klingelton jetzt mit Blickkontakt zu Ihnen, der stets mit einem Leckerli belohnt wird. Also wird er sich, sobald es klingelt, auf seine Decke legen und Augenkontakt zu Ihnen suchen. Sollte er das einmal vergessen, können Sie ihn mit »Decke« an seinen Liegeplatz erinnern, und ihn mit »Sitz«, »Bleib« oder »Legen« an weiteren Aktionen hindern.

Keine Chance mehr zur Tür zu rennen. Die meisten Hunde verlieren schnell das Interesse am Besucher.

Der Helfer tritt ein

Ab jetzt arbeiten Sie mit einer Person weiter, die Ihr Hund bereits kennt, die aber nicht zum Haushalt gehört.

Erst wenn Ihr Hund manierlich auf das Klingeln reagiert, lassen Sie den Helfer hereinkommen. Manierlich heißt: Mit dem Schwanz wackeln oder die Ohren spitzen und zu Ihnen schauen. Für ruhiges Liegenbleiben oder Blickkontakt wird er wie gewohnt belohnt (C & L).

Gehen Sie nun die Tür öffnen. Begrüßen Sie Ihren Helfer und wechseln Sie ein paar Worte. Keiner von Ihnen schenkt dem Hund irgendeine Beachtung! Sollte er von seinem Platz aufstehen, führen Sie ihn mit »Decke« wieder zurück.

Wenn Ihr Hund in große Erregung gerät, weil er den Helfer kennt, verlässt der Helfer sofort wieder die Wohnung. Sie unterbinden also jeden körperlichen Kontakt zwischen den beiden. Auch Sie schenken Ihrem Hund keinerlei Beachtung, außer dass Sie ihn auf seine Decke schicken. Lassen Sie den Helfer hinaus und gehen Sie irgendeiner Beschäftigung nach.

Wiederholen Sie dieses Ritual so lange, bis Ihr Hund wirklich auf seinem Platz bleibt, während Sie den Helfer begrüßen.

Der Helfer setzt sich

Jetzt, wo Ihr Hund gelassen bleibt, darf sich der Helfer setzen. Sprechen Sie vorher ab, dass der Helfer sich an den Tisch setzt. Nicht auf das Sofa, nicht auf einen Sessel. Am Tisch ist er nach vorne durch die Tischplatte geschützt und nach hinten durch die Stuhllehne. Damit hätte der Hund nur zwei kleine, voneinander getrennte Angriffspunkte, nämlich die rechte oder die linke Körperseite.

Durch diese Sitzposition vermeiden Sie einen frontalen Augenkontakt zwischen den beiden Beteiligten. Nun wird sich Ihr Hund weder angegriffen noch ermutigt fühlen. Oft erlischt damit schon das Interesse am Besucher.

Indem der Helfer seine seitliche Körperpartie darbietet, gibt er Ihrem Hund ein klares Beschwichtigungssignal: »Du interessierst mich nicht. Ich werde dir nichts tun.« Die Präsentation der seitlichen Körperhälfte ist ein Basissignal aus der Körpersprache von Tieren. Und bis auf ein paar wenige wirklich verhaltensgestörte Exemplare wird es von jedem Hund als Friedensangebot verstanden und respektiert.

Auf dem Sofa oder dem Sessel wäre der Helfer dem Hund völlig ungeschützt ausgeliefert. Ihr Hund könnte also nach Herzenslust zur Begrüßung auf ihn springen, ihn in die Wade zwicken oder ihn wütend verbellen. Nun wäre es für den Helfer wirklich schwierig, einen Augenkontakt zu vermeiden. Wir schauen nun einmal automatisch zu allem, was uns von vorne entgegenkommt.

Sobald das Hinsetzen auch problemlos funktioniert, spielen Sie die Situation mit einer dem Hund fremden Person durch.

Den Eindringling beschnuppern

Setzen Sie sich zum Helfer an den Tisch. Entscheiden Sie jetzt spontan den weiteren Verlauf.

Sollte Ihr Hund kein besonderes Interesse mehr zeigen, lassen Sie ihn unbeachtet auf seiner Decke liegen. Oder rufen Sie Ihren Hund heran, damit er Ihren Gast in aller Ruhe beschnuppern kann. Der Helfer darf sich dabei nicht bewegen und den

Derartig aufgebrachte Hunde sollten Sie total ignorieren.

Hund auch nicht anschauen. Ängstliche oder aggressive Hunde würden bereits die kleinste Beinbewegung als Tritt oder Angriff interpretieren und eventuell beißen.

Hochmotivierte Hunde dagegen interpretieren jede Bewegung sofort als eine Spielaufforderung – und genau das wollen wir ja vermeiden. Am besten erstarrt der Helfer für ein paar Minuten zur Salzsäule, bis Ihr Hund sich abwendet.

Jetzt loben Sie ihn kurz mit »Braver Hund«, allerdings ohne zusätzliches Leckerli. Sonst hätte Tarzan geradewegs einen neuen Grund Ressourcen zu verteidigen …

Den Hund an seinen Platz bringen

Da Ihr Hund seine Neugier auf den Besucher nun befriedigt hat und weiß, dass die andere Person friedlich ist, können Sie ihn jetzt in ein anderes Zimmer bringen, wo schon ein Kauknochen bereitliegt. Dort kann er sich frei aufhalten oder Sie setzen ihn in seine Transportbox.

Sie können Ihren Hund auch im Zimmer lassen und auf seine Matte verweisen. Achten Sie aber auf genügend Abstand zu fremden Menschen. Geben Sie ihm bitte keinen Kauknochen, solange er die anwesenden Personen nicht wirklich gut kennt. Ansonsten kann es passieren, dass Ihr Hund die Besucher als mögliche Diebe seines Kauknochens ansieht. Das wäre fatal.

Die Personen wechseln

Machen Sie die gleiche Übung nochmals mit einer anderen Person. Dann üben Sie mit zwei weiteren Personen, die zusammen ankommen. Danach noch einmal mit drei bis vier Personen, die nacheinander klingeln und hereinkommen.

Nun dürfte Ihr Hund schon ziemlich »besucherfest« sein und gelassen reagieren, wenn jemand an Ihrer Türe klingelt. Machen Sie die Probe aufs Exempel. Laden Sie andere Personen ein, die nie als Helfer bei dieser Übung mitgemacht haben. Erklären Sie ihnen aber trotzdem genau, wie sie sich verhalten sollen.

Erklären Sie auch ganz fremden Besuchern immer bei der Begrüßung, dass sie den Hund nicht beachten sollen. Führen Sie sie an den Tisch und bitten Sie die Personen darum, einen Moment stillzusitzen, solange der Hund an ihnen schnuppert. Hundebesitzer werden sofort wissen, worum es geht. Nicht-Hundebesitzer sind Ihnen von ganzem Herzen dankbar.

Über eine freundliche Begrüßung freut sich jeder Besucher und hat vielleicht sogar etwas Leckeres in der Tasche.

Nützliche Tipps zur Stubenreinheit

Sie können einem Clicker für dieses Training benutzen, es ist aber nicht unbedingt notwendig. Falls Sie den Clicker verwenden möchten, vergewissern Sie sich, dass Sie ihn immer in Ihrer Tasche haben. Wenn Ihr Hund erst ›raus muss‹ haben Sie keine Zeit mehr, die Wohnung nach Ihrem Clicker abzusuchen!

Hunde sind von Natur aus sauber und wollen ihren Aufenthaltsbereich nicht beschmutzen. Sie entfernen sich instinktiv vom Lager des Rudels weg, um zu urinieren oder Kot abzusetzen. Nutzen Sie diesen Instinkt und Ihr neuer Welpe kann nach wenigen Tagen stubenrein sein. Vorausgesetzt, Sie befolgen ein paar einfache Grundregeln und investieren ein bisschen Zeit.

Hunde sind von Natur aus sauber.

- **Halten Sie Ihren neuen Hund an der Leine**
  Das hilft Ihnen, den Hund schnell nach draußen zu bringen

- **Beobachten Sie Ihren Hund**
  Lassen Sie Ihren Hund für sieben Tage nicht aus den Augen

- **Planen Sie seinen Tagesablauf**
  Dazu gehören auch festgesetzte Essenszeiten

- **Beladen Sie sich mit schmackhaften Leckerlis**
  Erfolgreiches Training erfordert viele Belohnungen

- **Seien Sie geduldig**
  Es gibt immer ›Unfälle‹, speziell zu Beginn der Ausbildung

Halten Sie Ihren neuen Hund an der Leine

Nehmen Sie eine zwei Meter lange Hundeleine. Ich benutze dafür eine einfache dicke Schnur. Das ist nicht so kostenintensiv für den Fall, dass der Hund sie durchknabbert. Befestigen Sie das eine Ende der Schnur ganz normal am Halsband Ihres Hundes. Das andere Ende knoten Sie an Ihren Gürtel oder eine Hosenschlaufe.

Auf diese Weise haben Sie Ihren Welpen rund um die Uhr unter Kontrolle, aber Ihre Hände sind frei. Sie können also trotz des Welpen Ihren normalen Alltagsbeschäftigungen uneingeschränkt nachkommen.

Sie haben ihn einfach nur im Schlepptau. Schenken Sie Ihrem Hund keine besondere Aufmerksamkeit. Fordern Sie ihn auch nicht ständig auf, mit Ihnen zu kommen. Lassen Sie die Schnur die Aufgabe erledigen. Ihr Hund merkt, wenn Sie sich bewegen, laufen oder hinsetzen und wird automatisch das Gleiche tun. Sie gehen ins Badezimmer, Ihr Hund muss folgen. Sie machen sich einen Kaffee, Ihr Hund ist dabei. Sie sitzen am PC, Ihr Hund sitzt daneben.

Mit Leine haben Sie Ihren Hund gut unter Kontrolle und können schnell reagieren, wenn es eilig wird.

Wenn Sie Ihren Hund so an sich ›binden‹, können Sie ihn immer im Auge behalten. Sie müssen ihn nicht einsperren und ersparen sich selbst ein ständiges Hinterdreinrennen. Kleine Hunde sind schnell, aber wir sind schlau!

Welpen haben ihre Blase noch nicht unter Kontrolle, aber sie zeigen uns ganz bestimmte Verhaltensweisen wenn sie mal ›müssen‹. Ihr Hund ist durch die Schnur immer in Ihrer Nähe. Achten Sie einfach auf seine Signale:

❏ Abruptes Unterbrechen einer Beschäftigung
❏ Unruhiges Herumlaufen im Kreis
❏ Intensives Abschnüffeln des Bodens
❏ Plötzliches Wegrennen wollen
❏ Winseln oder Quieken

Machen Sie sich mit diesen Signalen vertraut, denn jetzt muss es ganz schnell gehen ...

Es wird dringend

Sobald Sie eines dieser Verhalten bei Ihrem Hund wahrnehmen, laufen Sie sofort mit ihm nach draußen! Falls er noch zu klein ist, um mit Ihnen zu laufen, tragen Sie ihn auf Ihren Armen. Gehen Sie SOFORT zu der Stelle, wo Sie wollen, dass er ›es‹ tut.

Geben Sie ihm etwas Zeit. Er mag von Ihrem plötzlichen Nach-draußen-Rennen etwas überrascht sein. Lassen Sie ihn herumschnüffeln. Er kann nicht wegrennen, da er ja angeleint ist. Die Schnur hält ihn in der Nähe und fern von störenden Ablenkungen.

Da hier nichts Spannendes mehr passiert, wird er erst einmal ein ›Pipi‹ machen. Na, wer sagt's denn!

Halt! Das war noch nicht alles. Normalerweise urinieren Hunde zuerst, danach scheiden sie Kot aus. Also warten Sie bitte, bis alles erledigt ist. Laufen Sie mit Ihrem Hund in der Nähe seiner Hundetoilette ein bisschen herum. Das regt seine Darmtätigkeit an, animiert ihn zum Schnuppern und erhöht die Chance, dass es schnell geht.

Was Sie tun müssen

Sobald Ihr Hund sein Geschäft verrichtet, sagen Sie mit weicher, motivierender Stimme: »Mach was«, »Mach Pipi« oder »Mach Häufchen«. Sie müssen es wirklich sagen, während Ihr Hund etwas macht, nicht wenn er bereits fertig ist. Achten Sie aber unbedingt darauf, ihn nicht zu unterbrechen! Sprechen Sie leise und beruhigend.

Sobald Ihr Hund fertig ist, können Sie ihn belohnen (C & L).

Wenn es irgendwie möglich ist, lassen Sie wenigstens eine Spur des Häufchens an diesem Platz zurück. Das wird ihn beim nächsten Mal daran erinnern, warum Sie mit ihm hierher kommen. Er muss dann nicht mehr so viel herumschnuppern, um den passenden Platz zu finden.

Beobachten Sie Ihren Hund

Um Ihren Hund so schnell wie möglich stubenrein zu bekommen, sollten Sie sich ein paar Tage Urlaub nehmen. Sieben bis zehn Tage unter totaler Aufsicht und Kontrolle reichen aus, um Ihren Hund ›sauber‹ zu bekommen.

Während dieser Tage ist Ihr Hund niemals außerhalb Ihrer Sichtweite. Auch im Garten, auf der Terrasse oder im Park bleibt er durch die Schnur mit Ihnen verbunden! Das verhindert, dass er mal schnell am falschen Platz sein Geschäft verrichtet.

Sollte er doch dazu ansetzen, unterbrechen Sie ihn sofort, und bringen ihn zum richtigen Platz. Sie müssen sich also eine Woche lang voll auf Ihren Hund konzentrieren. Aber ich denke, das ist nicht die schlechteste Art, Urlaub zu machen. Diese ersten gemeinsamen Tage sind nicht nur wichtig, um Ihren Hund stubenrein zu bekommen. Diese Tage werden Ihnen hauptsächlich helfen, sich gegenseitig kennenzulernen und miteinander vertraut zu werden.

Der Futter-Trick

Füttern Sie Ihrem Hund sehr feuchtes Futter. Fast schon suppenähnlich. Stellen Sie seinen Flüssigkeitsbedarf also zum Großteil bereits mit der Fütterung zufrieden. Dadurch kontrollieren Sie seine Wasseraufnahme und gleichzeitig die Entleerung seiner Blase. Sobald Sie dann nach der Fütterung hinausgehen, wird Ihr Hund garantiert Pipi machen. Sie können quasi darauf warten.

Durch dieses sehr nasse Futter braucht Ihr Hund kaum noch zusätzliches Wasser zu trinken und muss dadurch auch seltener hinaus.

Wenn junge Hunde ständig unkontrolliert trinken, müssen sie natürlich sehr oft hinaus und fordern dadurch sehr viel mehr Zeit und Aufmerksamkeit.

Den Tagesablauf planen

Füttern Sie Ihren Hund drei bis fünf Mal pro Tag zu planmäßigen Essenszeiten. Entfernen Sie die Futterschüssel nach 15 Minuten, egal ob aufgefressen oder nicht. Dies schafft einen natürlichen Stoffwechselrhythmus. Ihr Hund wird dann auch täglich zur gleichen Zeit Kot absetzen.

Nach dem Füttern gehen Sie mit Ihrem Hund zu seinem Toilettenplatz. Sie können jetzt so lange mit ihm herumlaufen, bis alles erledigt ist. Sie dürfen die Zeit aber auch begrenzen. Wenn Ihr Hund nicht innerhalb von zehn Minuten sein Geschäft verrichtet hat, gehen Sie wieder ins Haus. Sie müssen jetzt aber verstärkt auf die bekannten, warnenden Signale achten. Sobald Sie ein unruhiges Benehmen registrieren, müssen Sie wieder mit ihm nach draußen gehen.

Während des restliches Tages gehen Sie mindestens jede Stunde einmal mit Ihrem Hund zu ›seiner Stelle‹, um wenigstens ein bisschen Pipi zu machen. Loben Sie ihn jedes Mal ausgiebig, wenn er fertig ist. Er wird schnell merken, dass es ihm eine Belohnung einbringt, wenn er genau jetzt – und genau hier seine Markierung hinterlässt. Eventuell können Sie ein ›Häufchen‹ ja sogar mit Jackpot belohnen.

Kommen Sie in den ersten Tagen wirklich regelmäßig mit Ihrem Hund hierher – nach dem Spielen, nach dem Schlafen, nach dem Füttern, bei auffälligem Verhalten und wann immer Sie meinen, dass er einmal ›muss‹. Das zahlt sich wirklich aus.

Während der Nacht

Während der Nacht leinen Sie Ihren Hund so kurz wie möglich an Ihrem Bett fest. Das ist keine Tierquälerei, solange er bequem liegen und sich drehen kann. Wichtig ist, dass er ein paar Nächte lang in seiner Bewegungsfreiheit eingeschränkt ist. Nur dann wird er sich melden, wenn er Pipi machen will.

Sie können Ihren Hund auch in einer Hundebox schlafen lassen. Siehe »Ab in die Kiste«, Seite 125. Benutzen Sie dafür eine Kiste, die gerade groß genug ist, dass Ihr Hund darin Platz hat. Es darf keine Möglichkeit für ihn bestehen, in der Box herumzulaufen. Sonst passiert es, dass er in der einen Ecke sein Geschäft verrichtet und dann an der entfernten anderen Ecke weiterschläft.

Sobald Ihr Hund während der Nacht unruhig wird und beginnt zu quengeln oder zu quieken, stehen Sie auf und gehen mit ihm zu seinem Toilettenplatz. Es tut mir Leid, ich kann Ihnen das leider nicht ersparen. Sie müssen es tun, es sind ja nur wenige Tage.

> Oft ist es hilfreich, wenn Hunde nach 19.00 Uhr abends kein Wasser mehr zu trinken bekommen. Wenn Sie Ihren Hund gegen 22.00 Uhr für ein letztes Mal nach draußen lassen, besteht eine große Chance, dass Sie die Nacht durchschlafen können.

Für ein paar Wochen gehen Sie bitte jeden Morgen als Erstes mit Ihrem Hund nach draußen, damit er sein Geschäft machen kann. Tun Sie es wirklich als Allererstes, bevor Sie selbst frühstücken, duschen oder telefonieren.

Unfälle – seien Sie geduldig

Unfälle ereignen sich nun mal während des Lernprozesses. Bestrafen Sie Ihren Hund nicht, wenn es doch einmal am falschen Platz passiert. Es ist Ihre Aufgabe, ihn so häufig wie möglich nach draußen zu bringen, damit er sein Geschäft verrichten kann.

Bestrafung bewirkt nur, dass Ihr Hund nicht mehr vor Ihren Augen ›macht‹. Er wird Sie in Zukunft mit Pfützchen und Häufchen überraschen, wann immer Sie abgelenkt sind und nicht auf ihn achten. Trotz Verbindungsschnur, denn bereits zwei Sekunden sind ausreichend für ihn …

Wenn Sie Ihren Hund auf frischer Tat ertappen, müssen Sie ihn unterbrechen. Rufen Sie mit tiefer, fester Stimme »Nein!« oder »Pfui!« und gehen Sie sofort mit ihm nach draußen. Sie können auch in die Hände klatschen oder irgendeinen anderen Lärm machen, um Ihren Hund zu unterbrechen. Hauptsache er merkt, dass Ihnen

Ort und Zeit seiner Handlung überhaupt nicht gefallen. Bitte verstehen Sie mich richtig. Es geht hier nur darum, den Hund zu erschrecken, damit er sein Tun unterbricht. Es erfolgt keine Bestrafung! Der Hund wird weder angeschrien noch am Nackenfell geschüttelt und schon gar nicht mit der Nase in den Unrat gestupst!

Er ist zu spät ihn zu disziplinieren, sobald er seine Tat vollbracht hat. Sollten Sie jemals eine ›Überraschung‹ in Ihrem Haus finden, putzen Sie sie wortlos weg! Denken Sie darüber nach, ob nicht doch Sie selber die Ursache dafür sind. War Ihr Hund vielleicht zu lange alleine? Hatte er vor Ihrem Weggehen ausreichend Gelegenheit für Pipi und alles andere?

Bringen Sie Ihren Hund in ein anderes Zimmer, wenn Sie seinen Unrat aufputzen. Wenn er sieht was Sie tun, denkt er, Sie stehlen sein Häufchen! Dies ermutigt ihn, später noch eins draufzusetzen …

Behandeln Sie die betroffenen Stellen mit unverdünntem weißem Essig. Das neutralisiert den Geruch und hält Ihren Hund davon ab, diese Stelle wieder zu benutzen.

Unsauberkeit bei erwachsenen Hunden

Die Schnur-Methode ist häufig die einzige erfolgreiche Methode, wenn erwachsene Hunde plötzlich wieder unsauber werden.

Oft handelt es sich um ein psychisches Problem. Manche Hunde versuchen damit, die Aufmerksamkeit ihrer Menschen auf sich zu lenken.

Es passiert aber auch, wenn Lebensumstände sich ändern. Das kann ein Umzug sein, Besitzerwechsel oder eine erschreckende Erfahrung.

Ebenso können Dominanzprobleme zwischen mehreren Hunden eines Haushaltes zu unerwünschtem Markierverhalten führen. In dem Fall will der markierende Hund einem anderen mitteilen, wer hier im Revier der Boss ist.

Auch gesundheitliche Probleme können eine plötzliche Unsauberkeit verursachen. Wenn Ihr Hund unter Blasen- oder Nierenproblemen leidet, haben Sie ihn mit der Schnur am besten unter Ihrer Aufsicht und können Fehlverhalten verhindern. Nachts ist es ratsam, ihn in einer Box schlafen zu lassen, er wird sich dann melden, wenn es soweit ist.

Bei kastrierten Hündinnen ist eine Inkontinenz oft hormonell bedingt und mit Hormontabletten zu kurieren.

Vor Aufregung urinieren

Viele (junge) Hunde haben ihre Blase in Erregungsphasen nicht unter Kontrolle. Aus heftiger Freude oder manchmal auch aus Angst kommt es zu ungewolltem Harntröpfeln.

Um dieses Verhalten zu unterbinden, gibt es einen ganz einfachen Trick: Vermeiden Sie, dass Ihr Hund sich in diesen Momenten hinsetzt. Laufen Sie schnell mit ihm herum, um ihn abzulenken. Am besten gehen Sie mit Ihrem Hund ins Freie. Lenken Sie ihn mit Leckerlis ab oder lassen Sie ihn ein Spielzeug apportieren. Danach hat sich seine Aufregung meistens gelegt und Sie können zusammen wieder ins Haus gehen.

Auf Zeitung trainieren?

Ich werde immer wieder nach der Zeitungsmethode gefragt. Dabei soll ein Hund lernen, sein Geschäft auf einem Stück Zeitungspapier zu verrichten, das dann immer weiter Richtung Tür und schließlich nach draußen geschoben wird. Diese Methode ist Geschmackssache, ich selber möchte meinen Wohnraum jedenfalls nicht zur Hundetoilette umfunktionieren.

Denn bis Sie die Zeitung bis vor die Türe schieben können, vergehen etliche Wochen. Selbst wenn Ihr Hund während Ihrer Abwesenheit sein Geschäft brav auf der Zeitung verrichtet, bleibt Ihnen dennoch der Gestank in allen Räumen.

Ein anderer Punkt ist die Fähigkeit zur Unterscheidung. Woher lernt Ihr Hund zwischen ›seiner Zeitung‹ und Ihren teuren Mode-Magazinen oder den Schulheften Ihrer Kinder zu differenzieren? Glauben Sie wirklich, ein Hund kennt den Unterschied?

Was passiert, wenn Sie einmal vergessen, eine Zeitung auszulegen ...? Wie machen Sie Ihrem Hund später begreiflich, dass die Zeitungszeit vorbei ist ...?

Wichtigstes Veto: Warum soll Ihr Hund erst auf Zeitung konditioniert werden? Um ihm das später wieder abzugewöhnen? Damit er danach dann doch noch an die Wiese gewöhnt wird? Warum dann nicht gleich?

Sie sehen selbst, diese auf den ersten Blick praktisch erscheinende Variante hat doch erhebliche Tücken. Außerdem richtet sie sich gegen das Instinktverhalten von Hunden, sich weit vom Lager zu entfernen um Urin und Kot abzusetzen.

Ich bin altmodisch, meine Hunde müssen sich im Freien lösen, auf Straßen und Wiesen. Genauso, wie es für Tiere üblich ist.

Beispiel: Chicco

Chicco war ein Cocker Spaniel, der die ersten fünf Monate seines Lebens in einer Box im Pet-Shop verbrachte. Er hat in dieser Box geschlafen, gefressen und logischerweise auch seine Notdurft verrichtet. Es hat zwei Jahre (!) gedauert, diesen Hund stubenrein zu bekommen und ihm anzugewöhnen, sich nicht mehr drinnen, sondern nur noch draußen zu lösen!

Mit Freude Auto fahren

Die meisten Hunde lieben das Autofahren und überwinden den dabei entstehenden Stress recht gut. Nur wenn ein Hund noch nicht ans Autofahren gewöhnt ist, kann es zum Auftreten einer Reisekrankheit kommen. Symptome für Reisekrankheit sind Unruhe, intensiver Speichelfluss oder sogar Erbrechen.

Unruhe und extremes Speicheln werden von Angst verursacht, das Erbrechen wird durch die schwankenden Bewegungen des Autos ausgelöst.

Für Hunde ist nicht nachvollziehbar, wie sie sich fortbewegen können, ohne selbst zu laufen. Schnell vorbeiziehende Häuser oder Bäume können von ihren Sinnesorganen nicht klar erfasst und definiert werden. All diese merkwürdigen Eindrücke wirken beängstigend und verwirrend auf Hunde. Mit liebevoller Eingewöhnung und Training verlieren sie aber ihren Schrecken.

Gewöhnen Sie Ihren Hund ans Autofahren

Öffnen Sie die Autotüren, aber lassen Sie den Motor ausgeschaltet! Nun steigen Sie zusammen mit Ihrem Hund ins Auto ein. Lassen Sie ihn alles abschnüffeln. Verteilen Sie ein paar Leckerlis im Auto oder vor seiner Nase. Das war es schon. Sie steigen beide wieder aus dem Auto und gehen ganz normalen Dingen nach. Wiederholen Sie diese kurze Sitzung drei bis vier Mal am Tag.

Als nächsten Schritt werfen Sie vor den Augen Ihres Hundes ein paar Leckerlis ins parkende Auto. Ermutigen Sie Ihren Hund, hineinzuspringen. Es könnte leichter für ihn sein, wenn Sie schon im Auto sitzen und ihn hineinrufen.

Sollte Ihr Hund zu klein oder zu ängstlich zum Hineinspringen sein, benutzen Sie zur Eingewöhnung eine Kiste als zusätzliche Stufe. Aber auch sehr hohe Autos oder Geländewagen verleiden so manchem Hund die Lust am Springen. Professionelle Einstiegsrampen sind hilfreich für Hunde, die aus gesundheitlichen Gründen eine dauerhafte Hilfestellung benötigen.

Wenn er dann im Auto ist und alles aufgefressen hat, werfen Sie ein Leckerli aus dem Auto heraus, so dass Ihr Hund wieder herausspringen muss. Üben Sie dieses Hinein- und Herausspringen mehrmals täglich. Wenn Sie Ihren Hund ausgiebig ermutigen, motivieren und loben, liebt er dieses Spiel sehr schnell.

Alternativ zum Leckerli können Sie auch sein Lieblingsspielzeug werfen oder einen Kauknochen. Sobald er hinterherspringt, wird er mit C & L belohnt.

Oder füttern Sie Ihrem Hund eine normale Mahlzeit pro Tag im parkenden Auto. Es ist alles erlaubt, was seinen Aufenthalt im Auto verlängern hilft.

Sollte das alles gut funktionieren, können Sie bei der nächsten Sitzung versuchsweise die Autotür vorsichtig schließen. Lassen Sie Waldi seine Belohnung auffressen und steigen Sie beide wieder aus.

Das geht doch schon gut, oder? Dann gehen wir jetzt zum entscheidenden letzten Schritt über. Steigen Sie beide ins Auto ein. Jetzt schließen Sie die Türen und starten den Motor etwa dreißig Sekunden lang. Fahren Sie nicht los! Versuchen Sie, Ihren Hund in diesem Moment zu ignorieren. Schalten Sie den Motor aus, öffnen Sie die Türen und steigen Sie beide wieder aus. Wie war das? Wiederholen Sie das mehrmals täglich. Im Moment springt Ihr Hund vielleicht noch wie der Blitz aus dem Auto. In spätestens einem Jahr werden Sie ihn anbetteln müssen, doch endlich auszusteigen.

Wenn Ihr Hund mit dem Auto vertraut ist und keine Angst mehr zeigt, fahren Sie das erste Mal wirklich los. Besser gesagt, Sie ändern nur die Parkposition Ihres Autos, mehr nicht. Das können Sie mit C & L belohnen. Morgen fahren Sie dann etwa hundert Meter die Straße hinunter, in ein paar Tagen fünfhundert Meter, dann einen Kilometer. Verlängern Sie die Dauer der Fahrt um einige Minuten täglich.

Die erste Fahrt

Wählen Sie sehr angenehme Zielorte für Ihre ersten zehn bis fünfzehn gemeinsamen Autofahrten: den Park, den Strand oder Freunde mit gleichaltrigen Hunden. Wichtig ist, dass Ihr Hund am Zielort spielen, toben und schnüffeln kann. Die ersten Ausflüge im Auto müssen ein wirklich positives Erlebnis für ihn sein.

Vermeiden Sie Fahrten zum Tierarzt, Hundesalon oder zur Tierpension, solange sich Ihr Hund nicht wirklich mit dem Autofahren angefreundet hat.

Wenn Sie diesen Regeln folgen, liebt Ihr Hund das Autofahren schon sehr bald und leidet nie wieder an Reisekrankheit!

Selbst wenn Hunde problemlos ins Auto einsteigen und während der Fahrt entspannt wirken, haben sie oft Probleme, sobald wir zu schnell fahren. Gegenverkehr, blendende Scheinwerfer, Fahrgeräusche und schnell vorbeisausende Objekte wirken verwirrend auf ihren Orientierungs- und Gleichgewichtssinn: Sie fühlen sich bedroht und bekommen Angst. Nehmen Sie bitte Rücksicht darauf. Gehen Sie immer vom Gaspedal, sobald Ihr Hund Anzeichen von Nervosität zeigt.

Der ängstliche Hund

Wenn Ihr Hund wirkliche Ängste zeigt, benutzen Sie bitte keine Leckerlis im Auto. Sie würden damit nur seine Angst bestärken. Denn Ihr Hund registriert sofort, dass Sie ihn belohnen, wenn er Angst zeigt (siehe »Ängste abbauen« Seite 185). Erst wenn Sie Ihren Hund wieder aus dem Auto gehoben haben, dürfen Sie ihn belohnen (C & L). Streicheln Sie Ihren Hund nicht, geben Sie ihm keine besondere Aufmerksamkeit. Heben Sie ihn ins Auto – bleiben Sie dort eine Minute mit ihm und heben Sie ihn wieder hinaus.

Sie selbst sollten möglichst unauffällig wirken. Schauen Sie Ihren Hund nicht an. Besser ist, Sie halten sich selbst mit irgendwas beschäftigt. Spielen Sie Game Boy™, schicken Sie eine SMS oder putzen Sie die Autoscheiben von innen.

Denken Sie daran, die Türen offen zu lassen und den Motor ausgeschaltet! Sollte Ihr Hund allerdings sofort wieder hinausspringen wollen, schließen Sie die Autotüren ganz vorsichtig. Er muss im Auto bleiben, um die Erfahrung zu machen: »Auto tut nicht weh.«

Wiederholen Sie diese Übung so oft wie möglich. Verlängern Sie allmählich die Zeit im Auto. Füttern Sie Ihrem Hund alle Mahlzeiten im Auto, lassen Sie ihn ein Nickerchen dort machen. Sie selbst dürfen solange ein Buch lesen. Solange Sie nur bei ihm sind, ist alles in Ordnung. Sobald Ihr Hund seine Angst überwunden hat und entspannt wirkt, machen Sie weiter mit der Übung »Leckerlis ins Auto werfen«.

»Mein Hund steigt nicht ein«

Es kommt oft vor, dass Hunde zwar gerne Auto fahren, aber trotzdem nicht selbst einsteigen wollen. Wenn Sie einen kleinen Hund besitzen, ist das kein Problem. Den können Sie eventuell hineinheben. Bei einem großen Hund wird das schon etwas schwieriger.

Wenn Ihr Hund partout nicht ins Auto steigen will, kann das verschiedene Ursachen haben. Vielleicht hat er Angst vor diesem großen Monstrum, vielleicht ist ihm der Einstieg zu hoch oder er ist einfach nur zu bequem. Und solange Sie ihn immer wieder hineinhieven, wird sich daran auch kaum etwas ändern.

Aber was ist, wenn Sie selber einmal krank sind, wenn es regnet, oder wenn Sie ganz einfach keine Hand frei haben? Wie kommt der Hund ins Auto?

Egal, wie groß Ihr Hund ist, er sollte in der Lage sein, selbstständig in ein Auto einzusteigen. Aber wie bekommen Sie Ihren Hund dazu, selber in das Auto zu springen? Ganz einfach … mit Leckerlis.

So wird's gemacht

Überlegen Sie sich, wo Ihr Hund während der Fahrt sitzen soll und wo er am besten einsteigen kann. Normalerweise sitzen Hunde auf der Rückbank und steigen durch die seitlichen Türen ein. Oder sie sitzen im hinteren Teil des Wagens, von wo aus sie auch hineinspringen können.

Legen Sie nun, am Einstieg beginnend, schmackhafte Leckerlis aus. Ihr Hund wird sich erst einmal nur mit den Vorderpfoten abstützen, um die vorderen Leckerlis abzuputzen. Seien Sie großzügig, füllen Sie nochmal nach. Geben Sie ihm Zeit, seine Angst zu überwinden.

Nach ein paar Versuchen entfernen Sie sich zusammen mit Ihrem Hund einen Schritt vom Auto weg. Nun werfen Sie mehr Leckerlis ins Auto hinein. Durch den Abstand ist das Hineinspringen leichter für Ihren Hund, da er nun etwas Anlauf nehmen kann. Loben Sie ihn für jeden Versuch, auch wenn es am Anfang oft nicht richtig klappt. Wenn Sie möchten, können Sie auch mit Clicker arbeiten. Solange Ihr Hund noch nicht ins Auto hineinspringt, belohnen Sie ihn mit Leckerlis aus Ihrer Hand. Später findet er seine Käsewürfel im Auto auf der Fußmatte oder auf dem Sitz.

Wenn der Einstieg Ihres Wagens zu hoch ist, benutzen Sie eine Kiste als zusätzliche Stufe. Sobald Ihr Hund sich an das Hineinspringen gewöhnt hat, ersetzen Sie die Kiste durch einen niedrigeren Gegenstand. Das kann ein dickes Brett oder ein Bündel alter Zeitschriften sein. Loben Sie ihn weiterhin für jeden erfolgten Sprung.

Ihr Hund wird sehr schnell Selbstvertrauen gewinnen und bald auch ohne Hilfsmittel ins Auto springen. Für die meisten Hunde ist das überhaupt kein Problem. Wenn Sie unsicher sind, messen Sie den Einstieg Ihres Wagens aus. Bei gesunden Welpen ist bis zum achten Lebensmonat die doppelte Schulterhöhe zumutbar. Ein gesunder erwachsener Hund kann mühelos Sprünge bis zum dreifachen seiner Körperhöhe vollbringen.

Mit Hund und Auto in den Urlaub

Eine Autofahrt von mehr als einer Stunde kann bereits belastend auf Ihren Hund wirken. Seine Bewegungsfreiheit ist eingeschränkt, vor Aufregung bellen darf er nicht und die Chancen auf Futter stehen schlecht für ihn. Was für ein Hundeleben ...

Helfen Sie Ihrem Hund, damit auch längere Autofahrten für ihn zum freudigen Erlebnis werden.

Füttern Sie Ihren Hund nicht vor Antritt der Fahrt. Auch während der Fahrt sollte er auf Nahrung verzichten, um ein Erbrechen zu vermeiden.

Sollte die Reise mehr als acht Stunden dauern, können Sie zwischendurch etwas Leichtkost füttern. Banane, Apfel, Birne oder Wassermelone mit Naturjoghurt vermischt schmecken fast jedem Hund. Bitte verzichten Sie auf die Gabe von Trockenfutter, das ist zu schwer verdaulich und liegt wie ein Stein im Magen Ihres Hundes.

Legen Sie alle zwei Stunden eine Pause ein, laufen Sie mit Ihrem Hund herum. Lassen Sie ihn an Steinen, Blumen oder Parkbänken herumschnuppern. Sicher hat er auch das Bedürfnis, sein Revier zu erweitern und ein paar Bäume zu ›markieren‹.

Lassen Sie Ihren Hund während der Pausen ausreichend trinken!

Die meisten Hunde reisen auf den hinteren Plätzen im Auto. Die Belüftung reicht aber oft nicht bis in den hintersten Wagenbereich. Achten Sie bitte auf ausreichende Luftzirkulation und Frischluft. Sobald Ihr Hund anfängt zu hecheln, wird es ihm zu heiß.

Die empfindlichen Augen Ihres Hundes reagieren sehr anfällig auf Zugluft und Klimaanlagen. Bitte öffnen Sie Ihre Autofenster sehr umsichtig, um Ihrem Hund tränende oder entzündete Augen zu ersparen. Sollte es doch einmal dazu kommen, behandeln Sie das befallene Auge mit Kompressen aus schwarzem Tee. Der Teebeutel selbst dient dabei als Kompresse. Das ist eine preiswerte und sehr effektive Behandlungsmethode.

Wenn möglich, unternehmen Sie längere Fahrten in den kühlen Nachmittags- oder Abendstunden.

> An sehr heißen Sommertagen hilft ein nasser Lappen, den Sie auf Hals- und Brustbereich Ihres Hundes legen. Eine Kühlkompresse ist ideal für diesen Zweck. Das ist die beste Erfrischung für Ihren Hund während einer langen Autofahrt.

In die Wanne steigen

Mit einer Wanne meine ich nicht unbedingt die Wanne in Ihrem Badezimmer. Ich denke dabei eher an einen Bottich oder das aufblasbare Kinderplanschbecken in Ihrem Garten.

Sie werden sich fragen, wozu das gut sein soll. Nun, es hat rein gesundheitliche Gründe. Auch wenn wir es nicht wahrhaben wollen, aber jeder Hund kann einmal krank werden. Heilungsprozesse sind sehr oft mit Wasserbehandlungen verbunden.

☐ Leichte Erkrankungen des Harntraktes lassen sich oft mit Sitzbädern in den Griff bekommen.

☐ Hautprobleme erfordern manchmal Tinkturen oder Bäder an ganz bestimmten Körperzonen, ein Vollbad ist oft nicht erforderlich.

☐ Rücken- oder Gelenkprobleme werden häufig mit Wassertreten behandelt.

In all diesen Fällen ist es von Vorteil, wenn Ihr Hund daran gewöhnt ist, in einem wassergefüllten Behälter zu stehen, zu laufen oder sich sogar hineinzusetzen.

Ich sehe immer wieder bei Behandlungen, dass Hunde eben nicht an diese Situation gewöhnt sind. Das ist schade. Die medizinischen oder therapeutischen Behandlungen durch fremde Menschen sind schon stressig genug für einen Hund. Doch die Angst vor dem Bottich und dem Wasser lässt manche Hunde schier ausflippen.

Der Hund verkrampft sich, kommt in eine totale Abwehrhaltung und die Therapie hat keinerlei heilenden Effekt mehr.

Helfen Sie Ihrem Hund, sich mit solchen Situationen anzufreunden und gewöhnen Sie ihn an wassergefüllte Behälter.

So wird's gemacht

Sie setzen Ihren Hund natürlich nicht geradewegs in ein Planschbecken hinein. Wie beim Schwimmunterricht in der Schule beginnen wir auch hier erst einmal mit Trockenübungen.

Besorgen Sie sich eine Kiste, in der Ihr Hund bequem stehen und sitzen kann. Für kleine bis mittelgroße Hunde eignen sich zusammenklappbare Einkaufskisten am besten. Wenn Ihr Hund sehr groß ist und Sie keinen passenden Behälter finden, machen Sie die Übung direkt in Ihrer Badewanne.

Stellen Sie die Kiste rechts und links mit Stühlen, Kartons oder Kissen zu, damit Ihr Hund nicht seitlich ausweichen kann.

Ihr Hund steht jetzt vor der Kiste. Sie selbst stehen hinter der Kiste und locken ihn zu sich. Er muss also vorne in die Kiste hineinsteigen und hinten wieder hinaus. Um ihm das zu erleichtern, legen Sie ein paar Leckerlis in der Kiste und auf deren Rand aus.

Sobald Ihr Hund sich dem ersten Leckerli mit seiner Nase nähert, clicken Sie. Das Leckerli dafür liegt schon vor ihm, er muss es nur noch aufnehmen. Irgendwann sind aber die Leckerlis am Rande der Kiste aufgebraucht.

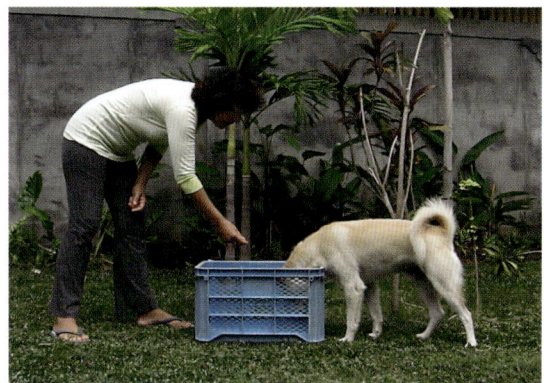

Ihr Hund wird jetzt vorsichtig eine Pfote heben, um über den Rand zu steigen.

Belohnen Sie das mit einem Click und einem Leckerli aus Ihrer Hand. (An die Leckerlis in der Kiste kommt er ja noch nicht heran.)

Sobald er die Pfote in die Kiste setzt, erfolgt wieder ein C & L. Nun folgt die zweite Pfote. Auch dafür gibt es ein C & L.

Jetzt steht er schon mit zwei Beinen in der Kiste drinnen, super!

Sobald er das erste Hinterbein hebt – C & L.

Machen Sie weiter so, bis Ihr Hund mit allen vier Pfoten in der Kiste steht. Mutprobe bestanden, das gibt einen Jackpot!

Loben Sie Ihren Hund nun ausgiebig und lassen Sie ihn hinten aus der Kiste wieder herausspringen.

Das war doch gar nicht so schwer, oder? Dann beginnen Sie gleich nochmal von vorne.

Hinsetzen

Nehmen Sie die Seitenbegrenzungen wieder weg, sobald Ihr Hund sich an die Kiste gewöhnt hat. Lassen Sie ihn ab jetzt ein paar Sekunden länger darin stehen. Verzögern Sie Ihr C & L, bevor er wieder herausspringen darf.

Als Abschluss verlangen Sie ein »Sitz« sobald sich Ihr Hund in der Kiste befindet. Auch das belohnen Sie wieder mit C & L und ganz viel Lob.

Spätestens jetzt hat Ihr Hund Spaß an der Sache und geht freiwillig in die Kiste. Großartig!

Jetzt können Sie ihn schrittweise bis zu einer Minute darin sitzen lassen, bevor Sie ihn mit »Hopp« oder »Raus« dazu auffordern, wieder herauszuspringen.

Wasserbad

Falls Sie eine dieser klappbaren Einkaufskisten benutzen, wiederholen Sie diese Übung jetzt im Garten. Wenn möglich, bohren Sie ein paar Löcher in den Boden der Kiste. Nun lassen Sie Ihren Hund wie gewohnt in die Kiste steigen und sich setzen. Nehmen Sie jetzt einen Gartenschlauch und duschen Sie Ihren Hund vorsichtig damit ab. Beginnen Sie die Dusche an seinem Hinterteil, nicht im Kopf- oder Brustbereich! Da die Kiste nicht wasserdicht ist, wird sich auch kein Wasser darin stauen. Die Situation ist also gut erträglich für Ihren Hund. Er muss auch beim ersten Mal nicht gleich komplett durchnässt werden.

Während der gesamten Prozedur kann eine andere Person Ihren Hund mit C & L verwöhnen. Solange Ihr Hund die Leckerlis annimmt, ist alles in Ordnung. Falls er die

Leckerlis verweigert, heißt das, er hat Stress. Stoppen Sie in dem Fall die Wasserzufuhr, trocknen ihn in der Kiste ab und entlassen ihn mit »Raus«. Probieren Sie es morgen wieder. Üben Sie solange, bis Ihr Hund nicht mehr panisch auf das Wasser reagiert.

Sollten Sie diese Übung aus Wettergründen nicht im Garten durchführen können, stellen Sie die Kiste bitte in Ihre Bade- oder Duschwanne. Die Prozedur ist die gleiche.

Tipp zum Duschen:

Damit sich Ihr Hund nicht erschreckt, halten Sie Wasserschlauch oder Dusche ganz nahe an seinen Körper. Oder Sie legen zur Besänftigung eine Hand auf seinen Hüftbereich, die den Wasserstrahl dann erst einmal abfängt. Die Hand schafft eine Art Pufferzone und wirkt obendrein beruhigend. Bereits nach wenigen Augenblicken können Sie Ihren Hund ganz normal weiter abbrausen.

Den Behälter wechseln

Ihr Hund weiß nun, dass ihm weder die Kiste noch das Wasser einen Schaden zufügen. Da wir ihn aber an das Sitzen im Wasser gewöhnen wollen, wechseln Sie jetzt zum eigentlichen Behälter, den Sie auch später benutzen werden.

Wiederholen Sie die Übung wie sonst auch. Geben Sie Ihrem Hund Zeit, sich an den neuen Behälter zu gewöhnen. Wahrscheinlich müssen Sie noch mal ganz von vorne beginnen. Aber Ihr Hund wird schnell begreifen, dass die Übung die gleiche ist wie zuvor. Es gibt ja nur einen winzigen Unterschied: Das Wasser läuft nicht mehr weg. Um es Ihrem Hund ein bisschen angenehmer zu machen, benutzen Sie lauwarmes Wasser zum Abduschen. Ihr Hund sollte am Schluss des Trainings ertragen, dass seine Hüften vollständig mit Wasser bedeckt sind, wenn er sitzt.

Wie Hund und Baby Freunde werden

Es kommt oft vor, dass Familienverhältnisse sich ändern. Heirat, Umzug oder die Geburt eines Kindes verändern unser Leben. Solche Ereignisse wirken im ersten Moment verwirrend, speziell bei dem Gedanken »Was wird jetzt mit dem Hund?«

Keine Angst, ein Baby ist kein Grund, einen Hund wegzugeben oder zu vernachlässigen. Wenn Sie es Ihrem Hund leicht machen, wird er sich schnell an das neue Familienmitglied gewöhnen.

Wie Ihr Hund das neue Baby sieht

Für Ihren Hund ist das neue Baby ganz einfach nur ein neues Rudelmitglied, obendrein kein besonders gutes. Das neue Mitglied hat kein Fell, spielt nicht mit Kauknochen und schläft den ganzen Tag. Dieser ›neue Hund‹ kann nicht laufen, ist nicht stubenrein und kann nicht mal alleine fressen. Also, alles in allem ein ziemlich unbrauchbares Rudelmitglied. Er denkt sich »Warum machen meine Menschen so ein Aufsehen deswegen?«

❒ Wenn das Baby ›bellt‹ wird es von der ganzen Familie gehätschelt, keiner sagt ein strenges »Nein«.
❒ Das Baby darf sogar Pipi oder Häufchen im Haus machen, es wird dazu nicht vor die Tür gesetzt.
❒ Das Baby bekommt mindestens fünf Mahlzeiten am Tag, persönlich von Mama serviert.

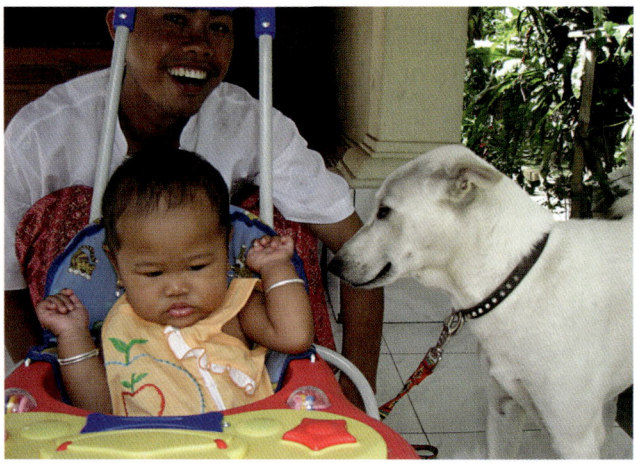

Die kleine Cintia wächst unbeschwert in einer Großfamilie auf – zusammen mit Hühnern, Katzen und Hund Kelly.

❑ Das Baby wird ununterbrochen herumgeschleppt, getröstet und verwöhnt, egal wie albern es sich benimmt.

❑ Die Aufmerksamkeit aller Familienmitglieder, Freunde und Verwandter richtet sich nur noch auf dieses neue Wesen.

»Und was ist mit mir???«

Helfen Sie Ihrem Hund

Machen Sie es Ihrem Hund leicht, die Situation zu verstehen. Hier einige Hinweise für ein stressfreies Zusammenleben:

❑ Tabubereiche sollten Sie Ihrem Hund schon VOR Ankunft des Kindes klarmachen (Kinderwagen, Kinderbett, Babydecke, Babyspielsachen etc.), damit er die Einschränkung später nicht mit dem Baby verbindet. Sagen Sie bereits während der Schwangerschaft streng »Nein«, sobald er sich einem verbotenen Bereich oder Gegenstand nähert. Loben Sie ihn aber auch, wenn er das Verbot befolgt!

❑ Sie können bereits während der Schwangerschaft mit Hilfe einer Puppe üben und herumspielen. Damit lernt Ihr Hund, Ihr neues »Hobby« zu akzeptieren.

❑ Machen Sie Ihren Hund sofort am Anfang mit dem neuen (Rudel)mitglied bekannt. Halten Sie Ihr Baby im Arm. Lassen Sie Ihren Hund den Körper des Babys ganz in Ruhe abschnüffeln. Halten Sie dabei Kopf und Gesicht des Babys außer Reichweite des Hundes. Denn Ihr Hund wird das Baby kurz ablecken – bitte bekommen Sie keine Panik!

Das ist ein wichtiges soziales Ritual für Ihren Hund! Lassen Sie ihn diesen Willkommensgruß praktizieren! Ihr Baby nimmt garantiert keinen Schaden!

❑ Lassen Sie Ihren Hund dabei sein, wenn Sie das Baby wickeln, stillen oder baden. Erzählen Sie ihm, was sie gerade tun oder warum Sie es tun. Wichtig ist nur, dass Sie mit Ihrem Hund reden und ihn anschauen, während Sie mit dem Baby beschäftigt sind.

❑ Spielen Sie mit Ihrem Hund, schenken Sie Ihm viel Aufmerksamkeit und Streicheleinheiten, während das Baby in der Nähe ist. Bringen Sie Ihr Baby nicht in einen anderen Raum, bevor Sie sich Ihrem Hund zuwenden! Dadurch geben Sie ihm das Gefühl, dass er wichtig ist und gebraucht wird. Die Anwesenheit des Kindes wird dann schneller Normalität für ihn. Hunderüden haben übrigens ein ausgeprägtes Pflegeverhalten gegenüber allen jungen Lebewesen. Bei Hündinnen sieht man das kaum. Als ich einmal einen neugeborenen Welpen am Straßenrand fand, war es mein Alpha-Rüde Bonnie, der die Kleine unermüdlich ableckte und somit Urin- und Kotfluss aktivierte. Er hat der kleinen Bella damit das Leben gerettet. Weder mein rangniederer Rüde, noch meine beiden Hündinnen waren an diesem Welpen in irgendeiner Form interessiert. Dana, die schon selber einmal Junge hatte, lief sogar entsetzt davon, und ignorierte dieses fremde Wesen total.

❏ Ändern Sie Ihre Rituale nicht. Gehen Sie weiterhin mit Ihrem Hund alleine spazieren. Nehmen Sie ihn mit zu Freunden oder in den Supermarkt, während Papa zu Hause das Baby versorgt. So fühlt sich Ihr Hund nicht ausgegrenzt und wird das neue (Rudel)mitglied problemlos akzeptieren und später auch beschützen.

❏ Lehren Sie Ihren Hund Apportieren (siehe Seite 111), Gegenstände aufheben (siehe Seite 240) oder Gegenstände im Maul halten. Dann kann er emsig bei der Kinderversorgung mithelfen. Lassen Sie ihn die Cremedose halten oder eine neue Pampers bringen. Das macht ihn stolz und glücklich: »Ohne mich läuft eben nichts.«

❏ Halten Sie die Schlafbereiche von Kind und Hund strikt getrennt. Damit vermeiden Sie ein Territorialverhalten beim Hund. Aber auch aus hygienischen und gesundheitlichen Gründen ist es empfehlenswert, Hunde nicht in unsere Schlafzimmer einziehen zu lassen. Denken Sie nur an Zecken, Würmer oder Milben, die sich sonst irgendwann auch in Ihrem Bett tummeln würden.

Trotz aller Tierliebe

Selbst der kinderliebste Hund sollte nie mit einem Kind alleine sein! Speziell ein unbeholfenes Kleinkind ist in den Augen eines Hundes immer ein schwaches Rudelmitglied. Dominante Hunde werden unter vier Augen instinktiv versuchen, ihren höheren Rang gegenüber einem Kind durchzusetzen. Sie beginnen damit immer beim schwächsten Glied der Familie. Unterbinden Sie dieses Machtstreben so gut es geht.

Geben Sie Ihrem Hund genügend Gelegenheit, sich an die veränderte Lebenssituation zu gewöhnen. Zeigen Sie ihm, wie wichtig er gerade jetzt für Sie ist. Lassen Sie ihn immer aktiv teilhaben an der Betreuung Ihres neuen (Rudel)mitgliedes. Damit

Beziehen Sie Ihren Hund ins Familienleben mit ein, damit er sich an das neue Baby gewöhnen kann.

halten Sie sein natürliches Dominanzverhalten in sicheren Grenzen und haben bald einen zuverlässigen Beschützer für Ihr Kind.

Sind Hundemäntel albern?

Das finde ich nicht. Es ist je nach Situation gar nicht kindisch oder übertrieben, einen Hund mit Jacke oder Pullover auszustatten. Viele Gründe können dafür sprechen.

Wetterschutz
Sie können einen Schirm benutzen, um sich und Ihren Hund vor Regen oder Schnee zu schützen. Sie selber werden dabei bestimmt ziemlich trocken bleiben, aber Ihr Hund wird je nach Beschaffenheit seines Fells trotzdem patschnass. Im Regenmäntelchen wäre auch er vor den Elementen geschützt und würde auch noch absolut cool aussehen.

Spaß für Mensch und Hund
Ein witziges T-Shirt als Weihnachtsgeschenk für den Hund Ihrer besten Freundin kommt immer gut an. Wenn es auch noch einen lustigen Slogan trägt, sorgt so ein Mitbringsel stets für Heiterkeit und gute Laune. Seien wir mal ehrlich, unsere Freunde und Verwandten selber haben doch sowieso schon alles. Ständig stehen wir vor der

Frage »Was soll ich bloß schenken?« Geld, Gutschein, Wein ... und dann? Denken Sie an die Tiere dieser Menschen, dann kommen Ihnen die tollsten Geschenkideen ... über die sich die Beschenkten sogar wieder freuen können.

Freunde gewinnen

Ein Shih Tzu mit cooler Ledermütze und Halstuch erregt sicherlich Aufsehen im Park. Ein Rottweiler in Jeansjacke wirkt auch nur noch halb so beängstigend auf seine Mitmenschen. Sie werden staunen, von wie vielen Leuten Sie spontan angesprochen werden, die das witzige Outfit Ihres Hundes loben. Ganz unerwartet haben alle Menschen in Ihrem Umkreis plötzlich gute Laune. Sie werden jede Menge nette Leute kennenlernen und neue Freundschaften schließen. Wer weiß, vielleicht ist ja eines Tages sogar der Mann/die Frau Ihres Lebens unter diesen Bewunderern ...

Sicherheit

Ein Hundesweater mit Reflektorstreifen macht Ihren Hund abends und bei schlechtem Wetter gut sichtbar für Verkehrsteilnehmer. Das erhöht seine Sicherheit – und die Ihre.

Gesundheit und Wohlbefinden

Viele Hunderassen haben nur ein kurzes, manche nur ganz wenig Fell. Ihnen fehlt die wärmende Unterwolle. Für einen Boxer kann das nasskalte Winterwetter durchaus zur Qual werden. Diese Rasse ist besonders anfällig für Erkältungskrankheiten. Eine Jacke hält Ihren kurzhaarigen Hund warm, trocken und spart Ihnen Tierarztkosten.

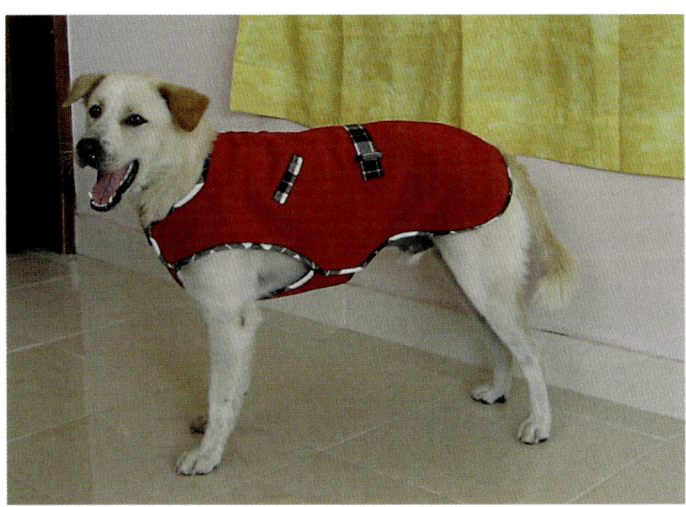

Bei langhaarigen Rassen vermeidet ein Schneeanzug die lästige Eiszapfenbildung an den Beinen und im Bauchbereich. Ihr Hund wird es Ihnen danken. Endlich kann er den Spaziergang im Schnee unbeschwert und ausgelassen genießen.

Weniger Schmutz

Die Vorteile für Ihren Hund sind offensichtlich. Aber wo liegt der Nutzen für Sie? Nun, denken Sie an den Schmutz, den ein nasser Hund ins Haus schleppt. Der reduzierte Stress vor der Haustür ist schon eine Belohnung an sich. Aber der eingesparte Aufwand, um Ihren Hund trocken und sauber zu bekommen und den Dreck im Haus wegzuputzen sind ein unschätzbarer Bonus für Sie selber.

»Mein Hund wehrt sich gegen Kleidung!«

Ihr Hund war von Halsband und Leine wahrscheinlich auch nicht besonders begeistert. Geduld ist jetzt gefragt, viele schmackhafte Leckerlis tun dann den Rest.

Starten Sie nicht direkt mit einem Sweater, sondern beginnen Sie mit einem dekorativen Halstuch. Danach gehen Sie zu einem leichten einfach anzulegenden Regenmantel über. Gewöhnen Sie Ihren Hund langsam an dieses ›komische Ding‹ auf seinem Körper. Erst ganz am Schluss benutzen Sie einen schwerer überzuziehenden Hundepullover.

So wird's gemacht

Starten Sie nicht mit wirklicher Kleidung. Legen Sie nur ein kleines Handtuch oder eine Stoffserviette über den Rücken Ihres Hundes, und belohnen Sie ihn sofort (C & L). Nehmen Sie das Tuch wieder weg. Wiederholen Sie das so lange, bis Ihr Hund keine erstaunte Geste mehr macht.

Nun verlängern Sie die Zeit, in der das Handtuch auf seinem Rücken liegt, um jeweils zwei bis fünf Sekunden. Das klappt doch schon perfekt.

Nach einigen Sitzungen binden Sie einen Schal sehr lose um den Bauch Ihres Hundes, bevor er seine Belohnung (C & L) bekommt. Für den Anfang reichen wieder ein bis zwei Sekunden. Nun steigern Sie langsam die Zeitspanne und binden nun den Schal bereits normal fest. Super!

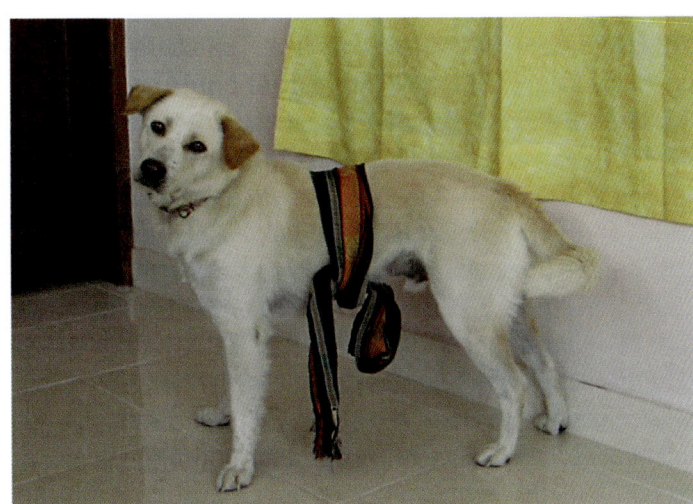

Nach ein paar Tagen machen Sie die Übung mit einer wirklichen Hundejacke. Die Übungsjacke sollte aus weichem Material bestehen und leicht anzulegen und wieder zu öffnen sein.

Ziehen Sie Ihrem Hund für einige Sekunden die Jacke an und belohnen Sie ihn (C & L). Sobald Ihr Hund an sein neues Outfit gewöhnt ist, gehen Sie mit ihm im Haus herum und später in den Garten.

Loben Sie ihn und sagen Sie ihm, wie hübsch er aussieht!

Der passive Hund

Unser Freund wird nichts dagegen haben, wenn Sie das Handtuch über ihn legen. Wahrscheinlich dreht er sich nun auf seinen Rücken und will gestreichelt werden. Freuen Sie sich und halten Sie schmackhafte Leckerlis bereit. Später ist es erforderlich, dass er zum Anziehen mal kurz aufsteht. Also, etwas mehr Action darf's schon sein.

Der aktive Hund

Für unseren Hans Dampf ist alles wieder nur ein Spiel, während Sie sich vergebens bemühen, ihn zum Stillstehen zu bringen.

Nun dürfen Sie endlich das tun, was sonst verboten ist: Sie sollen während der Übungen mit Ihrem Hund sprechen! Reden Sie mit Ihrem Hund, zeigen Sie ihm sein Lieblingsspielzeug oder lenken Sie ihn auf andere Weise ab. Oft reicht es auch schon, dem Hund einen wirklich leckeren Happen zu zeigen. Es ist alles erlaubt, das ihn von dem fremden Gegenstand auf seinem Körper ablenkt. Jede Sekunde, die das Handtuch auf seinem Rücken verbleibt, belohnen Sie (C & L). Verlängern Sie langsam die Zeitspanne. Sobald alles gut läuft, binden Sie den Schal um seinen Bauch und arbeiten weiter wie oben beschrieben.

An der Leine laufen

Welpen gewöhnen sich meistens sehr schnell daran, an einer Leine zu laufen. Schwieriger gestaltet es sich bei sehr dominanten Hunden oder bei Straßenhunden, die aus Urlaubsländern mitgebracht werden.

Glücklicherweise sind fast alle Hunde bestechlich, auch die dominanten. Praktizieren Sie diese Übung vorerst in Ihrer Wohnung, später im Treppenhaus oder Garten. Erst wenn Ihr Hund schon mit der Leine vertraut ist, gehen Sie auf die Straße.

So wird's gemacht

Ihr Hund sollte bei dieser Übung an Ihrer linken Seite sein. Befestigen Sie die Leine an seinem Halsband.

Locken Sie Ihren Hund nun mit einem Stück Fleisch oder Käse vorwärts. Er wird versuchen, das Leckerli zu schnappen – und schon läuft er los. Nach den ersten zwei bis drei Schritten bekommt er die heiß ersehnte Belohnung (C & L). Gut gemacht! Und schon locken Sie ihn mit einem neuen Fleischbröckchen.

Viele Hunde laufen dem Leckerli erst einmal bedenkenlos hinterher. Aber die ersten Bewegungen an der Leine sind noch unkontrolliert und oft unberechenbar. So ist es fast un-

Das klappt doch schon recht gut!

vermeidlich, dass Ihr Hund irgendwann den Zug der Leine am Halsband spürt und prompt stehen bleibt. Ziehen Sie ihn nun keinesfalls an der Leine hinter sich her, das tut den empfindlichen Pfoten sehr weh. Außerdem muss ein junger Hund die Leine als etwas Positives kennenlernen und Vertrauen zu seinen Menschen gewinnen. Bei diesem Training bestimmt Ihr Welpe das Tempo und die Regeln! Sobald er stehen bleibt, müssen Sie auch anhalten. Halten Sie das Fleisch zehn bis zwanzig Zentimeter vor seiner Nase und warten Sie, bis er sich überwindet weiterzulaufen. Sobald er wenigstens einen Schritt vorwärts gegangen ist, bekommt er das Häppchen (C & L).

Hier muss wohl noch etwas geübt werden. Mit Leckerlis gewöhnt sich Ihr Hund schnell an seine Leine.

> Bei dieser Übung geht es nicht darum, dass Sie mit Ihrem Welpen sofort losmarschieren. Er soll sich bewegen und möglichst ein paar Schritte gehen, während die Leine am Halsband befestigt ist.

Der passive Hund

Hier wird am Anfang nicht viel passieren. Halten Sie das Leckerli vor die Nase Ihres Hundes. Halten Sie es so, dass er wenigstens einen Schritt tun muss, um es zu ergattern. Zeigen Sie ihm, wie sehr Sie sich über jeden Schritt freuen. Das wird ihn ermutigen, noch einen Schritt zu gehen, und noch einen.

Richten Sie sich darauf ein, dass es bis zu einer Woche dauern kann, bis Ihr neuer Welpe die Leine akzeptiert.

Der aktive Hund

Einen aktiven Hund müssen Sie nicht dreimal bitten, sich das Leckerli zu holen. Achten Sie darauf, dass er dabei nicht zu weit nach vorne prescht. Eventuell müssen Sie das Fleisch in Ihrer Hand verstecken. Sonst kann es passieren, dass Ihr Hund es erwischt, bevor er einen Schritt gelaufen ist.

Um unnötiges Anspringen und Herumzerren Ihres Hundes zu vermeiden, lassen Sie die Leckerlis einfach kurz vor ihm zu Boden fallen. Er muss sich nun darauf konzentrieren, die Leckerlis am Boden zu sehen und aufzulesen. Das lenkt ihn vom Halsband ab und stillt gleichzeitig seinen Erkundungstrieb.

Der Ziegenbock

Es gibt Hunde, die es perfekt beherrschen, ihren Kopf aus dem Halsband zu ziehen.

Der passive Typ erstarrt zur Salzsäule oder setzt sich auf den Boden und zieht den Kopf geschickt heraus.

Bei den aktiven Vertretern kann es nun richtig zur Sache gehen. Sie wehren sich mit aller Gewalt und springen so lange herum, bis es ihnen gelingt, das Halsband samt Leine abzustreifen.

Das können Sie vermeiden, indem Sie das Halsband so verschieben, dass sich die Verbindungsöse zur Leine unter dem Kinn Ihres Hundes befindet, nicht oben im Nacken. Diese Kopfstellung macht es Ihrem Hund fast unmöglich, aus dem Halsband zu schlüpfen.

Wie immer lassen Sie sich von solchen Trotzreaktionen natürlich nicht beeindrucken. Bleiben Sie stehen, schauen Sie Ihren Hund nicht an, reden Sie nicht.

Mit viel Ausdauer und Engelsgeduld gewöhnen Sie selbst einen bockigen Hund an Halsband und Leine.

Sie müssen Zeit und Geduld aufbringen, damit Sie dieses Machtspiel gewinnen. Geben Sie nicht nach. Es ist für keinen Hund schmerzhaft, an einer Leine zu laufen. Auch Ihrer wird sich daran gewöhnen. Warten Sie so lange, bis er wenigstens einen Schritt nach vorne macht. Nur dafür gibt es eine Belohnung (C & L).

Wenn gar nichts geht

Sollten sich die Übungen als wirklich schwierig erweisen, gehen Sie bitte in ganz kleinen Schritten vor. Sie brauchen die Leine dabei nicht zu halten. Sie kann einfach am Hund herunterhängen.

Hängen Sie die Leine ins Halsband ein. Geben Sie Ihrem Hund sofort sein Leckerli (C & L). Lösen Sie die Leine wieder. Verlängern Sie allmählich die Zeit, in der die Leine am Halsband befestigt ist. Lassen Sie Ihren Hund die Erfahrung machen, dass die Leine immer wieder abgenommen wird. Nach ein paar Wiederholungen entfernen Sie sich einen Schritt und rufen Ihren Hund zu sich. Auch das wird belohnt (C & L) und danach die Leine wieder gelöst.

Fügen Sie allmählich Ablenkungen ein, spielen Sie mit Ihrem Hund, während er die Leine am Halsband trägt.

Halten Sie die Leine während des Spiels immer öfter für einen Moment fest, führen Sie Ihren Hund an der Leine zum Spielzeug und schließlich laufen Sie mit ihm ein paar Schritte im Zimmer herum. Auch diese Mutproben werden wieder ausgiebig belohnt (C & L).

Sie können Ihren Hund auch füttern, bürsten oder baden, während er die Leine trägt. So verliert sie ganz allmählich ihren Schrecken und wird zwanglos und im Spiel zum ganz normalen Bestandteil Ihres gemeinsamen Lebens.

Auch wenn viele Menschen das Thema »An der Leine gehen« gerne vernachlässigen, ist es doch das wichtigste Mittel für Schutz und Kontrolle. Lassen Sie die Leine unbedingt zu einer positiven Erfahrung für Ihren Hund werden, damit Ihnen Ihre gemeinsamen Spaziergänge wirklich Freude machen.

Sie wissen ja: Ohne Leine keine Kontrolle!

Beispiel: Willi

Willi war mein erster Straßenhund. Wir fanden ihn im Alter von etwa sieben Tagen zusammen mit seinen Wurfgeschwistern. Die Welpen waren mit Benzin übergossen in eine Plastiktüte gepfercht und nachts in den Abflusskanal geworfen worden. Alle fünf konnten überleben, da der Kanal trocken war und wir sie am nächsten Morgen wimmern hörten.

Aus Willi wurde ein stattlicher, liebenswerter Gefährte. Er war einfach zu trainieren und folgte aufs Wort. Wir hatten eine sehr enge Bindung zueinander. Willi war schließlich mein erster Hund, den ich mit der Flasche aufzog. Und das auch noch am anderen Ende der Welt.

Saskia, die kleine Tochter meiner Nachbarin, hatte es damals auf ihre kindliche Art passend definiert, als sie sagte: »Willi ist kein Hund – Willi ist Willi.«

Ja, er war wirklich etwas Besonderes. Obwohl sein Leben so verheerend begann, liebte Willi die Menschen, war verspielt, küsste alle Passanten am Strand und freute sich über jeden Besucher. Er war die Sonne meines Lebens.

Eines Tages, wir waren gerade auf dem Weg zum Strand, taumelte Willi und fiel in den Wassergraben neben der Straße. Ich konnte ihn gerade noch halten, damit er nicht total absackte. Was war passiert? Willi keuchte, erbrach sich und zitterte.

»Gift« sagte irgendjemand neben mir. Mein Gott! Ich rannte wie besessen nach Hause, um ein Gegengift zu holen. Ich habe die halbe Flasche in ihn hineingeschüttet, aber es war bereits zu spät.

Willi starb im Auto, auf dem Weg in die Klinik. Er wurde nur vier Jahre alt ...

Damals hatte ich die Leine nur sicherheitshalber in meiner Tasche. Da wir auf einer sehr ruhigen Seitenstraße liefen, und Willi immer zuverlässig in meiner Nähe blieb, fand ich es überflüssig ihn anzuleinen. Dieses Gottvertrauen war leichtsinnig von mir. Angeleint hätte Willi diesen Giftköder wahrscheinlich nicht ergattern können.

Keiner meiner Hunde ging seit diesem Tag jemals wieder ohne Leine vor die Tür. Nur am Strand dürfen sie sich frei bewegen und nach Herzenslust toben.

Der Maulkorb — auch für kleine Rassen

Sogar der friedlichste Hund ist in der Lage, zu beißen. Der Grund ist oft eine gestörte Kommunikation zwischen Mensch und Hund. Hunde können sich von zudringlichen Besuchern, lärmenden Kindern oder fremden Menschen, die ihnen zu nahe kommen (Tierarzt, Hundefriseur), bedroht fühlen. Sie beißen, um sich in kritischen Situationen zu schützen oder ihren Rang zu etablieren. Um solch einen unangenehmen Vorfall zu verhindern, ist es hilfreich, wenn Sie Ihren Hund daran gewöhnen, einen Maulkorb zu tragen.

Welches Modell ist das beste?

In Zoohandlungen finden Sie viele verschiedene Arten von Maulkörben. Nicht alle davon sind wirklich brauchbar!

Vermeiden Sie die engen Nylonmaulkörbe, die Ihren Hund fast ersticken. Sie sind wirklich nur für Kurzzeiteinsätze von wenigen Minuten gedacht, zum Beispiel beim Tierarzt.

Besser ist ein Maulkorb, mit dem Ihr Hund problemlos atmen und hecheln kann. Komfortable Maulkörbe haben einen Gitterkörper aus rostfreiem Stahl oder Hartgummi. Ihr Hund kann einen solchen Maulkorb uneingeschränkt über mehrere Stunden tragen, auch beim Training. Das Gitter ermöglicht es Ihrem Hund, mühelos zu trinken und Leckerlis aufzunehmen.

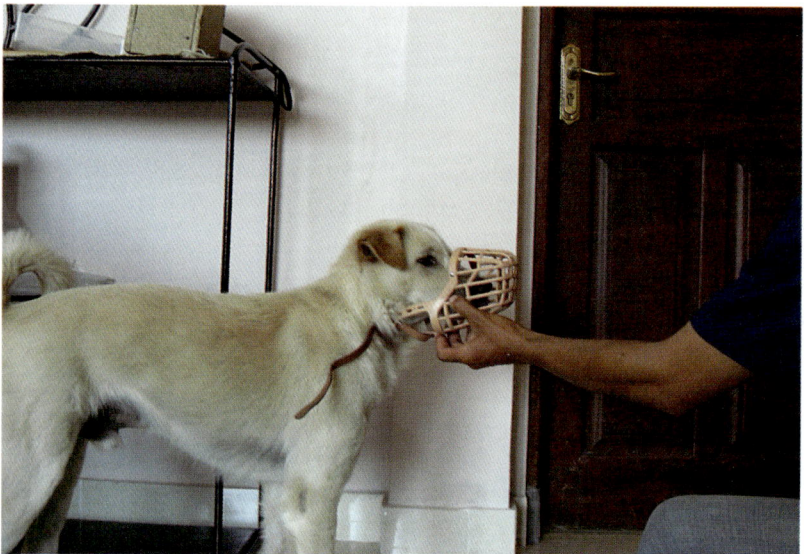

Gewöhnen Sie Ihren Hund behutsam an den neuen Gegenstand auf seiner Nase. Der Maulkorb ist erst einmal offen.

So wird's gemacht

Ihrem Hund beizubringen einen Maulkorb zu tragen, ist dem Halti-Training sehr ähnlich. Verwenden Sie ein weiches Stück Schnur, eine Stoffserviette oder ein Taschentuch. Legen Sie es über die Nase Ihres Hundes. Belohnen Sie ihn sofort (C & L), und nehmen Sie die Serviette wieder weg. Verlängern Sie allmählich die Zeitspanne. Erst wenn Ihr Hund die Serviette mindestens fünf Sekunden auf seiner Nase akzeptiert, binden Sie damit einen ganz losen Knoten. Sofort bekommt er wieder ein Leckerli (C & L) und Sie wiederholen noch ein paar Mal.

Sobald das gut klappt, benutzen Sie den echten Maulkorb.

Lassen Sie Ihren Hund erst einmal diesen neuen Gegenstand beschnüffeln, um sein Misstrauen zu beruhigen. Nun achten Sie bitte darauf, dass Ihr Hund neben Ihnen sitzt, nicht vor Ihnen! Sie legen auch später den Maulkorb immer von der Seite oder von hinten her an.

Wenn Sie frontal auf Ihren Hund zugehen, fühlt er sich bedroht und wird sich mit Händen und Füßen wehren. Oft ist diese Änderung Ihrer eigenen Position schon ausreichend, um Ihren Hund friedlicher zu stimmen und den Maulkorb problemlos anzuschnallen. Probieren Sie es aus. Wenn es nicht reicht, machen Sie im Trainingsprogramm wie folgt weiter.

Stecken Sie nun den Maulkorb für nur eine Sekunde über die Nase Ihres Hundes. Nehmen Sie ihn sofort wieder weg und belohnen Sie ihn mit dem bewährten Leckerli (C & L). Wiederholen Sie das noch fünf bis zehn Mal. Das war's dann erst mal.

Heute gehen wir einen Schritt weiter. Stecken Sie den Maulkorb wieder auf die Nase Ihres Hundes. Nach ein bis zwei Sekunden erfolgt ein (eventueller) Click, danach reichen Sie Ihrem Hund das Leckerli durch das Gitter des Maulkorbes. Erst danach nehmen Sie den Maulkorb wieder ab. Noch mal zur Wiederholung?

Maulkorb aufsetzen, (clicken), Leckerli durchs Gitter reichen, Maulkorb abnehmen. Ihr Hund wird Sie jetzt etwas entgeistert anschauen, das macht aber nichts.

Während der folgenden Wiederholungen verlängern Sie langsam die Zeitspanne zwischen dem Aufsetzen des Maulkorbes und der Leckerli-Lieferung (C & L).

Nur wenn das wirklich gut klappt, schließen Sie den Maulkorb sehr lose um den Hals Ihres Hundes. Wie immer, nur für eine Sekunde, und mit sofortiger Belohnung (C & L). Perfekt! Steigern Sie nun auf wenigstens fünf Sekunden und schnallen Sie den Maulkorb allmählich etwas fester zu.

Nun brauchen Sie den Maulkorb nicht mehr zu halten.

Vorsicht, das ist ein kritischer Moment! Sobald Sie die Hand vom Maulkorb nehmen, fühlt sich Ihr Hund frei. Vermeiden Sie, dass er versucht, sich den Maulkorb mit seiner Pfote abzustreifen!

Lenken Sie ihn ab. Füttern Sie ihm Fleischstreifen, während er den Maulkorb trägt; werfen Sie ein paar Leckerlis, die Ihr Hund auflesen darf oder spielen Sie irgendetwas mit ihm. Verlängern Sie allmählich die Zeit, die der Maulkorb auf seiner Nase bleibt. Beenden Sie die Übung, indem Sie Ihren Hund zu sich rufen. Sobald er kommt und sich vor Sie setzt, loben Sie ihn, geben ihm ein letztes Leckerli und nehmen den Maulkorb wieder ab. Praktizieren Sie dieses Training, bis Ihr Hund den Maulkorb auf seiner Nase ganz gelassen akzeptiert.

Geschafft! Nach ein paar Versuchen haben sich Hunde an den Maulkorb gewöhnt. Ihr Hund kann jetzt, auch mit Maulkorb, hecheln und Leckerlis aufnehmen.

Stehen Sie zum Anschnallen eines Maulkorbes immer an der Seite oder hinter Ihrem Hund, dann geht's leichter.

Wie Sie das Halti™ benutzen

Mit einem Kopfhalfter wie dem Halti™ lenken Sie die Aufmerksamkeit Ihres Hundes von Ablenkungen weg. Durch das Drehen des Kopfes wird es Ihrem Hund unmöglich, weiter an der Leine zu ziehen. Vorbei ist die Zeit, in denen er Sie wie ein rasender Stier durch die Stadt zerren konnte.

Das Halti™ besteht aus zwei Schlaufen. Eine führt über die Nase Ihres Hundes, die andere wird um seinen Hals geschlungen. Diese beiden Schlaufen führen unter dem Kinn des Hundes wieder zusammen, wo auch die Leine befestigt wird.

Wie funktioniert ein Halti™?

Sobald Ihr Hund beginnt Sie zu überholen, führen Sie seinen Kopf mittels des Haltis™ in Ihre Richtung hin. Da Ihr Hund jetzt zu Ihnen herumschaut, kann er nicht mehr vorwärts ziehen! Nun hat er auch das ablenkende Objekt nicht mehr im Visier. Durch den leichten Druck auf seine Nase wird er stehen bleiben, oder sogar einen Schritt rückwärts machen. Jetzt können Sie mit Augenkontakt, Leckerli oder Spielzeug seine Aufmerksamkeit voll auf sich selbst lenken.

Trotz der einfachen Handhabung ist das Halti™ nur ein Hilfsmittel und entbindet Sie nicht von der Durchführung eines »Bei Fuß« Trainings (Seite 95).

So wird's gemacht

Ihrem Hund beizubringen ein Halti™ zu tragen, ist dem Maulkorb-Training sehr ähnlich. Für die ersten Übungen eignet sich das vertraute Nylonhalsband Ihres Hundes am besten. Sie können aber auch ein schmales, leichtes Stoffband oder ein Stück Baumwollschnur verwenden. Lederhalsbänder sind nicht empfehlenswert für diese Übung. Sie liegen durch ihr Gewicht zu schwer auf, das schreckt viele Hunde nur unnötig ab.

Legen Sie nun für eine Sekunde die Schnur auf die Nase Ihres Hundes. Nehmen Sie sie sofort wieder weg und belohnen Sie Fiffi (C & L).

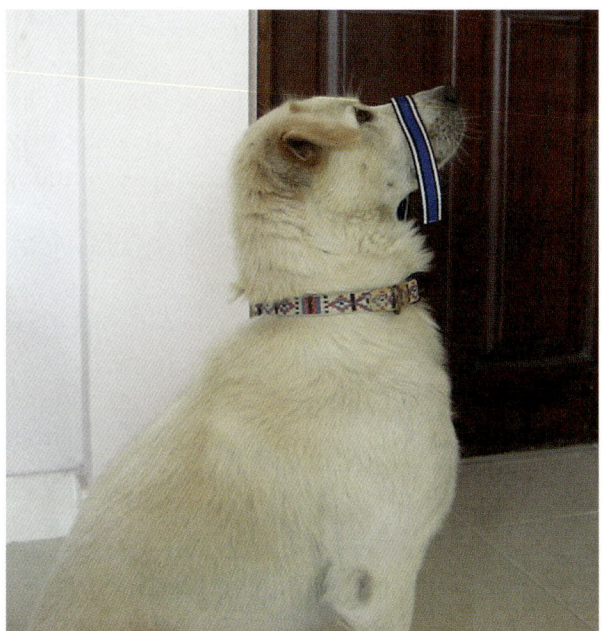

Wiederholen Sie das mehrere Male. Ihr Hund wird sehr schnell verstehen, dass er für das Ertragen des Bandes auf seiner Nase belohnt wird.

Ganz allmählich wird das Stück Schnur nichts Neues mehr sein und es bekommt eine positive Bedeutung.

Ihr Hund beruhigt sich und wird seine Abwehrhaltung schnell aufgeben.

Nun können Sie die Zeitdauer langsam auf zwei, drei und sogar fünf Sekunden steigern.

Das klappt doch schon prima!

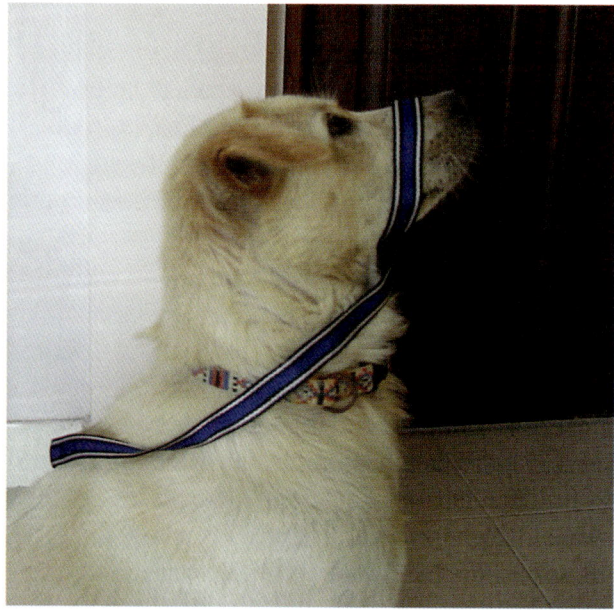

Ihr nächster Schritt ist, das Band unter dem Kinn Ihres Hundes lose zu überkreuzen und sehr lose um seinen Hals zu legen. Gut gemacht, damit haben Sie die Hälfte der Aufgabe bereits gemeistert!

Nehmen Sie nun das echte Halti™ heran. Lassen Sie Ihren Hund daran schnuppern, und legen Sie es wie immer für eine Sekunde über seine Nase. Belohnen (C & L) Sie ihn sofort.

Wiederholen Sie diese Übung und verlängern Sie langsam die Zeit, bevor Ihr Hund die Belohnung (C & L) bekommt.

Jetzt ist es fast geschafft! Passen Sie das Halti™ nun richtig an, aber schließen Sie es noch nicht. Was sagt Ihr Hund dazu? Ich denke, er freut sich auf seine Belohnung (C & L).

Nach ein paar Wiederholungen schließen Sie das Halti™ zum ersten Mal ganz lose und belohnen Ihren Hund mit einem Jackpot.

Nun dürfen Sie Ihren Hund ablenken, mit ihm spielen und herumlaufen. Lassen Sie ihn das Halti™ immer öfter tragen, auch während er frisst. Erst wenn er es ganz akzeptiert hat, können Sie die ersten Führschritte wagen.

Wie Sie das Halti™ richtig führen

Sie benötigen eine zwei Meter lange Führleine mit einem Haken an jedem Ende. Befestigen Sie einen Karabinerhaken am Ring des Haltis™ unter dem Kinn Ihres Hundes, den anderen an seinem normalen Halsband oder Hundegeschirr. Bitte führen Sie Ihren Hund niemals nur am Halti™. Das kann bei ruckartigen Kopfbewegungen zu Verletzungen der Halswirbelsäule oder zum Nasenbeinbruch führen. Wenn Ihnen diese Methode nicht liegt, können Sie auch zwei Leinen benutzen. In dem Fall halten Sie die Leine am Halti™ in Ihrer rechten Hand, die am Halsband befestigte Leine führen Sie in Ihrer linken Hand wie immer.

Halten Sie die Leine in Ihrer linken Hand und gehen Sie los. Sobald Ihr Hund zu zerren beginnt, ziehen Sie mit der rechten Hand sanft am vorderen Teil der Leine, nahe beim Halti™. Der *leichte* Zug am Halti™ dreht den Kopf Ihres Hundes automatisch in Ihre Richtung. Da sein Blick nun zur Seite gerichtet ist, kann er zwar ganz normal weiterlaufen, aber die seitliche Kopfstellung hindert ihn daran, vorwärts zu ziehen. Das klingt kompliziert? Keine Angst, Sie werden sehen, es ist ganz einfach.

Wichtig ist, dass Sie immer mit zwei Händen arbeiten. Mit der linken Hand halten Sie die Leine und damit das Körpergewicht Ihres Hundes. Mit der rechten Hand berichtigen Sie seine Kopfstellung.

Bei zukünftigen Begegnungen mit ungeliebten Artgenossen, Joggern, oder Nachbars Katze führen Sie den Kopf Ihres Hundes durch *leichten* Zug nur sanft in Ihre Richtung. Sobald er Sie anschaut, gibt es eine Belohnung (C & L). Mit der Zeit verlieren Ablenkungen ihren Reiz und Charlie läuft bald ruhig und friedlich neben Ihnen durch die Stadt.

> **Das Halti™ dient lediglich zur Korrektur der Kopfhaltung Ihres Hundes. Es führt seinen Blick weg von störenden Ablenkungen. Befestigen Sie daher niemals eine Hundeleine nur direkt am Halti™.**

Krallenschneiden ist kein Albtraum

Berühren Sie bereits im Welpenalter regelmäßig die Pfoten Ihres Hundes. Suchen Sie dabei die Pfoten nach kleinen Steinchen oder Grassamen ab. Kürzen Sie auch ein oder zwei Krallen pro Tag versuchsweise mit einem einfachen Nagelknipser. Auf diese spielerische Art gewöhnen Sie Ihren Hund problemlos an die Routine des Krallenschneidens. Es ist wirklich kein Albtraum, wenn Sie mit den Hinterpfoten beginnen.

Sollte Ihr Hund bereits panisch reagieren, müssen Sie ihn auch an diese Prozedur schrittweise gewöhnen. Mit Clicker geht das ganz einfach.

Gehen Sie ruhig, aber beherzt vor, damit Ihr Hund Vertrauen fasst. Beginnen Sie bei ängstlichen Hunden lieber an den Hinterpfoten.

Beispiel: *Rendang*

Rendang ist eine Labrador-Dogge Hündin. Als sie noch ganz jung war, wurden ihr im Hundesalon die Krallen mehrmals viel zu kurz geschnitten. Das Resultat war ein echtes Trauma: Sie duldete keinerlei Berührung ihrer Pfoten mehr.

Als ich das erste Mal ihre Krallen kürzen wollte, biss sie aggressiv um sich. Dieses Verhalten einer so großen, kräftigen Hündin war ein Albtraum für alle Beteiligten. Mit Clickertraining haben wir die Sache Kralle für Kralle in den Griff bekommen.

Heute zeige ich ihr den Nagelclipper und Rendang legt sich friedlich auf unseren Stammplatz, wo ich ihr dann problemlos die Krallen schneiden kann.

So wird's gemacht

Üben Sie erst einmal »Gib Pfötchen« (Seite 229) mit Ihrem Hund, um ihn an die Berührungen der Pfoten zu gewöhnen. Sobald er das gut kann, lassen Sie dabei seine Pfote nicht nur auf Ihrer Hand aufliegen, sondern umschließen sie für einen kurzen Moment. Seien Sie dabei nicht übermäßig vorsichtig. Allzu sanfte Berührungen würde Ihr Hund als unangenehmes Kitzeln empfinden und sich sofort wieder dagegen sträuben.

Nun beginnen die Vorbereitungen zum Krallenschneiden. Setzen Sie sich auf den Boden und entspannen Sie sich. Fordern Sie Ihren Hund auf, sich neben Sie zu legen. Eventuell müssen Sie ihn an die Leine nehmen.

Jetzt zeigen Sie ihm erst einmal den Nagelclipper. Lassen Sie ihn daran schnuppern und mit dem Gerät vertraut werden. Wenn Ihr Hund damit fertig ist, belohnen Sie ihn mit C & L. Ja, wir bestärken einfach nur sein friedliches Benehmen. Er muss nicht immer große Leistungen vollbringen, um einen Click zu bekommen. Wichtig ist, dass Ihr Hund den Clipper mit etwas Positivem verbindet.

Als Nächstes berühren Sie mit dem Clipper einfach nur den Arm oder sogar die Pfote Ihres Hundes. Auch das bestärken Sie sofort mit C & L. Wiederholen Sie das mehrmals.

Nun halten Sie in einer Hand den Clipper, mit der anderen Hand halten Sie die Pfote Ihres Hundes. Tun Sie erst einmal nichts weiter. Halten Sie nur seine Pfote, so wie Sie die Hand Ihres Kindes halten würden. Auch das belohnen Sie wieder mit C & L.

Beginnen Sie nun die Pfote Ihres Hundes zu untersuchen, während Sie weiterhin den Clipper in der Hand halten. Schauen Sie die Pfote von allen Seiten genau an, spreizen Sie die Zehen etwas auseinander und belohnen Sie die Geduld Ihres Hundes mit C & L.

Je früher, desto besser. Bei Welpen sind die Krallen noch weich und gut zu schneiden. Benutzen Sie dafür einen Mini-Clipper oder eine simple Nagelschere.

Nehmen Sie sich nun die anderen Pfoten genauso vor. Als Nächstes berühren Sie die einzelnen Krallen einer Hinterpfote und clippen Sie einen Nagel weg. Ups, so schnell geht das. Belohnen Sie Ihren Hund mit C & L. Wenn er sehr entspannt ist, clippen Sie gleich noch eine Kralle ab. Sollte er aber misstrauisch werden, beenden Sie die Übung.

Machen Sie in einer Stunde weiter, wobei Sie dann den nächsten Nagel clippen. Jetzt bleibt Ihr Hund bestimmt schon friedlich und Sie können mit den sensiblen Vorderpfoten genauso weitermachen.

Fassen Sie die Pfoten Ihres Hundes bei dieser Übung beherzt an. Wenn Sie zu vorsichtig sind, wird er misstrauisch und bekommt Angst. Ihr Hund will Sicherheit in Ihren Händen spüren und sich geborgen fühlen. Genauso wie ein Baby, das Sie baden wollen. Wenn Sie es zu locker halten, fühlt es sich unwohl und beginnt zu schreien ...

So lernt Ihr Hund das Treppensteigen

Im Gegensatz zu Katzen haben Hunde Angst vor Höhe. Nun ist es durch unsere Wohnsituation aber oftmals nötig, dass Hunde Treppen hoch und runter gehen müssen. Mit etwas Geduld ist das auch kein Problem.

Versuchen Sie auch jetzt wieder, Ihren Hund zu verstehen. Setzen Sie sich auf die unterste Stufe einer Treppe und schauen Sie nach oben. Ich denke Sie verstehen nun, warum dieses gewaltige Mauerwerk so angsteinflößend auf einen kleinen Hund wirken kann.

Am schlimmsten sind offene Treppen, durch die Ihr Hund nach unten sehen und den Höhenunterschied wahrnehmen kann. Haben Sie bitte Nachsicht und Geduld.

Selbst wenn Ihr Hund das Treppensteigen gut beherrscht, wird es ihm mit zunehmendem Alter eines Tages immer schwerer fallen. Wen wundert's: Der Bewegungsapparat unserer Hunde ist nicht auf Treppensteigen eingerichtet. Auch wenn Sie einen kleinen Hund besitzen, lohnt sich die Überlegung, ob Sie ihm die Strapaze nicht ersparen und ihn nach oben tragen können. Das hat nichts mit verhätscheln zu tun, es ist umsichtig und rücksichtsvoll.

So wird's gemacht

Gehen Sie zusammen mit Ihrem Hund zur Treppe. Sagen Sie nichts. Locken Sie ihn mit einem Leckerli nur eine Stufe nach oben. Wenn er das schafft, belohnen Sie ihn mit C & L und lassen ihn wieder nach unten hopsen. Versuchen Sie das gleich noch mal. Lassen Sie Ihren Hund allmählich immer mehr Stufen erklimmen.

Sie können auch nur Leckerlis auf die Stufen auslegen. Die Leckerlis auf der untersten Stufe wird Ihr Hund wahrscheinlich gleich verputzen. Sie können ihn aber trotzdem mit Click und einem zusätzlichen Leckerli aus Ihrer Tasche belohnen.

Wenn er sich danach mutig mit den Vorderpfoten auf die erste Treppe stellt, belohnen Sie auch das (C & L). Nach ein paar Wiederholungen wird er tapfer die nächste Stufe erklimmen wollen. Belohnen Sie seine Beherztheit mit C & L.

Achten Sie darauf, Ihren Hund zu Beginn immer wieder nach unten zu locken. Das gibt ihm Sicherheit und Zeit, sich allmählich an den Höhenunterschied zu gewöhnen.

Lassen Sie Ihren Hund nicht unkontrolliert nach oben rennen. Es kann sein, dass er sich dann aus Angst vor der plötzlichen Höhe nicht mehr zurück getraut. Das würde die Situation nur verschlimmern.

Sollten Sie eine offene Treppe besitzen, dann ist es hilfreich, wenn Sie die ersten Stufen mit einem Tuch abdecken, so dass Ihr Hund nicht nach unten schauen kann.

Sobald Ihr Hund sicherer wird, benutzen Sie das Tuch nur noch an den Stufen, an denen Sie gerade üben. Bald können Sie es ganz weglassen.

Da Ihr Hund bei dieser Übung seine Angst überwinden muss, ist es nicht wichtig, wie viele Treppen er schafft. Sobald Ihr Hund nur ein oder zwei Stufen pro Tag meistert, ist das in Ordnung. Sobald sein Enthusiasmus nachlässt, müssen Sie aufhören zu üben. Falls Sie einen Welpen ans Treppensteigen gewöhnen wollen, gilt sowieso: Weniger ist mehr, um die empfindlichen Gelenke, Bänder und Sehnen nicht unnötig zu strapazieren.

> **Der wichtigste Teil dieser Übung besteht darin, dass Ihr Hund lernt, wie er unbeschadet wieder nach unten kommt!**

Decken Sie offene Treppen ab, um Ihrem Hund mehr Sicherheit zu vermitteln. Achten Sie auf Rutschfestigkeit.

So geht es doch ganz einfach.

Bestrafung? Ja – aber bitte mit Köpfchen!

Alle Unarten, die Ihr Hund vorzuweisen hat – in Ihre Hacken beißen, Ihre Besucher anbellen oder an Menschen hochspringen – sind für ihn selbst völlig normale Verhaltensformen. Alle frei lebenden Hunde bellen, necken sich durch Beißen und springen an den Alttieren hoch, um ihnen die Lefzen zu lecken.

Warum regen wir Menschen uns eigentlich so auf?

Ihr Hund hat keine Probleme mit seinem Verhalten, nur Sie haben welche – oder bekommen sie früher oder später …

Ohne angemessene Erziehung wird sich Ihr Hund weiterhin benehmen wie ein Hund. Er wird Ihre Designerklamotten in Fetzen reißen, Ihren Kräutergarten umgraben, Ihre Türen zerkratzen, sich Ihren Befehlen widersetzen oder Sie sogar beißen.

Es liegt also ausnahmslos an uns Menschen, unserem Hund ein Benehmen beizubringen, das zu unseren Bedürfnissen und unserem Lebensstil passt. Es ist an uns, eine Brücke der Verständigung zu etablieren, damit unsere Hunde in Harmonie mit uns zusammen leben können. Schließlich sind wir diejenigen mit all den Anforderungen und Einschränkungen, nicht unsere Hunde.

Unsere Hunde brauchen keinen Designer-Fressnapf, ihnen schmeckt es genauso gut auf schmutziger Straße. Sie wissen auch nicht, was antike Möbel sind oder Markenschuhe.

Ein Grund für schlechtes Hundebenehmen ist, dass Unarten in der Vergangenheit oft unbewusst belohnt wurden:

Waren Sie nicht auch immer wieder hocherfreut, wenn Sie vom Supermarkt zurückkamen und Ihr Welpe Sie schon schwanzwedelnd erwartet hat? Kann es sein, dass Sie in solchen Momenten Ihre Freude übermütig zeigten und Ihr Welpe dann vor Aufregung an Ihnen hochsprang? Wenn Sie ihm das Hochspringen damals nicht verboten haben, warum sollte er es heute sein lassen?

Haben Sie früher Ihren Welpen zu sich auf den Sessel gehoben, weil er so knuddelig war? Warum sollte er heute mit fünfzig Kilo Gewicht auf ›seinen Sessel‹ verzichten?

Hat Ihr Hund jemals das Wurstpaket für's Wochenende aus Ihrer Einkaufstasche geklaut und schmatzend vor Ihnen verschlungen? Wie haben Sie reagiert? Wahrscheinlich waren Sie einfach baff. Eventuell haben Sie geistesgegenwärtig die Kamera geholt, um diesen Schnappschuss für alle Ewigkeiten festzuhalten und bei der nächsten Familienfeier zum Besten zu geben.

Hunde registrieren all das beim ersten Mal. Was wir ihnen einmal zugestehen, beanspruchen sie immer wieder.

Viele Menschen wissen das nicht, besonders wenn sie das erste Mal einen Hund besitzen. Aber das ist normal so. Kein Mensch kann alles wissen. Sonst wäre ja jeder Hundebesitzer ein Verhaltensexperte und ich arbeitslos …

Was aber tun, jetzt, wo der Hund in den Brunnen gefallen ist?

Wenn sie vorher nicht in der Lage waren Ihren Welpen zu stoppen, wie wollen Sie ihn dann heute bestrafen? Jetzt, wo er sich schon so schön daran gewöhnt hat, die Comedy-Show vom Sessel aus zu verfolgen?

Ganz einfach: Seien Sie ab heute konsequent – aber bleiben Sie positiv!

Aber wie geht das, einen Hund »positiv« zu bestrafen?

Denken Sie einmal nach. Die meisten Fehlverhalten stehen im Zusammenhang zu einem Objekt (Schuhe, Mülleimer, Blumenbeet usw.). Oder passieren immer wieder an einer bestimmten Stelle (Urinieren in der Wohnung). Stimmt's?

Um solch objektbezogenes Problemverhalten zu stoppen, können Sie entweder das Objekt entfernen, also den Sessel verkaufen. Damit besteht aber immer noch die Gefahr, dass Ihr Pluto ab morgen das Sofa als Ersatz beansprucht.

Oder aber Sie verderben Ihrem Hund den Spaß am Sessel gründlichst. Damit geht die Bestrafung vom Objekt aus (böser Sessel!) – nicht von Ihnen.

Bleiben wir bei diesem Beispiel

Sie kennen das Spiel. Selbst wenn Sie Ihren Hund ab heute tausend Mal vom Sessel runterschieben, klettert er trotzdem immer wieder hinauf. Also sind Sie der böse Mensch, der ihm seinen geliebten Sessel streitig machen will. Ihr Hund fängt an Sie auszutricksen. Nachts, wenn er sich unbeobachtet fühlt, klettert er eben doch wieder hinauf.

Durch diesen kalten Krieg verliert er das Vertrauen zu Ihnen und die Harmonie in Ihrer Beziehung geht den Bach runter.

Außerdem: Wer hat schon die Zeit, Nerven und Geduld, seinen Hund dutzende Male täglich vom Sessel zu vertreiben?

Objektbezogene Lösung:

Präparieren Sie den Sessel mit doppelseitigem Klebeband. Sie können ihn dann zwar für ein paar Tage selbst nicht benutzen, verderben aber Ihrem Hund gründlich die Lust, sich weiterhin darauf breit zu machen. Besonders nachts, wenn er sich sicher fühlt!

»Autsch, das zieft aber. Böser Sessel!«

Auf diese positive Art können Sie in Zukunft viele schlechte Angewohnheiten Ihres Hundes ganz einfach in den Griff bekommen.

Lassen Sie Ihrer Fantasie freien Lauf. Wichtig ist einzig und allein, dass Ihr Hund die Bestrafung nicht mit Ihnen persönlich in Verbindung bringt, sondern immer nur mit den äußeren Umständen.

Hier noch ein paar andere berühmte Beispiele:

Ihr Hund klaut Essen vom Tisch oder von der Anrichte?

Dann nehmen sie doch einfach ein Backblech zu Hilfe. Platzieren Sie es so auf dem Tisch, dass Ihr Hund später nur von einer Seite Zugang dazu hat. Eventuell müssen Sie dazu drei Seiten mit Stühlen oder Sesseln zustellen.

Lassen Sie das Backblech wenigstens 15 cm vorne überstehen. Ganz hinten, schwer erreichbar, legen Sie ein dickes, wohlriechendes Stück Fleischwurst aus.

Um daran zu kommen, muss Ihr Hund vorne auf das Backblech treten ... Eventuell hat er morgen etwas Kopfschmerzen. Aber die Lust, Futter zu klauen, haben Sie ihm erst mal gründlich verdorben!

Ihr Hund buddelt wie gedopt Ihren Garten um?

Nehmen Sie eines seiner letzten Häufchen, und vergraben Sie es in seinem Lieblings-loch! Kein Hund hat Lust in seinen Fäkalien herumzubuddeln …

Ihr Hund liebt den Geschmack von Möbeln?

Verleiden Sie es ihm, indem Sie Stuhlbeine und andere niedrige Möbelteile regelmä-ßig mit Essig-Essenz besprühen. Er wird sofort das Weite suchen, denn der Essig-geruch ist viel zu intensiv für seine Nase …

Ihr Hund wühlt im Mülleimer rum?

Verstecken Sie ein paar aufgeblasene Luftballons darin. Bestreichen Sie sie mit Butter oder Bratenfett. Obenauf decken Sie einen alten Lappen. So wirkt es doch wirklich echt …

Welche Strafe ist wirkungsvoll?

Die besten Bestrafungen sind die, bei denen es so richtig scheppert und Ihr Hund sich wirklich erschrickt. Mehr wollen wir nicht. Achten Sie aber immer darauf, dass er bei dieser indirekten Bestrafung nicht verletzt wird!

Objektbezogene Strafen haben eine enorme Wirkung, da sie exakt zum Zeitpunkt des falschen Verhaltens passieren. Gegenstände, die vorher von Interesse waren, verlieren dadurch schnell ihren Reiz.

Bevor Sie Ihren Hund nun erziehen, fragen Sie sich aber auch, warum es zu Fehlverhalten kommen konnte. Haben Sie nicht auch einen Teil Schuld daran?

Hören Sie ab heute auf, schlechtes Verhalten zu belohnen, indem Sie es dulden (z. B. An der Leine ziehen). Zeigen Sie Ihrem Hund lieber, welches Benehmen Sie stattdessen erwarten. Indem Sie ihn z. B. blockieren und für ruhiges bei Fuß Gehen belohnen.

Verhalten das nicht belohnt wird, nimmt an Intensität, Dauer oder Häufigkeit ab und verschwindet bald ganz. Umgekehrt nimmt Verhalten das belohnt oder nicht eindeutig verboten wird, an Intensität zu.

Das Timing beachten

Bestrafen Sie Ihren Hund bitte niemals für etwas, das er schon vor mehreren Minuten oder sogar Stunden ausgeheckt hat! Wenn Sie ihn nicht wirklich bei einer Untat erwischen, brauchen Sie nicht mehr mit ihm darüber zu diskutieren. Vergessen Sie es einfach! Wenn Ihr Hund sich wieder einmal unartig benimmt, haben Sie genau drei Sekunden Zeit um ihn mit einem strengen »Nein!« an Ort und Stelle zu ermahnen. Jagen Sie ihn vom Bett, solange er darauf liegt!

Ihr Hund weiß nicht, was Sie von ihm wollen, wenn Sie ihm eine Stunde später seine Pfotenabdrücke auf Ihrer weißen Bettwäsche zeigen. Er weiß dann nicht einmal mehr, dass er vorher auf dem Bett gelegen hat.

Bestrafen Sie mit Grips, nicht mit Muskeln!

Es besteht keinerlei Grund dafür, einen Hund für falsches Verhalten zu schlagen, zu treten oder in anderer Form zu misshandeln. Solche Strafen zeigen nur die Unfähigkeit eines Menschen, mit einer anderen Kreatur umzugehen. Hundebesitzer, die ihren Hund artgerecht halten, ausreichend beschäftigen und auf dessen Bedürfnisse Rücksicht nehmen, brauchen keine brutalen Erziehungsmethoden.

Auch die zusammengerollte Zeitung oder das Durchschütteln eines Hundes sind absolut unprofessionelle Methoden. Die Zeitungsrolle hat lediglich den Effekt, dass Ihr Hund sich künftig verdrückt, sobald Sie eine Zeitung in die Hand nehmen, um sie zu lesen.

Und das Nackenschütteln signalisiert Ihrem Hund: »Er wird mich jetzt töten.« Denn Hunde wenden diesen Nackengriff nur an, um ihre Beute totzuschütteln. Niemals, um einen Gegner zu bestrafen und schon gar nicht, um ihre Welpen zu erziehen. Sicher, selbst misshandelte Hunde bleiben weiterhin bei ihrem Besitzer. Seine bedingungslose Loyalität ist eine einzigartige Charakteristik des Hundes.

Aber harte Strafen haben nur einen Effekt: Sie sind die schnellste Art, das Vertrauen eines Hundes zu seinem Besitzer zu zerstören.

Warum Gewalt nicht weiterführt

Wenn Sie schmerzhafte Bestrafungsmethoden anwenden, beginnen Sie, die Bindung zwischen Ihnen und Ihrem Hund zu zerstören.

Die Anwendung von Gewalt spricht nicht die Ursache des falschen Benehmens an. Durch Gewalteinwirkung hält der Hund sein falsches Verhalten lediglich zurück, er entwickelt ein Meideverhalten. Immer stärkere Strafeinwirkung wird dann erforderlich, um eine Unterdrückung des Fehlverhaltens beizubehalten. Das heißt, der Hund arbeitet nur aus Angst vor Strafe mit.

Harte Strafen können auch zur Entstehung von Übersprunghandlungen führen, die unvorhersehbar und viel schlimmer sind als das ursprüngliche falsche Verhalten.

Wenn jemand beispielsweise seinen Hund dafür schlägt, dass er eine Bratwurst vom Grill klaut, kann es passieren, dass der Hund diese empfangene Aggression an das nächstbeste Individuum weitergibt. Er wird dann die Katze jagen, Oma erschrecken, oder auf andere Art versuchen seinen Frust loszuwerden!

Fehlverknüpfung

Ein trauriger Nebeneffekt von harter Bestrafung ist auch, dass Hunde immer die Gesamtsituation des Momentes erfassen, nie einen Vorgang isoliert. Genauso wie beim Training registrieren sie Ort, Tageszeit und Umstände der jeweiligen Situation als Gesamtheit.

Nehmen wir an, jemand verhaut seinen Hund, weil er im Eiscafé die Tischdecke samt Cappuccino und Schwarzwald-Becher herunterreißt. Die Bedienung erscheint natürlich sofort und schreit auch noch mit drauflos. Nebeneffekt dieser Bestrafung ist, dass der Hund in nächster Zeit nur noch mit eingezogenem Schwanz und geduckter Haltung an diesem Eiscafé vorbeigehen wird. Oder er weigert sich total, überhaupt noch mal dort vorbeizulaufen. Wenn dann auch noch die Bedienung auf der Terrasse erscheint, ist alles zu spät. Sie wird nun bis zum Ende aller Zeiten mit bösen Blicken und lautem Knurren bestraft …

Hören Sie bitte niemals auf sogenannte Fachleute, die Ihnen sagen, Sie sollten Ihren Hund mal richtig durchprügeln, damit er auf Sie hört. Nach dem Motto »Der braucht eine starke Hand« oder »Dem musst du es richtig zeigen!« Vergessen Sie es! Diese Erziehungsmethoden wurden im vorletzten Jahrhundert entwickelt und haben längst keine Gültigkeit mehr. Heute wissen wir es besser: Harte Strafen erzeugen Angst – und Angst erzeugt Aggressionen!

Fazit

Tun Sie das Richtige, nehmen Sie sich Zeit für Ihren Hund. Beobachten Sie ihn und entfernen Sie die Ursache für das unerwünschte Verhalten, nicht das Symptom. Achten Sie dabei immer darauf, ein Alternativverhalten anzubieten, z. B. den Ball apportieren, Pfötchen geben oder ruhig liegen bleiben. Ihr Hund wird es gerne tun. Er begreift damit, was Sie von ihm erwarten und Sie haben einen Grund, ihn zu loben.

Seien Sie niemals nachtragend! Sofern eine Korrektur nötig ist, müssen Sie unmittelbar danach wieder in normaler, positiver Stimmung mit Ihrem Hund kommunizieren.

Versuchen Sie neue Wege zu gehen.

Schimpfen Sie nicht ständig mit Ihrem Hund, nur weil er zu weit vom Weg abkommt, Pferdeäpfel schleckt oder Vögel jagt. Loben Sie ihn doch einmal eine Woche lang für all das, was er richtig macht. Ich wette, das ist eine Menge – Sie müssen nur bereit sein, es auch zu sehen!

Ängste abbauen

Verhaltenstraining zum Abbau von Ängsten ist für Hundebesitzer selber oft schwierig durchzuführen, da sie sich dabei völlig emotionslos verhalten müssen. Es erfordert sehr viel Einfühlungsvermögen und noch mehr Disziplin! Sie müssen genau erkennen, ob Ihr Hund Angst hat oder ob er nur trotzig reagiert. Bei dieser Entscheidung kann ich Ihnen hier leider nicht beistehen. Ich werde Ihnen aber aufzeigen, wie Sie die Ängste Ihres Hundes in Alltagssituationen abbauen können.

> **Ein ziemlich sicherer Indikator für Angst ist Futterverweigerung. Angst führt bei Hunden zu Stress. Sie nehmen in solch einer Situation weder die angebotenen Leckerlis noch Futter an.**

Ängstliche Hunde kommen nur zögernd aus ihren Verstecken hervor.

Die Situationen beim Training mit ängstlichen Hunden sind oft herzzerreißend. Allerdings nur für die Hundebesitzer, die Hunde selber haben keine Probleme damit. Sollten Sie alleine nicht weiterkommen, dürfen Sie sich gerne an uns wenden, damit wir zusammen passende Lösungswege ausarbeiten können.

Geben Sie Ihrem Hund keine besondere Aufmerksamkeit beim Üben, reden Sie nicht. Um Ängste bei Ihrem Hund abzubauen, müssen Sie ihm das Gefühl vermitteln, dass Sie die jeweilige Situation unter Kontrolle haben. An Ihrem Verhalten wird er sich orientieren. Strahlen Sie also immer Ruhe und Gelassenheit aus. Benehmen Sie sich genauso normal wie im Supermarkt oder in der U-Bahn.

Machen Sie keine große Aktion aus den Übungen. Vermitteln Sie Ihrem Hund immer: »Alles ist ok, es passiert nichts Besonderes«, »Kein Grund zur Aufregung«.

Nur wenn Sie selbst nervös sind, ist es Ihr Hund auch. Je mehr Beachtung Sie ihm schenken, desto mehr denkt er: »Oh, hier stimmt was nicht, was soll ich bloß tun?« – und schon ist er in einer Stress-Situation.

Jeder Blick und jeder kleinste Laut von Ihnen bestärken seine Angst.

> **Wichtig: Je ängstlicher Ihr Hund reagiert, desto weniger wird er gelobt, gestreichelt und beachtet!**

Angst vor großen (fremden) Gegenständen

Wir alle wissen, wie neugierig Hunde sind. Überall wollen sie ihre Nase hineinstecken und nichts ist vor ihrem Erkundungsdrang sicher. Trotzdem hält ihre natürliche Skepsis sie davon ab, sich sehr großen oder ›verdächtigen‹ Gegenständen spontan zu nähern. Durch mangelnde Sozialisierung, schlechte Erfahrungen oder schreckhafte Erlebnisse kann diese angeborene Scheu durchaus in Angst umschlagen.

Wie reagiert Ihr Hund auf fremde Dinge? Was passiert, wenn plötzlich ein großer Ast seinen wohlbekannten Weg versperrt? Wenn Menschen mit Paketen beladen dicht an ihm vorbeilaufen? Was tut Ihr Hund, wenn er zum ersten Mal einen geschmückten Christbaum sieht?

Die normale Reaktion wäre, dass er ganz einfach stehen bleibt. Daraufhin gibt er durch das Anheben der Vorderpfote ein visuelles Signal an alle anderen Rudelmitglieder. Nun wird das komische ›Ding‹ genau beobachtet und Hund wagt sich langsam immer näher heran.

Da sich nichts Verdächtiges ereignet und das ›Ding‹ sich auch nicht bewegt, kommt eine vage Hoffnung auf »Vielleicht kann ich es ja fressen?«. Jetzt lässt Ihr Hund seiner Neugierde freien Lauf. Der unbekannte Gegenstand verliert seinen Schrecken und wird endlich nach Herzenslust untersucht und beschnuppert.

Der ängstliche Hund reagiert verstört, und zwar auf zwei verschiedene Arten: Eine Reaktion ist, davonzurennen, sich in Sicherheit zu verstecken oder einen Riesenbogen um das unbekannte Etwas zu machen. Durch seine Flucht vermeidet er die Konfrontation und geht dem Ganzen aus dem Weg.

Die andere Reaktionsmöglichkeit wäre, die Angst zu verbergen und das ›Ding‹ mit lautstarkem Bellen und Imponiergehabe ›vertreiben‹ zu wollen.

Beides bedeutet Stress für einen Hund. In beiden Fällen ist das Selbstbewusstsein geschädigt, er ist nicht mehr in der Lage, normal und gelassen auf äußere Reize zu reagieren. Seine angeborenen Triebe und Instinkte sind überlagert von Angst.

Trotzdem ist die Lage nicht aussichtslos. Mit etwas Einfühlungsvermögen und Verständnis können Sie das Selbstbewusstsein Ihres Hundes stärken und schrittweise seine Angst vor fremden Gegenständen abbauen.

Ben ist kaum noch zu halten. Beim Anblick der Schubkarre reagiert er aggressiv und aufgebracht.

Da die Schubkarre sich nicht wehrt, wird auch Ben ruhiger.

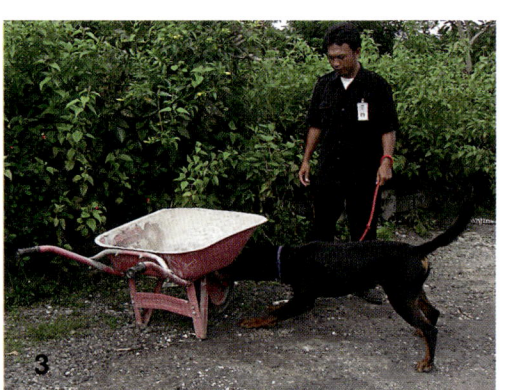

Er beginnt, die Karre zu erforschen ...

... entdeckt die Fleischwürfel ...

... und freundet sich allmählich mit dem fremden Gegenstand an.

Bereiten Sie sich vor

Sie brauchen einen großen Gegenstand, den Ihr Hund nie zuvor gesehen hat. Das kann ein Pappkarton sein, eine Babybadewanne oder ein Gymnastikball. Ihr Hund ist während der Vorbereitungen im Nebenzimmer.

Stellen Sie den Karton gut sichtbar und frei im Zimmer auf. Nun legen Sie eine etwa zwei Meter lange ›Spur‹ aus wirklich unwiderstehlichen, super schmeckenden Leckerlis. Frikadellen oder Schnitzel haben eine wirklich fantastische Wirkung … Die Spur beginnt kurz nach der Eingangstür und führt bis zum Karton. Verstecken Sie auch ein paar Bröckchen unter dem Karton.

Bitte reden Sie nicht und schauen Sie nicht direkt zu Ihren Hund. Er muss ganz alleine seine Angst überwinden. Die magische Kraft der Frikadelle hilft ihm dabei mehr als alle menschlichen Worte …

So wird's gemacht

Rufen Sie Ihren Hund ins Zimmer. Schließen Sie sofort die Zimmertür, um ihn am Wegrennen zu hindern. Setzen Sie sich neben den Gegenstand auf den Boden.

Ihr Hund muss Stück für Stück alle Leckerlis der gelegten Spur auffressen, auch die unter dem Karton. Sollte Ihr Hund an das Clickertraining gewöhnt sein, clicken Sie immer, sobald er sich einem Leckerli nähert. Da das Fleisch bereits vor ihm liegt, müssen Sie nach dem Click nicht mit zusätzlichen Leckerlis belohnen.

Tapfer überwindet Mia ihre Furcht. Eine Spur aus duftenden Leckerlis hilft ihr, die Angst vor dem Ball zu vergessen und schließlich ganz zu verlieren.

Der passive Hund

Er wird wie vorher beschrieben reagieren. Da es keinen Fluchtweg nach draußen gibt, wird er sich hinter dem Sofa oder unter dem Tisch in Sicherheit bringen, um die Lage abzuschätzen. Sie selbst geben sich jetzt völlig unbeeindruckt, als würden Sie das Ganze gar nicht sehen. Ihr Hund wird sein weiteres Vorgehen Ihrem Verhalten anpassen. Er wird Sie und den Gegenstand ganz genau beobachten.

Schenken Sie jetzt weder dem Karton noch Ihrem Hund eine Beachtung. Damit signalisieren Sie, dass keine Gefahr von dem Gegenstand ausgeht. Wenn Sie selbst ganz gelassen bleiben, wird Ihr Hund schnell erfassen, dass der Karton kein Grund zur Aufregung ist.

Der Duft der Frikadellen tut den Rest. Das Fleisch wird die starken natürlichen Triebe (Fresstrieb, Beutetrieb usw.) Ihres Hundes anregen und langsam seine Angst verdrängen. Stück für Stück wird er die Spur zum Karton auffressen. Lassen Sie ihm Zeit, seine Ängste zu überwinden.

»Mein Hund geht nicht vorwärts«

Wenn Ihr Hund am ersten Tag nicht aus seinem Versteck herauskommt, sammeln Sie nach etwa zwanzig Minuten alle Leckerlis wortlos wieder ein und schieben den Karton beiseite. Weggeräumt wird er nicht. So kann sich Ihr Hund langsam an den Anblick gewöhnen. Morgen machen Sie die gleiche Übung noch einmal.

Sollte Ihr Hund am ersten Tag nur ein oder zwei Fleischbröckchen wegnehmen und danach wieder in sein Versteck flüchten, gehen Sie genauso vor. Nehmen Sie die Leckerlis weg, schieben Sie den Karton beiseite und versuchen Sie es morgen erneut.

»Mein Hund sucht Schutz bei mir«

Es gibt Hunde, die in stressigen Situationen bei ihren Besitzern Schutz suchen. Sollte Ihr Hund auch zu dieser Charaktergruppe gehören, dann wird er auf Ihren Schoß springen oder sich ganz eng an Sie schmiegen. Dieses Verhalten ignorieren Sie bitte komplett, um den Hund nicht in seiner Angst zu bestärken. Warten Sie auch in diesem Fall zwanzig Minuten, bevor Sie die Leckerlis einsammeln. Morgen probieren Sie es erneut.

Der aktive Hund

Er schimpft und bellt, dass die Wände wackeln. Diese Situation ist wirklich verzwickt. Sie möchten keinen Ärger mit den Nachbarn bekommen, aber unterbrechen dürfen Sie sein Bellen auch nicht. Jeglicher Kommentar von Ihnen, auch ein »Nein! Aus!«, würde Ihren Hund nur anspornen, weiterzubellen.

Sie müssen Gleichgültigkeit signalisieren und gelassen bleiben. Hier hilft nur Ablenkung. Machen Sie irgendein anderes Geräusch, z. B. mit einem Quietschball oder einem Schlüsselbund. Sie können auch den Fernseher ein- und ausschalten. Sobald Ihr Hund innehält um auf das andere Geräusch zu achten, wird er mit einem zusätzlichen Leckerli (C & L) belohnt.

Bald wird er sich an den Karton gewöhnt haben. Seine Aufregung legt sich und er räumt die gelegte Spur aus Frikadellen einfach ab.

Erst wenn Ihr Hund das erste Mal bis zum Karton vorgedrungen ist, loben Sie ihn ausgiebig. Das ist eine tolle Leistung! Nach drei bis vier Tagen führen Sie die gleiche Übung mit einem anderen Gegenstand durch. Sie werden sehen, dass es nun schon viel besser funktioniert.

Durch die Erfahrung, dass große Gegenstände nicht so gefährlich sind wie sie erscheinen, werden Ängste abgebaut und das Selbstbewusstsein Ihres Hundes wird gestärkt. Sie werden bald feststellen, dass er nun auch in anderen Situationen viel gelassener reagiert.

Angst vor Gewitter

Blitz und Donner sind verhältnismäßig seltene Ereignisse. Ein richtiges Gewitter erleben wir nur wenige Male im Jahr. Es ist ein gewaltiges Naturereignis, dem wir mit Respekt begegnen, denn wir alle wissen, welchen Schaden es anrichten kann.

Wir nehmen die leuchtenden Blitze wahr, wissen aber nie, wann der nachfolgende Donner einsetzt. Obwohl wir den Donner bereits erwarten, erschrecken wir immer wieder, wenn das gewaltige Krachen einsetzt.

Wenn Sie selbst schon so ein mulmiges Gefühl oder sogar richtige Angst haben, wie soll da Ihr Hund ruhig bleiben? Er spürt, dass Sie während eines Gewitters nervös sind. Er nimmt die leuchtenden Blitze wahr und er hört den Donnerknall viel intensiver als Sie selbst. Aber erst wenn Sie aus dem Gewitter ein Drama machen, wird er ebenfalls eigenartig darauf reagieren. Unsere Hunde kopieren unser Verhalten.

Sie haben keine Angst vor Gewitter? Dann ist es ja gut. In dem Fall ist auch Ihr Hund entspannt und schläft friedlich in seinem Körbchen.

Sollte Ihr Hund unruhig werden, bellen, sich verstecken, oder sonstwie auffällig benehmen, dann erhält er von Ihnen wahrscheinlich Signale, die ihm sagen: »Die Situation ist gefährlich.«

Beobachten Sie sich beim nächsten Gewitter einmal selbst. Viele Menschen behaupten, sie hätten keine Angst und benehmen sich bei Gewitter trotzdem anders als sonst. Hier einmal ein paar Verhaltens-Beispiele die Ihrem Hund sagen »Hier stimmt was nicht, Frauchen/Herrchen benimmt sich so komisch.«

- ❒ Aufgeregt alle Stecker aus den Steckdosen ziehen
- ❒ Den Fernseher ausschalten (was Sie sonst nie um diese Zeit tun würden)
- ❒ Am helllichten Tag voll angezogen ins Bett legen
- ❒ Fluchtartig die Badewanne/Dusche verlassen
- ❒ Äußerst angespannt die Sekunden zwischen Blitz und Donner zählen
- ❒ Plötzlich aufhören zu essen, und das Besteck weit weg legen
- ❒ Telefonate abrupt beenden
- ❒ Panikartig alle Fenster und Türen schließen
  usw.

Egal, welches dieser Verhalten Sie bei Gewitter zeigen, Ihr Hund nimmt Ihre Anspannung und Erregung wahr. Da bis auf das Gewitter alles ist wie sonst auch, verbindet er logischerweise Ihre Unruhe mit den tobenden Elementen draußen.

Verstehen Sie mich bitte nicht falsch. Nicht Sie selbst verursachen die Gewitterangst bei Ihrem Hund. Mit Ihrer eigenen Reaktion können Sie aber die Angst Ihres Hundes beeinflussen, also entweder zerstreuen oder bestärken. Natürlich lässt der Lärm eines dröhnenden Donners Ihren Hund manchmal erschrecken. Es ist ein seltenes, unerwartetes und lautes Geräusch für uns alle. Wenn Ihr Hund Sie daraufhin aber fragend anschaut, sollten Sie selber ruhig und gelassen bleiben. Dann gerät Ihr Liebling mit größter Wahrscheinlichkeit auch nicht in Panik.

Sollte sich Ihr Hund draußen im Zwinger aufhalten und Gewitterangst entwickeln, empfehle ich Ihnen, nachts das Licht im Garten einzuschalten. Damit sieht Ihr Hund, dass die Lage völlig normal ist und ihm keinerlei Angriffe drohen.

Bedenken Sie aber auch, dass Hunde Rudeltiere sind, die bei Gefahr zusammenrücken. Ihr Hund ist im Zwinger den Naturgewalten ganz alleine ausgeliefert. Lauter Donner kann sein Gehör bis zur Schmerzgrenze belasten. Dazu kommen die grellen Blitze und erbarmungsloser Regen. Wie soll er diese psychischen Belastungen und Ängste ganz alleine überwinden? Ohne Feedback und beruhigende Körpersignale anderer Rudelmitglieder? Überlassen Sie Ihren Hund in dieser Situation nicht sich selbst. Holen Sie ihn zumindest in Ihr Treppenhaus oder in den Hausflur, wo er Sicht- oder Hörkontakt zur Familie hat. In den folgenden Wochen therapieren Sie seine Ängste dann wie weiter hinten beschrieben. (Siehe unten »Angst vor Lärm«.)

Was Sie tun können

Falls Sie bei Gewitter selbst nervös sind, entspannen Sie sich erst einmal. Werden Sie ruhig und gelassen.

Schenken Sie Ihrem Hund keine besondere Aufmerksamkeit. Er hat weder Schmerzen noch tut ihm irgendjemand etwas zuleide.

Tadeln oder bestrafen Sie Ihren Hund nicht, wenn er sich fürchtet.

Versuchen Sie aber auch nicht, ihn zu beruhigen oder zu trösten. Geben Sie ihm trotz des Gewitters das Gefühl, dass alles in bester Ordnung ist.

Wenn Sie Ihren Hund in Angstsituationen streicheln, wiegen, umarmen oder sanft mit ihm reden, schließt er daraus, dass er sich richtig verhält. Er versteht Ihre Worte nicht, wenn Sie sagen »Mein armer Kleiner, hab keine Angst«. Er begreift nur, dass er Ihre liebevolle Aufmerksamkeit erhält, sobald er sich fürchtet, nervös oder ängstlich ist. Bald wird er auch in anderen Situationen Ängste zeigen – in der Hoffnung, dass Sie ihn auch jetzt wieder mit Streicheleinheiten belohnen …

Angst vor Lärm

Viele Hunde haben nicht nur vor Gewitter Angst, sondern auch vor anderen lärmenden Geräuschen wie Radiomusik, Kindergeschrei, Silvester-Feuerwerk oder lauten Haushaltsgeräten.

Eine Lärmphobie wird auf eine schlechte Erfahrung mit einem bestimmten Geräusch zurückgeführt. Meistens kann das auslösende Ereignis nicht mehr ermittelt werden.

In fast allen Fällen eskaliert die Angst vor Lärm und verschlimmert sich mit jeder Konfrontation. Bald kann es sein, dass ein Hund auch ängstlich auf Geräusche reagiert, die mit dem angstauslösenden Lärm in unmittelbarem Zusammenhang stehen. Zum Beispiel kann ein Hund der Angst vor Donner hat, bald auch ängstlich auf Regen reagieren.

Auch in dem Fall schenken Sie den Ängsten bitte keinerlei Aufmerksamkeit. Es gibt andere Methoden, mit denen Sie die Angst Ihres Hundes in den Griff bekommen können.

Gewitter- oder Lärmphobie – Sie können Ihrem Hund auf verschiedene Weise helfen, seine Angst zu überwinden:

Musiktherapie

Eine Möglichkeit, Ihren Hund von seinen Ängsten abzulenken, ist Musik. Besorgen Sie sich eine CD mit sanfter Violin- oder Harfenmusik. Die Vibrationen der Saiten erzeugen Töne, die vom menschlichen Ohr nicht wahrgenommen werden, auf Tiere aber beruhigend wirken. Die Musiktherapie bewirkt bei den meisten Hunden eine verminderte Herzfrequenz, einen abfallenden Blutdruck, einen Anstieg des Endorphinpegels und eine Reduktion der Stresshormone.

Leisten Sie Ihrem Hund Gesellschaft, lauschen Sie der Musik erst einmal gemeinsam. So kann sich Ihr Hund am besten entspannen, während Sie eine Tasse Kaffee genießen. Später spielen Sie die Musik auch während eines Gewitters oder bevor Sie den lärmenden Staubsauger einschalten.

Desensibilisierung und Gegenkonditionierung

Dabei wird der Hund in minimalster Lautstärke mit dem angstauslösenden Geräusch konfrontiert und davon abgelenkt. Sie müssen dazu selbst eine CD erstellen, auf der

Sie die Töne aufnehmen, vor denen sich Ihr Hund fürchtet. Solche CDs mit verschiedenen Angst machenden Geräuschen gibt es aber auch fertig zu kaufen.

Spielen Sie nun die CD so leise ab, dass Sie es selbst kaum hören können. Ihr Hund soll das Geräusch nur ganz am Rand wahrnehmen, es darf bei ihm keine Furcht oder Aggression auslösen. Eventuell lassen Sie ihn sogar im Nebenzimmer bleiben, während Sie die Aufnahme abspielen. Gleichzeitig ermutigen Sie Ihren Hund nun zu einem Spiel oder lassen ihn Tricks ausführen, die er schon gelernt hat. Je besser er die Kunststücke schon kennt, desto leichter wird er sie jetzt vorführen.

Er kann nicht über das verhasste Geräusch im Nebenzimmer nachdenken während er sich auf »Gib Pfötchen«, »Küss mich« oder »Leckerlis fangen« konzentrieren muss. Für die Ausführung der Tricks können Sie ihn ausgiebig loben und belohnen, denn er hat dabei bestimmt keine Angst gehabt.

Sollten Sie trotzdem Angstverhalten feststellen, brechen Sie die Übung ab. Belohnen Sie ihn nicht, auch wenn er einen Trick ausgeführt hat. Sagen Sie einfach »OK, danke, das war's«.

Versuchen Sie es morgen noch einmal, aber spielen Sie die Aufnahme noch leiser ab. Erst wenn Ihr Hund gelassen und ruhig mit Ihnen spielt, während er das kritische Geräusch leise im Hintergrund hört, können Sie die Lautstärke ganz langsam erhöhen.

Wiederholen Sie die Übung in verschiedenen Zimmern und mit verschiedenen Familienmitgliedern.

Sobald Ihr Hund bei normaler Lautstärke Tricks vorführt und mit Ihnen spielt, verlassen Sie für einen Moment das Zimmer. Steigern Sie langsam die Zeitspanne Ihrer Abwesenheit.

Während des nächsten wirklichen Gewitters, Staubsaugens oder Feuerwerkes lassen Sie Ihren Hund, wie bei den Therapiestunden, Tricks vorführen oder spielen zusammen sein Lieblingsspiel.

Versuchen Sie die Desensibilisierung zu einer Zeit, da mit dem wirklichen angstauslösenden Geräusch nicht zu rechnen ist. Die Angst vor dem Donner bekämpfen Sie also besser im Winter. Die Angst vor den Silvesterknallern beheben Sie am besten im Sommer.

Bachblüten-Therapie

Eine Alternativtherapie mit Bachblüten ist durchaus hilfreich und kann die oben genannten Methoden erfolgreich unterstützen. Bachblüten erzeugen keine schädlichen Nebenwirkungen und können eingesetzt werden, um psychische Disharmonien zu stabilisieren.

Rescue Remedy, Aspen oder Mimulus werden gegen Ängste angewandt. Geben Sie Ihrem Hund die Bachblüten immer rechtzeitig vor der Angst machenden Situation, da die Wirkung erst innerhalb einer Stunde nach Anwendung eintritt.

Es ist möglich, dass Ihr Hund innerhalb weniger Tage seine Ängste reduziert und mehr Selbstvertrauen entwickelt. Das hilft ihm, die Angst machenden Situationen couragiert zu überwinden.

Anwendung der Bachblüten

Geben Sie je nach Größe Ihres Hundes dreimal täglich 3 - 10 Tropfen. Wenn Sie eine Besserung feststellen, setzen Sie die Behandlung bitte nicht spontan ab. Reduzieren Sie die Tropfen für ein paar Tage auf zweimal täglich, dann noch mal für ein paar Tage auf einmal täglich. Erst danach beenden Sie die Therapie.

Angst vor dem Alleinesein

Hunde sind Rudeltiere und nicht gewohnt, alleine zu sein. Sie verbringen ihr ganzes Leben zusammen mit ihren Familienmitgliedern. Wenn die erwachsenen Tiere das Lager verlassen, bleiben die Jungtiere mit ihren Müttern und älteren Geschwistern zurück. Sie sind niemals alleine oder sich selbst überlassen.

Ein Rudelausschluss ist in freier Natur die schlimmste Bestrafung, die einem Hund widerfahren kann. Oft bedeutet dieser Ausschluss aus der Gemeinschaft den sicheren Tod, denn alleine hat ein Hund fast keine Überlebenschance.

Wie kann es uns da wundern, wenn manche Hunde schier ausflippen und total unnormales Verhalten entwickeln, sobald wir sie das erste Mal alleine lassen? Sie geraten in Panik und entwickeln dramatische Ängste. Auf diesen enormen psychischen Stress reagieren sie nun mit Verzweiflungstaten wie Möbel anknabbern, Türen zerkratzen, Kissen zerfetzen, Bellen oder sogar in der Wohnung urinieren/koten.

Ihr Hund tut all das aus Angst, jetzt sterben zu müssen. Er tut es nicht, um sich an Ihnen für das Alleingelassenwerden zu rächen!

Was Sie tun können

Wie bei allen anderen Trainingsprozessen auch ist es wichtig, dass Ihr Hund jetzt eine positive Erfahrung macht. Er muss lernen, dass Sie wieder zu ihm zurückkommen, dass Sie ihn nicht für den Rest seines Lebens im Stich lassen, und dass Alleinsein auch ganz angenehm sein kann.

Trennungsängste vermeiden

Um eine Trennungsangst gar nicht erst aufkommen zu lassen, sollten Sie Ihren Hund systematisch auf das Alleinsein vorbereiten:

Verzichten Sie grundsätzlich auf überschwängliche Begrüßungs- und Abschieds-szenen. Gehen und kommen Sie ohne großen Kommentar. Schenken Sie Ihrem Hund weder beim Weggehen noch beim Zurückkommen irgendeine besondere Beachtung. Das ist schwer, ich weiß. Aber es ist wichtig!

Etablieren Sie ein Signal, das Sie immer gebrauchen, wenn Sie das Haus verlassen. Das kann sein »Tschüss«, »Komme gleich wieder« oder »Bin sofort zurück«. Benutzen Sie dieses Signal zu Beginn ganz strikt, wenn Sie nur schnell zum Briefkasten gehen, den Müll hinausbringen, kurz mit der Nachbarin sprechen oder die Einkaufstüten aus dem Auto holen. Diese kurzen Momente versetzen Ihren Hund nicht in Panik.

Sie können dieses Abschiedssignal auch benutzen, wenn Sie in Ruhe duschen wollen ... ohne Ihren Hund. Er wird sich schnell an diese Worte gewöhnen und kei-nerlei negativen Gedanken damit verbinden.

Allmählich steigern Sie die Zeitspanne, die Sie zum Beispiel am Briefkasten ver-bringen. Lesen Sie ruhig Ihre Post gleich im Treppenhaus. Ihr Hund denkt sich nichts Schlimmes dabei. Sie hatten ihn ja mit »Komme gleich wieder« auf Ihre kurze Abwesenheit vorbereitet.

Sobald Ihr Hund toleriert, dass Sie für eine Minute aus der Tür gehen, beginnen Sie damit, Ihre Abwesenheit auf bis zu drei Minuten auszudehnen. Bleiben Sie aber in Riech- und Hörweite Ihres Hundes.

Sagen Sie kurz »Komme gleich wieder«, schließen Sie sofort die Tür hinter sich, reden Sie mit sich selbst oder jemand anderem, kommen Sie zurück und gehen Sie irgendeiner Beschäftigung nach. Ihrem Hund schenken Sie dabei keinerlei besondere Beachtung. Wozu auch. Schließlich waren Sie nur für drei Minuten auf der anderen Seite der Türe.

Wiederholen Sie die Übung morgen noch mal. Üben Sie diese Abwesenheiten so oft wie möglich, und steigern Sie die Zeitspanne allmählich auf bis zu zehn Minuten. Zur Abwechslung geben Sie Ihrem Hund jetzt einen Kauknochen zur Überbrückung, nehmen einen Koffer mit sich oder ziehen sich Mantel und Stiefel an.

Bleiben Sie schrittweise bis zu dreißig Minuten außerhalb der Wohnung, aber in der Nähe. Dadurch können Sie das Verhalten Ihres Hundes kontrollieren. Sollte er mit Verzweiflungsattacken wie Bellen oder Türe kratzen antworten, achten Sie genau darauf, nach wie vielen Minuten diese einsetzen. Wenn Ihr Hund zum Beispiel nach 21 Minuten unruhig wird, müssen Sie bei der nächsten Übung bereits nach 16 - 18 Minuten wieder in der Wohnung sein. Steigern Sie die Zeitspanne sehr langsam, haben Sie Geduld.

Sobald Ihr Hund problemlos bis zu einer Stunde alleine bleibt, brauchen Sie nicht mehr zu üben. Den schlimmsten Teil haben Sie bereits überstanden. Machen Sie ihm nun die Zeit so angenehm wie möglich. Verstecken Sie Leckerlis im Zimmer oder stopfen Sie einen Kong® mit Leberwurst und anderen Delikatessen.

Sie können Ihrem Hund das Alleinsein auch erleichtern, indem Sie das Radio eingeschaltet lassen. Oder spielen Sie die CD mit der beruhigenden Harfenmusik ab. Ihr Hund wird es genießen und bei Ihrer Rückkehr friedlich vor sich hin träumen.

Bestehende Trennungsängste abbauen

Sollte Ihr Hund schon unter Trennungsangst leiden, müssen Sie diese Schritt für Schritt abbauen. Lassen Sie ihn seine Ängste vergessen, helfen Sie ihm, das Alleinsein gelassen zu ertragen.

Sperren Sie einen Hund mit Trennungsangst auf keinen Fall in einen separaten Raum oder eine Transportbox ein. Das würde die Sache nur verschlimmern.

Spielen Sie Ihr Weggehen einmal wie eine Filmszene durch, ohne dass Sie wirklich gehen. Beobachten Sie dabei sich selbst und Ihren Hund. Was genau verursacht bei ihm die Trennungsangst? Wann genau setzt seine Panik ein? Passiert es, wenn Sie sich die Jacke anziehen? Oder verabschieden Sie sich vielleicht zu theatralisch? Reagiert Ihr Hund allergisch auf das Klappern der Schlüssel? Oder wird er erst nervös, wenn Sie Ihre Schuhe anziehen?

Notieren Sie sich genau, was Sie tun und wie Ihr Hund darauf reagiert. Erst wenn

Ihnen die Rituale bewusst werden, können Sie sie brechen. Erst wenn Sie wissen, was die Panik bei Ihrem Hund auslöst, können Sie ihn desensibilisieren.

Gehen wir mal vom Einfachsten aus, dass Ihr Hund verzweifelt reagiert, sobald Sie sich eine Jacke anziehen.

Damit er seine Ängste verliert, müssen Sie ihn nun genau mit dieser Situation konfrontieren. Ziehen Sie sich die Jacke an. Aber – Sie gehen nicht aus dem Haus, sondern setzen sich aufs Sofa und sehen fern. Nach ein paar Minuten ziehen Sie Jacke kommentarlos wieder aus. Nach 15 Minuten wiederholen Sie die Prozedur.

Üben Sie das so lange, bis Ihr Hund keinerlei Aufregung mehr zeigt, sobald Sie sich eine Jacke anziehen.

Nun erweitern Sie die Übung. Sie ziehen sich Ihre Jacke an und nehmen Ihre Schlüssel in die Hand. Nun gehen Sie wieder nicht aus dem Haus, sondern Sie legen sich für ein paar Minuten im Schlafzimmer aufs Bett. Nach fünf Minuten hängen Sie die Schlüssel wieder an den Haken und ziehen Ihre Jacke wieder aus. Üben Sie auch diese Situation so lange, bis Ihr Hund nicht mehr darauf reagiert.

Als Nächstes ziehen Sie sich zusätzlich Ihre Schuhe an und nehmen Ihre Tasche in die Hand. Zur Abwechslung verbringen Sie jetzt ein paar Minuten in voller Montur im Badezimmer oder auf dem Balkon …

Sobald Ihr Hund Sie nur noch mitleidig anschaut, wenn Sie sich anziehen, gehen Sie das erste Mal wirklich aus der Tür. Kommen Sie aber sofort zurück, ziehen sich wieder aus und gehen Sie zur Tagesordnung über.

Bei dieser und allen Übungen vorher schenken Sie Ihrem Hund keinerlei Beachtung!

Üben Sie auch das Aus-Der-Tür-Gehen so lange, bis sich Ihr Hund nicht mehr darüber aufregt. Erst dann können Sie versuchen, ein paar Sekunden draußen zu bleiben.

Wenn das alles gut klappt, machen Sie weiter wie oben (Trennungsangst vermeiden) beschrieben.

Bitte lassen Sie Ihren Hund niemals mehr als vier Stunden alleine. Versetzen Sie sich versuchsweise selber einmal in diese Situation. Bleiben Sie vier Stunden im Wohnzimmer sitzen. Ohne den Fernseher oder das Radio anzuschalten. Ohne eine Zeitung oder Bücher zu lesen. Ohne zum Telefon oder Computer zu greifen. Sie werden sehr schnell nachempfinden, wie Ihr Hund sich fühlt, wenn Sie nicht zu Hause sind. Eventuell geraten Sie unter diesen Umständen viel schneller in Panik als früher Ihr Hund …

Aggressionen vermeiden

Der böse Artgenosse

Wenn Hunde bei Begegnungen mit Artgenossen ihre Zähne fletschen, böse knurren oder den anderen sogar attackieren wollen, führt das bei ihren Besitzern von Schweißausbrüchen bis zu panischen Reaktionen. Bereits von Weitem wird dann rufend gefragt »Rüde oder Hündin?«, um wenigstens rechtzeitig die Straßenseite wechseln zu können …

Streitereien unter Artgenossen sind häufig, aber meistens ritualisiert. Das bedeutet, dass die Kontrahenten sich gegenseitig durch Zähnefletschen, Bellen und allerlei Show-Gehabe imponieren wollen und sich dabei mächtig ins Zeug legen. Auf uns Menschen wirkt das Ganze sehr dramatisch. Dabei wollen beide doch nur ihren Status austesten. Jeder Hund will dem Gegenüber eindrucksvoll klarmachen »Hey, ich bin besser, stärker und schlauer als du. Also verzieh dich!«

Obwohl es in den meisten Fällen nicht zu ernsthaften Kämpfen kommt, können Hundebesitzer solche Situationen vermeiden. Weder wir Menschen, noch unsere Hunde brauchen diese Art von Stress.

Vorweg ist zu sagen, dass es zwei unterschiedliche Formen der Aggression gegenüber Artgenossen gibt, die völlig unterschiedlicher Natur sind. Zum einen ist es die Aggression gegenüber fremden Hunden. Dabei geht es meist darum, Besitz zu verteidigen, Macht auszuüben oder die eigene Unsicherheit zu überdecken.

Zum anderen ist es die Aggression zu einem Hund der im gleichen Haushalt lebt. Bei diesen Streitereien geht es hauptsächlich darum, die eigene Position in der sozialen Hierarchie der Gruppe zu stärken.

Eine friedliche, ruhige Begegnung.

Ich werde versuchen, Ihnen diese Thematik hier zu erläutern und Ihnen auch Tipps aus der Praxis geben, damit Sie die Situation bei Ihrem Hund in den Griff bekommen. In den meisten Fällen sind die genannten Übungen hilfreich und ausreichend. Bedenken Sie aber immer, dass Aggressionen ein sehr komplexes Thema sind und in die Hände entsprechend geschulter Fachleute gehören. Lebensumstände, Gewohnheiten, Umfeld oder Schmerzen tragen dazu bei, dass Aggressionen entstehen.

All das sollte auch bei einer Therapie Beachtung finden, kann aber hier nicht alles besprochen werden. Betrachten Sie bitte alle genannten Lösungsvorschläge als Empfehlungen, die sich zwar in der Praxis bewährt haben, aber dennoch keine Allheilmittel sind.

Sollten Sie mit den beschriebenen Übungen keinen Erfolg haben, oder Ihr Hund weitet seine Aggressionen sogar gegen Sie selbst oder andere Menschen aus, dann setzen Sie sich bitte umgehend mit uns in Verbindung. Oder suchen Sie Hilfe bei einem auf Aggressionen spezialisierten Verhaltenstherapeuten in Ihrer Nähe.

Aggression gegen fremde Hunde

Widmen wir uns erst einmal der Aggression gegenüber fremden Hunden. Die häufigsten Gründe, warum zwei fremde Hunde zu Rivalen werden und aufeinander losgehen sind:

Besitz-Verteidigung (Revier, Spielsachen, Fundobjekte im Park)

Dieses Verteidigungsverhalten ist angelernt, nicht angeboren! Wenn Besitzer keine klaren Eigentumsansprüche anmelden, betrachten sich Hunde gerne als Chef des Ganzen. Sie beginnen, alle möglichen Gegenstände, Wohnung und Garten gegenüber anderen Menschen (Gäste, Briefträger) oder anderen Hunden zu verteidigen.

Lassen Sie besser keine Spielsachen mehr frei herumliegen. Ihr Hund wird sich schnell daran gewöhnen, dass er keine Objekte mehr zu verteidigen braucht und wird es auch an öffentlichen Plätzen immer seltener tun. Sie, der Besitzer, nehmen den Ball vom Regal und beginnen ein Spiel, und Sie beenden es auch wieder. Die gesamte Verantwortung über Hab und Gut liegt also künftig bei Ihnen, nicht mehr beim Hund.

Versuchen Sie einmal, Ihrem Hund einen Kauknochen aus dem Fang zu nehmen oder die volle Futterschüssel wieder zu entziehen. Beides muss er sich ohne Knurren oder anderen Protest gefallen lassen! Er muss verstehen, dass wirklich alles in Ihrem Haushalt Ihnen gehört! Seine Spielsachen, sein Futternapf, sein Schlafplatz sind Ihr Eigentum, Bello darf all das lediglich mitbenutzen. Sollten Sie nicht bedingungslos

Können Sie Ihrem Hund die volle Futterschüssel entziehen, ohne dass er dagegen protestiert?

sämtliche Gegenstände von Ihrem Hund wegnehmen können, versuchen Sie auch nicht, es zu erzwingen! Holen Sie sich professionelle Hilfe, um Ihren Hund an alternatives Verhalten heranzuführen und die Aggressionen abzubauen!

Stoppen Sie auch unnötiges Urinieren alle paar Meter! Zwei Markierungen zu Beginn des Spazierganges sind genug. Danach wird straff durchgelaufen ohne ständig stehen zu bleiben. Das gilt auch für Hündinnen. Das Markieren des Territoriums steht in der Natur nur dem Rudelführer zu, also eigentlich Ihnen, dem Hundebesitzer. Ihr Hund weiß das! Wenn Sie das Markierverhalten bei Ihrem Hund zulassen, gestehen Sie ihm damit symbolisch auch den Alpha-Status zu.

Wenn Ihr Hund wirklich Pipi muss, wird er Sie energisch und mit aller Kraft zum Anhalten auffordern. Dem wirklichen Bedürfnis sollen Sie natürlich nachgeben. Sie werden den Unterschied zwischen Markieren wollen oder Pipi müssen bald erkennen. (Siehe »Bei Fuß«, Seite 95)

Konkurrenzverhalten aufgrund des Geschlechtstriebes

Für dominante, unkastrierte Rüden ist jeder gleichgeschlechtliche Artgenosse ein Konkurrent, der vertrieben werden muss. Der Kampf um eine ›heiße Hündin‹ hat nichts mehr mit Imponiergehabe zu tun. Diese Situation ist ernst und kann bei gleichstarken Gegnern, die beide nicht nachgeben wollen, zu schweren Verletzungen führen.

Bei geschlechtsreifen Hündinnen verhält es sich genauso. Jede Hündin will während ihrer Läufigkeit die Favoritin sein, die die nächste Generation zur Welt bringt. Dieses Privileg steht in der Natur nur der Alpha-Hündin zu. Zum Unglück für uns Menschen kommen alle Hündinnen nämlich fast zur gleichen Jahreszeit in Hitze. Das ist ein Erbe aus der Zeit des Rudellebens. Durch diese praktische Einrichtung der Natur können sich auch ungedeckte Hündinnen an der Aufzucht der Welpen beteiligen, da auch sie zum eigentlichen Geburtstermin Milch bilden. Dieses Phänomen der Scheinschwangerschaft ist Besitzern von Hündinnen wohlbekannt.

Kastrierte Hunde haben diesen Stress nicht. Sie können friedlich nebeneinander laufen und spielen. Sollte Ihr Rambo auch Probleme mit gleichgeschlechtlichen Hunden haben, ziehen Sie bitte eine Kastration in Erwägung. Ohne den starken Fortpflanzungstrieb wird Ihr Hund seinen Geschlechtsgenossen künftig viel ruhiger und gelassener begegnen.

Angst und fehlende Sozialisierung

Normalerweise haben Hunde keine Angst voreinander. Sie laufen aufeinander zu, schnuppern vorne, schnuppern hinten und entscheiden danach, wie es weitergehen soll. Vielleicht kommt es zu einem kurzen ›Fang-Mich‹ Spiel, vielleicht geht jeder einfach seiner Wege.

Die übermütige Rendang fordert zum Spielen auf. Doch die elfjährige Punkey bekundet durch Zähnefletschen. »Lass mich in Ruhe!«

Ihr Hund braucht die sozialen Rituale der Hunde-Begegnung, um mit diesen Situationen umgehen zu können. Wenn Ihr Hund keinerlei Erfahrung mit anderen Hunden machen darf, wird er auch die Signale der Hundesprache nicht lernen. Aber er wird garantiert beginnen, andere Hunde skeptisch abzuschätzen, den Kontakt zu ihnen ängstlich vermeiden oder sie angreifen. Lassen Sie Ihren Hund deshalb bitte so oft wie möglich frei laufen.

Sollten Sie beim Spaziergang einmal keinen direkten Kontakt zu einem anderen Hund wünschen (weil Sie keine Zeit haben, weil der andere Hund schmutzig ist oder weil er Ihr Misstrauen erregt), dann bleiben Sie auf Abstand oder wechseln die Straßenseite. Lassen Sie es gar nicht erst zu einer Annäherung kommen. Laufen Sie ganz normal weiter und schenken Sie der gesamten Situation keinerlei Beachtung.

Sorgen Sie aber bitte dafür, dass Ihr Hund von klein auf regelmäßig zu anderen (freundlichen) Hunden Kontakt hat. Das kann auf dem Hundeplatz sein, im Park oder bei Freunden. Dann wird er auch später bei Spaziergängen auf seine hündische Art freundlich mit anderen kommunizieren – oder ihnen von sich aus fern bleiben.

Bei frei lebenden Hunden ist das sehr gut zu beobachten. Sie kennen und respektieren die Signale der Körpersprache. Manche Hunde werden bei einer Begegnung fast verrückt vor Freude, andere gehen sich hohen Hauptes aus dem Weg. Ängstliche Hunde halten sich in geduckter Haltung am Rande auf und werden von den anderen auch meist in Ruhe gelassen.

Schmerzen

Ein gesunder Hund ist aktiv, aufmerksam und freundlich. Aber wenn Schmerzen ihn quälen, kann sein Verhalten umschlagen. In vielen Fällen werden Hunde dann zickig, entwickeln Stimmungsschwankungen oder sogar Aggressionen. Andere Hunde werden extrem ruhig oder ziehen sich total zurück.

Sie als Hundebesitzer müssen Anzeichen von gesundheitlichen Störungen erkennen lernen. Aber wie können Sie, außer bei offensichtlichen Erkrankungen wie Ohnmacht, Blutungen oder Schock, erkennen, ob Ihrem Hund etwas fehlt?

Ungewöhnliches Verhalten, das eine gesundheitliche Störung signalisieren kann, beinhaltet:

Appetitlosigkeit, Lethargie, sich in dunklen Ecken verkriechen, unermüdliches Kauen an Pfoten oder Fell, permanenter Husten, wiederholtes Erbrechen, stetes Kopfschütteln oder ständiges Kratzen.

Hunde können uns nicht sagen, wann sie sich schlecht fühlen. Aber ein kranker Hund zieht sich fast immer zurück und will nicht gestört werden, weder von Menschen noch von Artgenossen. Wenn Ihr sonst friedfertiger Hund plötzlich nach Ihnen schnappt oder sich aggressiv verhält, kann das auf körperliche Schmerzen hinweisen. An ganz bestimmtem Verhaltensänderungen können Sie sehen, ob Ihr Hund eventuell Schmerzen hat. Er wird plötzlich Dinge tun, die er vorher nicht tat:

❐ Hinken, Lahmen
❐ Maul verkrampfen
❐ Häufiges Kopfdrehen, um den hinteren Körperbereich anzusehen
❐ Im Kreis laufen
❐ Unkontrollierte Bewegungen
❐ Abneigung aufzustehen oder sich hinzulegen
❐ Fehlender Bewegungsdrang
❐ Antipathie gegen Berührung
❐ Schnappen und Beißen
❐ Konstante Futterverweigerung über mehrere Tage

Denken Sie daran, dass Ihr Hund sich erst mit seiner Stimme äußert, wenn die Schmerzen schier unerträglich werden. Gründe für Schmerzen gibt es viele. Es können Ohrmilben, Rückenprobleme, Muskelverspannungen, Bauchschmerzen, Zahnschmerzen oder kleine Fremdkörper sein, die ihn irritieren. Die Liste ist endlos. Schmerzbedingte Aggressionen zielen oft nicht auf bestimmte Artgenossen (weiße, schwarze, kleine, Rüden, Hündinnen), sondern richten sich meistens gegen alle daherkommenden Hunde.

Bevor Sie ein Training oder eine Therapie mit Ihrem Hund beginnen, lassen Sie ihn bitte immer erst vom Tierarzt untersuchen, um Schmerzen als Aggressionsauslöser auszuschließen.

Schlechte Erfahrungen, Übersprung-Aggressionen

Wird ein Hund von einem anderen Hund angegriffen oder sogar verletzt, dann wird er sich daran noch sehr lange erinnern. Der Ort des Geschehens, der Angreifer selbst und seine äußere Erscheinung bleiben ihm im Gedächtnis haften.

Es kann passieren, dass der unterlegene Hund daraufhin Aggressionen aufbaut und in Zukunft andere Hunde attackiert, die seinem Angreifer ähnlich sehen.

Leinen-Aggression

Hunde sind sehr soziale und freundliche Tiere. Wenn ihnen ein anderer Hund begegnet, wollen sie sich ihm neugierig nähern und ihn kennenlernen. Dann beschnuppern sie sich gegenseitig, umkreisen sich, und wollen wissen, was der andere denn

Beispiel: Hubert

Hubert war ein verspielter Straßenhund. Er liebte die Strandspaziergänge und tobte nach Herzenslust mit Stöckchen oder Kokosnüssen herum. Auch an jenem Tag brachte er mir stolz alle Kokosnüsse, die er irgendwo aufgelesen hatte.

Irgendwann machten wir eine Pause und setzten uns in den Sand. Hubert knabberte genüsslich an seiner Nuss, als sich zwei fremde Dobermänner näherten. Der Rüde ging voraus, die Hündin blieb etwas zurück.

Hubert zog seine Lefzen zurück, und signalisierte dem anderen damit, dass er sich nicht weiter nähern sollte. Er wollte ganz einfach seine Ruhe haben. Leider hat der Dobermann nicht auf die Warnung von Hubert reagiert, sondern ihn sofort angegriffen. Als die Hündin sah, dass es zum Kampf kam, eilte sie heran und stand ihrem Partner bei. Der kleine Straßenhund Hubert wurde nun von zwei erwachsenen Dobermännern derb attackiert. Er warf sich sofort auf den Rücken und ergab sich in sein Schicksal. Er schrie wie am Spieß, doch die Dobermänner ließen nicht aus. Sie ignorierten all seine Signale und hackten immer wieder auf ihn ein.

Endlich kam der Besitzer heran und rief seine Hunde zurück, es erschien mir wie eine Ewigkeit.

Hubert erhob sich zitternd und ziemlich benommen. Der Schock saß uns beiden tief in den Gliedern. Ich untersuchte ihn um zu sehen, ob er noch bis nach Hause laufen kann. Doch welches Wunder. Hubert war nicht verletzt. Es war nicht ein einziger Kratzer zu sehen. Sein Körper war verschont geblieben ... doch seine Seele hatte einen tiefen Riss bekommen.

Tage später habe ich seine wirkliche Wunde wahrgenommen, als er aus heiterem Himmel versuchte, einen anderen Dobermann zu blockieren und ihn am Weiterlaufen zu hindern.

Es kam nicht zum Kampf, aber es war ein hartes Stück Arbeit, diesen Groll gegen Dobermänner aus Hubert wieder herauszubekommen.

für einer ist. Angeleinte Hunde können diese sozialen Rituale nicht mehr ungehemmt und spontan ausführen. Die Leine schränkt ihre Bewegungsfreiheit ein und verhindert das Austauschen klarer Körpersignale. Die Hunde können nicht mehr instinktiv ihren sozialen Rang dem anderen gegenüber austesten.

Am allerschlimmsten ist aber, dass sie aufgrund der Leine nicht vor einem anderen Hund flüchten könnten, sollte der sich als unfreundlicher Gegner entpuppen!

All das führt zu Aufregung und Frustration beim Hund. Er benimmt sich jetzt total verrückt. Das wiederum ärgert den Hundebesitzer, der dann absichtlich den Kontakt zum anderen Hund beschränkt, seinen Hund stark zurückzieht oder sogar bestraft.

Genau jetzt macht jeder angeleinte Hund nur eine Erfahrung: Andere Hunde sind gefährlich, versetzen Frauchen/Herrchen in totale Aufregung und führen zu Ärger. Ergo, alle Artgenossen sind böse!

Es entsteht ein Teufelskreis, der in der bekannten Aggression gegenüber Artgenossen gipfelt.

Wie vorher schon erwähnt, machen Sie frühzeitig einen großen Bogen um Hunde, die Ihr vierbeiniger Freund nicht treffen soll. Die Distanz sollte dabei mindestens fünf Meter betragen. Versuchen Sie, Ihren Hund mit Spielen oder anderen Übungen von diesem Artgenossen abzulenken. Loben Sie Ihren Hund aber auch, wenn er morgen einen anderen Hund ignoriert und friedlich vorbeiziehen lässt. Jeder Hund kann lernen, dass trotz der lästigen Leine eine friedliche Koexistenz möglich ist.

Diese Besitzer hatten sich mehr Spielfreude bei ihren Hunden erwartet. Doch Hundedame Bella hat absolut kein Interesse am dicken Rolli.

Wie Sie das Problem lösen können

Sollte Ihr Hund noch sehr jung sein, können Sie all diese Probleme vermeiden, indem Sie ihn so viel wie möglich mit anderen Hunden zusammenbringen. Diese Spielgefährten sollten etwa das gleiche Alter und die gleiche Körpergröße haben. Wenn Sie Ihren Welpen mit erwachsenen Hunden bekannt machen, müssen diese ein freundliches, motivierendes Wesen haben. Erwachsene Hunde sollen Ihren Welpen ermutigen und seine Anlagen fördern, nicht ihn dominieren!

Achten Sie bitte immer darauf, dass Ihr Kleiner von den Großen nicht attackiert oder eingeschüchtert wird. Das wäre unfair. Denn er hat weder die Kraft noch die Erfahrung, mit einem Althund umzugehen. Leider wird das in vielen Welpengruppen auch falsch gehandhabt. Da werden die Hunde einfach sich selbst überlassen. Sie müssen diese schwierige Situation der Annäherung alleine meistern und unter sich ausmachen. Meiden Sie solche Gruppen, in denen Ihr junger Hund wahllos mit erwachsenen Hunden konfrontiert wird. Machen Sie ihn lieber selber mit den Hunden von Freunden und Verwandten bekannt, um ihn zu sozialisieren.

Bei einem erwachsenen Hund wird die Sache schon etwas schwieriger. Hier sind ganz gezielte Übungen oder sogar eine spezielle Therapie nötig, um die Aggression gegen andere Hunde wieder abzubauen.

Zuerst müssen Sie aber die Ursache der Aggression finden. Spielt Ihr Hund sich grundsätzlich auf, wenn ein anderer Hund sich nähert oder bezieht sich sein Frust auf einen bestimmten Hundetyp? Bringen ihn schwarze Hunde, kleine Hunde, Rüden, Weibchen oder ängstliche Hunde zur Weißglut? In dem Fall sollten Sie Ihren Hund schrittweise mit dieser Art Hunden anfreunden.

Sollte Ihr Hund auf alle Hunde allergisch reagieren können Sie auch beliebige Hunde zur Desensibilisierung einsetzen.

Üben Sie mit einem Freund und dessen wirklich ruhigen, friedlichen Hund. Der Hund Ihres Helfers darf keinerlei Aggressionen gegen Artgenossen hegen.

Eine Desensibilisierung können Sie nach folgendem Schema durchführen:

So wird's gemacht

Spielen Sie mit Ihrem Hund herum, lassen Sie ihn Stöckchen apportieren oder praktizieren Sie ein paar Unterordnungsübungen. Gehen Sie nun mit ihm an einen neutralen Ort, an dem bereits das Helfer-Team auf Sie wartet.

Sie kommen mit Ihrem Hund grundsätzlich erst nach dem Helfer-Team an, um bei Ihrem Hund territoriale Ansprüche zu vermeiden.

Nun laufen Sie zusammen mit Ihrem Hund in Richtung des anderen Teams, allerdings nicht frontal, sondern etwas schräg im spitzen Winkel. Beginnen Sie mit einem

Abstand von mindestens dreißig Metern. Ihr Helfer und sein Hund müssen nichts tun außer zu warten, bis Sie sich nähern.

Wenn Ihr Hund sich jetzt aufregt, stoppen Sie ihn sofort mit einem klaren, gefassten »Nein!«. Schreien Sie Ihren Hund bitte nicht wütend an! Sie müssen jetzt Besonnenheit und Ruhe ausstrahlen. Bleiben Sie stehen, damit hindern Sie auch Ihren Hund am Weitergehen. Er erkennt dadurch, dass sein Vorpreschen nicht gewünscht ist. Gehen Sie wie beim »Bei-Fuß«-Training ruhig zwei, drei Schritte zurück, um ihm das deutlich zu machen. Erst wenn Ihr Hund sich beruhigt, laufen Sie erneut in Richtung Helfer-Team. Es dauert nicht lange, und Ihr Hund wird sich an den Anblick des Artgenossen gewöhnen.

Solange Ihr Hund ruhig und friedlich bleibt, loben Sie ihn ausgiebig. Nun können Sie den Abstand zum anderen Hund langsam verringern. Wenn Sie stressfrei auf zehn Meter zum anderen Team kommen können, lassen Sie Ihren Hund ein »Sitz« oder »Legen« praktizieren. Wenn er es tut, ist das absolut Spitze. Loben Sie ihn ausgiebig für diese tolle Leistung. Wenn er es noch nicht tut, macht es auch nichts. Lassen Sie Ihrem Hund Zeit, sich an all die Veränderungen zu gewöhnen.

Wiederholen Sie die Annäherung, bis der Abstand zum anderen Team nur noch etwa fünf Meter beträgt. Immer wenn Ihr Hund sich aufregt, bringen Sie ihn mit einem »Nein«, Stehenbleiben oder Zurücklaufen wieder zur Ruhe. Sobald er ruhig bleibt, wird er stets gelobt. Bereits nach wenigen Versuchen werden Sie Erfolge sehen.

Da eine Annäherung jetzt schon recht gut funktioniert, darf auch das Helfer-Team etwas aktiver werden. Laufen Sie jetzt in normalem Tempo aufeinander zu. Achten Sie dabei auf den Mindestabstand von fünf Metern zum anderen Team. Außerdem laufen beide Hunde zuerst an den sich abgewandten Außenseiten. Die Menschen laufen innen, um einen direkten Kontakt der Hunde vorerst noch zu vermeiden.

Wiederholen Sie auch diese Übung, bis Sie nur noch etwa zwei Meter vom anderen Hundeführer entfernt sind.

Als Letztes üben Sie das direkte Vorbeigehen. Dazu befinden sich die Hunde jetzt innen, die Hundeführer gehen außen. Der trennende Abstand verringert sich auf einen Meter.

Wenn das alles gut funktioniert, lassen Sie beide Hunde absitzen, sodass sie sich sehen und loben Sie diese grandiose Leistung ausgiebig!

Wenn möglich, wiederholen Sie dieses Training noch einmal mit einem anderen Hund. Versuchen Sie danach auch die entgegengesetzte Reihenfolge: Sie und Ihr Hund sind bereits auf der Wiese, während das andere Team erst ankommt. Im weiteren Verlauf können Sie immer mehr Mensch-Hund Teams mit einbeziehen.

Zwei angriffslustige Dackel werden schrittweise an andere Hunde gewöhnt. Dieses Training dauerte ca. 20 Minuten.

Selbst friedliche Hunde werden von den beiden aggressiv attackiert.

Beim Lauftraining bleiben die Hunde erst einmal an den Außenseiten.

Die Annäherung erfolgt mit Hilfe eines kleineren Hundes.

Erstes Beschnuppern ...

Beim nächsten Hund ist die Aggression bereits verflogen, und jeder geht friedlich seiner Wege.

Raufbolde innerhalb der Familie

Viele Hundebesitzer können ein Lied über rivalisierende Hunde innerhalb der Familie singen. Es ist einfach nervig und deprimierend. Eigentlich wurde der zweite Hund ja angeschafft, damit der erste einen Freund hat. Am Anfang sah ja auch alles so gut aus, die Hunde schienen sich zu mögen und spielten ununterbrochen zusammen. Leider hält dieser Zustand nicht lange an, denn das Spielverhalten von Hunden ändert sich, je älter sie werden.

Was Hundebesitzer als Spiel sehen, ist für die meisten Hunde selbst nur ein Kräftemessen, um die eigenen Stärken und Schwächen herauszufinden. Gleichzeitig werden soziale Umgangsformen und Verhaltensstrategien erlernt.

Gemeinsame Aktivitäten wie Fangen spielen, sich Herumwälzen oder am anderen Hochspringen sind oft nur spielerisches Training. Hunde schulen dabei ihre Sinne und Reaktionen, messen ihre Kräfte und testen sich und den anderen einfach aus. In einem gefestigten Rudel gehen Spielaufforderungen meist von rangniederen Tieren aus. Leider werden diese von ranghöheren Tieren, je nach deren Alter, immer weniger beachtet. Dagegen toben ranggleiche Tiere öfter zusammen herum.

Sobald der soziale Status zwischen den Hunden geklärt ist, entspannt sich auch die Situation. Das geschieht, sobald sich einer der Hunde unterwirft, sich abwendet oder lauthals quiekt, weil es doch plötzlich weh tut.

Hier stimmt die Rangordnung. Mimi will das letzte Stück Fleisch nicht fressen, aber ein anderer soll es auch nicht bekommen. Sie bewacht es eisern. Der rangniedrigere Poppi schaut das Fleisch sehnsüchtig an, würde aber nicht wagen, es ihr wegzunehmen.

Trotzdem, Hunde können nicht zusammen Fußball oder Skat spielen. Für ›gesittete‹ Spiele und Beschäftigungen brauchen sie uns Menschen.

Rivalität zwischen Ihren Hunden entsteht nur dann, wenn die soziale Position der einzelnen Hunde nicht klar definiert ist. Das passiert meistens dann, wenn wir Menschen uns einmischen. Denn Hunde sehen ihre eigene soziale Hierarchie einfach anders.

Hunde brauchen eine Rangordnung und klären ihren Status durch ritualisiertes Verhalten. Die damit festgelegte Rangfolge basiert komplett auf der Ansicht Ihrer Hunde und muss von Ihnen als Besitzer akzeptiert werden. Selbst bei nur zwei Hunden gibt es immer einen Alphahund, der die Führung übernimmt und einen Untergebenen, der sich dem Alpha anpasst. Sie können nicht wählen, welchen Hund Sie als Rudelführer haben möchten. Ihre Hunde treffen diese Entscheidung klar unter sich, und jeder Versuch sich einzumischen, führt zu Verwirrung.

Wie Sie Rivalität zwischen Ihren Hunden vermeiden können

Um weitere Streitereien zu vermeiden, können Sie nur eines tun: Respektieren Sie, welche Rangordnung Ihre Hunde untereinander festlegen und unterstützen Sie diese. Das problematischste dabei ist, überhaupt erst einmal festzustellen, welcher Ihrer Hunde denn nun der Überlegene ist. Wenn Sie das wissen, ist der Frieden schon fast gesichert. Selbstredend sind Sie als Mensch der Über-Alpha, uns geht es hier nur um die hierarchische Struktur Ihrer Hunde untereinander.

Welcher Ihrer Hunde ist Alpha?

Um die Rangfolge Ihrer Hunde zu erkennen, müssen Sie sie erst einmal gut beobachten. Ein Hund wird übrigens nicht zum Leittier, weil er selber das so festlegt. Unterwürfiges Verhalten der anderen Hunde als Reaktion auf sein (dominantes) Auftreten (steifer Gang, hohe Rutenstellung, Knurren am Fressnapf) heben ihn in diese Position. Deswegen ist es auch so wichtig, dass wir Menschen diese Reihenfolge akzeptieren. Sie basiert auf jahrtausendealten Instinkten unserer Hunde und kann durch nichts geändert werden.

Es ist für Laien oft nicht einfach, den Anführer eines Rudels zu erkennen. Ich gebe Ihnen aber drei Beispiele, die sich als Maßstab gut bewährt haben und von allen Hundebesitzern leicht auszutesten sind:

Distanz

Achten Sie in den nächsten Tagen einmal darauf, welcher Ihrer Hunde sich mehr in Ihrer Nähe aufhält, während Sie lesen oder fernsehen und welcher sich lieber etwas distanziert. Der Hund im Abseits ist mit großer Wahrscheinlichkeit der überlegene Anführer des Rudels. Die Untergebenen suchen häufiger die Nähe des Menschen.

Mutprobe

Fahren Sie mit all Ihren Hunden zusammen zu einem Platz, an dem sie noch nie vorher waren und wo sie ohne Leine frei laufen dürfen. Die untergebenen Hunde werden sich jetzt im unbekannten Gelände eng bei Ihnen halten. Nur der Leithund wird sich wagen, nach Herzenslust die Gegend zu erkunden.

Dreistigkeit

Legen Sie sich in den nächsten Tagen öfter mal aufs Sofa und tun Sie, als ob Sie schlafen. Machen Sie diesen Versuch speziell zu Zeiten, zu denen eigentlich routinemäßige Handlungen wie Füttern oder Spazierengehen auf dem Plan stehen. Welcher Ihrer Hunde wagt es, Sie bei Ihrem ungeplanten Nickerchen zu stören? Nur der Rudelführer wird die Dreistigkeit besitzen, Sie anzustubsen, um Sie an Ihre Pflichten zu erinnern!

Nachdem Sie wissen, welcher Ihrer Hunde die Hosen anhat, müssen Sie selbst nur noch ein paar Regeln beachten, die für Ihre Hunde bereits selbstverständlich sind.

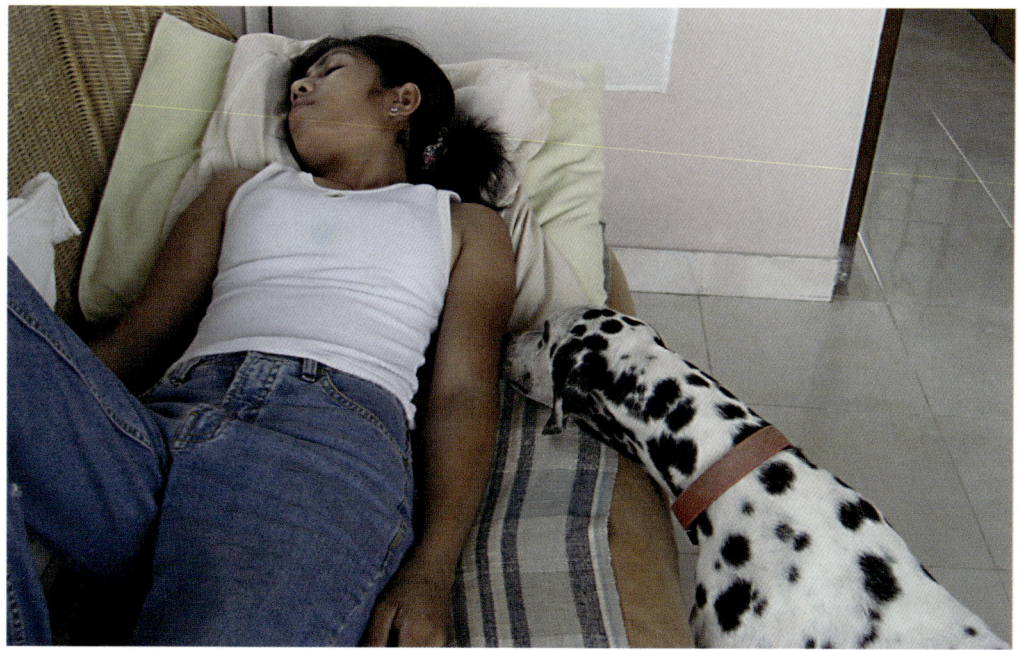

»Aufstehen! Ich will jetzt spielen!« Das ist ein sehr dreistes Verhalten.

Im Einzelnen sieht das so aus:

Untergraben Sie nicht die Hierarchie Ihrer Hunde, indem Sie alle Hunde gleich behandeln. Hunde kennen keine Demokratie, sie brauchen eine klare soziale Struktur.

- Ihr Alphahund darf den untergeordneten Hunden durchaus Spielzeug oder Futter wegnehmen, er darf Untergebene wegschieben und sich selbst in den Vordergrund rücken. Er darf sich sogar seinen Liegeplatz aussuchen. (Damit sind die Hundedecken gemeint, nicht Sofa oder Bett des Besitzers!) Unterstützen Sie seinen Alpha Status, indem Sie ihm all diese Rechte einräumen! Dann braucht er seine Position den anderen Gruppenmitgliedern gegenüber auch niemals mit Gewalt durchzusetzen.

- Ihr Alphahund bekommt immer und ohne Ausnahme eine bevorzugte Behandlung. Bevorzugt heißt nichts anderes als – immer vor den anderen. Er bekommt als Erster sein Futter, Sie streicheln immer ihn zuerst, er springt als Erster ins Auto, Sie spielen zuerst mit ihm und er wird zuerst gekämmt. Wenn Sie das einhalten, werden die Raufereien bald aufhören. Nur wenn Sie seinen Rang untergraben und ihn hintenan stellen, sieht er sich gezwungen, den anderen Hunden im Rudel seine Position erneut klarzumachen. Trotz seines Ranges darf Ihr Leithund natürlich nicht machen, was er will. Für falsches oder unmanierliches Verhalten (Hochspringen an Menschen, Möbel anknabbern usw.) wird er genauso korrigiert wie alle anderen Hunde der Gruppe.

- Schützen Sie nicht ständig einen untergeordneten Hund weil er jünger oder kleiner ist. Beobachten Sie immer genau! Meistens sind gerade die Kleinen die Unruhestifter.

- Beginnen Sie auch bei Ihren Trainingseinheiten mit dem Alpha-Tier. Lassen Sie erst ihn ein paar Übungen ausführen. Danach beziehen Sie auch Ihre anderen Hunde mit ein und üben mit allen gemeinsam.

- Unterbrechen Sie nicht ständig den Austausch von Signalen, die Dominanz ausdrücken wie zum Beispiel Knurren oder Zähne fletschen. Ihre Hunde brauchen diese klare Form der Kommunikation miteinander. Für uns Menschen sieht das schlimm aus, weil wir ganz einfach anders miteinander umgehen. Solange es dabei bleibt, brauchen Sie sich wirklich nicht einzumischen.

- Wenn tatsächlich einmal ein ernsthafter Kampf entsteht, sollten Sie diesen natürlich sofort unterbrechen. Spritzen Sie Ihre Hunde mit kaltem Wasser nass oder werfen Sie eine Decke über die Raufbolde. Stellen Sie klar, dass Sie in Ihrem Haus keine Aggressionen dulden! Denn das Hunde-Rudel hat zwar ein Leittier, aber der Über-Alpha bleiben ausnahmslos Sie!

Beachten Sie diese Regeln nicht nur zuhause, sondern auch im Park, auf dem Hundeplatz oder beim Tierarzt. Ich kenne viele Menschen, die mehr als zwei Hunde besitzen und deren Zusammenleben reibungslos funktioniert. Also können Sie das garantiert auch schaffen!

Obwohl der Sachverhalt innerhalb eines Mehr-Hunde-Haushaltes etwas anders liegt als bei fremden Hunden, können natürlich auch hier Sexualtrieb, Schmerzen, schlechte Erfahrungen usw. die Auslöser für Aggressionen sein.

Tricktraining, Interaktive Spiele

Einem Hund Tricks beizubringen macht Spaß und bringt nicht nur Ihnen selbst Freude beim Trainieren. Auch Ihr Hund wird es lieben! Ich treffe immer wieder Menschen, die sofort abwinken, wenn sie das Wort »Tricktraining« hören. Dann werden Argumente aufgeführt wie: »Mein Hund soll nur meine Befehle befolgen, das reicht schon« oder »Ich will doch keinen Zirkushund aus ihm machen«. Ich habe darauf nichts zu erwidern, sondern frage immer nur eines:

»Wie sonst wollen Sie Ihren Hund für die nächsten fünfzehn Jahre glücklich, aufmerksam und mental gesund erhalten? Wie wollen Sie seine artspezifischen Bedürfnisse und Triebe befriedigen?«

Tricktraining ist nicht affig und hat nichts mit Zirkus zu tun. Hunde lieben es, Aufgaben zu erfüllen. Das bringt ihnen Anerkennung und stärkt ihr Selbstbewusstsein. Davon abgesehen ist »Bei Fuß« aus Sicht des Hundes ein genauso sinnvoller oder sinnloser Trick wie »Rolle«.

Frei lebende Hunde sind immer mit irgendetwas beschäftigt. Den größten Teil des Tages verbringen Sie mit Futterbeschaffung. Sie müssen aber auch ihr Lager bewachen, Feinde vertreiben und ihren Welpen die richtigen Jagdtechniken beibringen.

Hunde, die mit uns leben, haben keine Aufgaben mehr zu erfüllen. Das Futter wird automatisch geliefert, ihr Lager befindet sich in Sicherheit und mit Welpenaufzucht haben die meisten Hunde auch nichts mehr zu tun. Wohin aber mit den Trieben, Instinkten und der überschüssigen Energie? Tricktraining ist ein Ersatz für die natürlichen Aufgaben innerhalb eines Rudels. Es aktiviert Triebe und Instinkte eines Hundes, hält ihn mental beschäftigt und baut dadurch Stress ab. Es erfordert ein Höchstmaß an Präzision, Ausdauer und Konzentration, genauso wie das Jagen von Beute.

Hunde genießen unser Lob, die Belohnungshäppchen und unsere Freude beim Training. Jedes Schwanzwedeln ist ein Beweis dafür. Diese intensiven, gemeinsamen Beschäftigungen stärken Ihre Bindung zueinander und machen Sie beide zu wirklichen Freunden in allen Lebenslagen. Wie jedes andere Training stabilisiert auch das Tricktraining die Rangordnung in Ihrem Familien-Rudel. Sie verlangen etwas von Ihrem Hund – er führt es aus. Dadurch bekräftigen Sie auf spielerische Weise Ihren Alphastatus. Kleine gemeinsame Aktivitäten wie Spielzeug sortieren, Leckerlis fangen oder Slalom laufen festigen Ihre Mensch-Hund Beziehung. Sehr bald schon werden Sie sein Idol sein, Ihr Hund wird Sie verehren und respektieren. Und zwar ohne Zwang und Drill, auf ganz natürliche Weise.

Beobachten Sie Ihren Hund einmal. Er wartet den ganzen Tag darauf, dass Sie irgendwelche Aktivitäten einleiten, an denen er sich beteiligen kann. Mit simplen Sitz-Platz-Komm Übungen machen Sie weder sich selbst noch Ihrem Hund eine Freude.

Mit Tricktraining aber vertreiben Sie die Langeweile und bringen Schwung in Ihren Alltag! Denken Sie immer daran: Sie haben Ihre Arbeit, Ihre Freunde, Ihr Hobby, Medien und Abwechslung – Ihr Hund hat nur Sie!

Tricktraining hat den großen Vorteil, dass Sie keine außergewöhnlichen Hilfsmittel oder Geräte für diese Übungen benötigen. Die meisten Tricks kann Ihr Hund später fast überall durchführen, z. B. Türen schließen, Gegenstände aufheben oder Licht anschalten. Alles, was Sie hierfür benötigen, ist ein Clicker. Und selbst den setzen Sie nur während der Lernphase ein. Sobald Ihr Hund einen Trick beherrscht, brauchen Sie nicht mehr zu clicken.

Es gibt verschiedene Methoden, um Ihrem Hund Tricks beizubringen. Wobei jede Methode unterschiedliche Reaktionen auslöst.

- Sie können Ihrem Hund ein Leckerli zeigen und einfach warten, was geschieht. Dann kann es aber Monate dauern, bis Ihr Hund das gewünschte Verhalten zeigt.
- Sie können Ihren Hund mit dem Leckerli in Position locken. Das funktioniert gut bei Unterordnungsübungen. Zum Trainieren von Tricks ist es nur selten geeignet.
- Sie können mit Click und Leckerlis das Verhalten Ihres Hundes aktiv formen und schrittweise in eine ganz bestimmte Richtung lenken. Das ist die effektivste Methode, nach der wir in den folgenden Kapiteln vorgehen werden.

Mit einer einzigen Übung, die ich Ihnen jetzt erkläre, können Sie Ihrem Hund so gut wie alles beibringen:

Basisübung

Halten Sie die Leckerlis bereit. Zeigen Sie Ihrem Hund irgendeinen Gegenstand. Das kann sein Lieblingsspielzeug sein, aber auch etwas, das er nie zuvor gesehen hat. Ich benutze am liebsten ein altes Handtuch oder einen Lappen für diese Übung. Als Anreiz können Sie wieder etwas Leberwust auf der Oberseite verreiben.

Stufe 1
Nun muss Ihr Hund diesen Lappen mit seiner Nase berühren. Sobald er das tut, belohnen Sie ihn mit C & L. Achten Sie darauf, exakt in dem Moment zu clicken, wenn Ihr Hund den Lappen anstupst!

Wiederholen Sie das mehrmals. Halten Sie den Lappen allmählich bis zu zwanzig Zentimetern weiter weg, so dass Ihr Hund sich wirklich bemühen muss, um ihn zu

berühren. Dadurch sehen Sie eindeutig, ob eine Berührung echt ist oder nur zufällig passierte, weil Ihr Hund beispielsweise seine Sitzposition ändert.

Am Anfang clicken Sie für jede Berührung des Lappens, auch die zufälligen. In ein oder zwei Tagen clicken Sie nur noch für wirklich bewusstes Anstupsen.

Lassen Sie Ihren Hund zwanzig bis dreißig Mal pro Tag diesen Lappen mit der Nase berühren.

Stufe 2

Der nächste Schritt hängt von Ihnen und dem Verhalten ab, das Sie von Ihrem Hund erwarten.

Wenn Sie denken, Ihr Hund weiß jetzt, dass er den Lappen berühren soll, clicken Sie nur noch für jedes zweite Mal Anstupsen. Ihr Hund wird Sie jetzt verwundert anschauen und gleichzeitig entschlossener agieren. Da er für jede seiner Aktionen ein C & L möchte, wird er seine Kreativität entfalten und vielleicht an dem Lappen lecken. Großartig! Jetzt erhält er sein C & L für jedes weitere Lecken am Lappen. Für das Anstupsen bekommt er nun keinen Click mehr. So können Sie sein Verhalten ganz langsam formen.

Stufe 3

Sobald Ihr Hund zuverlässig immer wieder den Lappen beleckt, clicken Sie wieder nur jedes zweite Mal. Jetzt muss er ein bisschen kreativer werden.

Was wird er jetzt tun, um ein C & L zu bekommen? Vielleicht in den Lappen beißen? Warum nicht. Sie clicken also jetzt nur noch für das Hineinbeißen; es gibt keine weiteren C & L für das Anstupsen oder das Belecken des Lappens.

Stufe 4

Wenn das auch reibungslos funktioniert, clicken Sie wieder nur für jedes zweite Mal Hineinbeißen. Was wird Ihr Hund jetzt tun?

Vielleicht ist er schon mutig und nimmt Ihnen den Lappen aus der Hand. Toll! Holen Sie sich den Lappen zurück. Clicken Sie jetzt nur noch, wenn Ihr Hund Ihnen den Lappen aus der Hand nimmt. Anstupsen, Belecken oder Hineinbeißen werden fortan nicht mehr von Ihnen beachtet.

Stufe 5

Nun hat Ihr Hund nicht mehr viele Möglichkeiten zur Steigerung. Bleiben Sie geduldig. Ihr Hund nimmt Ihnen jetzt bereits den Lappen aus Ihrer Hand. Zeigen Sie keine Reaktion, wenn er ihn einfach fallen lässt. Aber vielleicht hat ja dieses Spiel seinen Spieltrieb aktiviert. Vielleicht beginnt er ja, den Lappen zu schütteln. Prima Leistung! Clicken Sie jetzt nur noch, wenn Ihr Hund den Lappen erneut aus Ihrer Hand nimmt und durchschüttelt.

Stufe 6

Sie finden das erstaunlich? Nun, das ist noch nicht alles. Ihr Hund hat jetzt noch die Möglichkeit, den Lappen während des Schüttelns fortzuschleudern. Sie glauben, das ist nicht möglich? Warten Sie es ab, es wird passieren.

Sobald er es tut, belohnen Sie Ihren Hund schließlich nur noch mit C & L, wenn er den Lappen nimmt, eventuell schüttelt und dann wegschleudert.

Sehen Sie, jetzt können Sie miteinander Lappen-Fangen spielen!

Was für ein guter Hund! Was für ein smarter Trainer!

Genau in dieser Reihenfolge können Sie Ihrem Hund fast alles beibringen. Lassen Sie ihn immer erst einen Gegenstand mit seiner Nase berühren. Danach schauen Sie, was geschieht. Formen Sie sein Verhalten in die entsprechende Richtung.

Die Übergänge

Statt bei den Übergängen zum nächsten Verhalten jedes zweite Mal zu clicken, können Sie die Clicks auch ganz weglassen und auf eine Reaktion Ihres Hundes warten. Lassen Sie dabei aber keine allzu großen Pausen entstehen, sonst verliert Ihr Hund die Lust. Angenommen Sie wollen vom ›Hineinbeißen‹ zum ›Wegnehmen‹ übergehen und hören deshalb auf zu clicken.

Wenn Ihr Hund nun aktiv weitermacht, ist das prima.

Falls er aber stoppt, weil ihm nichts anderes einfällt, müssen Sie nach spätestens zehn Sekunden wieder clicken, auch wenn Ihr Hund den Lappen jetzt nur anschaut.

Sollte er daraufhin den Lappen anstupsen, müssen Sie ihn auch dafür mit C & L belohnen. Selbst wenn das Anstupsen schon längst nicht mehr aktuell war. Damit holen Sie ihn zurück in die Realität und machen ganz normal weiter. Lassen Sie ihn zwei bis drei Mal anstupsen oder hineinbeißen. Nun stoppen Sie wieder. Er wird irgendwann zum nächsten Verhalten übergehen und Ihnen den Lappen aus der Hand nehmen!

Falls Ihr Hund während dieser Übergänge absolut passiv wird, oder alles um ihn herum ignoriert, braucht er eine Pause zum Nachdenken und Verarbeiten des Erlebten.

Die Denkpausen

Auch Ihr Hund wird während des Trainings Pausen einlegen. Er braucht diese Denkpausen, um das Erlebte zu verarbeiten. Diese Unterbrechungen werden nicht nur bei den Übergängen zum nächsten Verhalten eintreten. Sie passieren spontan, auch mitten in einer Übung.

Es kann passieren, dass Ihr Hund plötzlich wegläuft, um einer Fliege hinterher zu jagen. Vielleicht legt er sich auch hin und tut gar nichts mehr. Vielleicht bleibt er völlig bewegungslos sitzen, als hätte er alles Gelernte schon längst wieder vergessen. Freuen Sie sich darüber. Damit wird das soeben erlebte Verhalten von seinem Gehirn registriert. Ihr Hund lernt jetzt, dass er selbst steuert, ob und wann ein C & L erfolgt. Gleichzeitig muss er sich daran erinnern, was er eigentlich gemacht hat, um das C & L auszulösen.

Die gleichen Pausen entstehen auch beim herkömmlichen Training ohne Clicker. Auch dabei muss Ihr Hund das Gelernte erst verarbeiten, und im Gehirn speichern. Danach wird er genau das Verhalten wiederholen, das ihm ein Leckerli einbrachte.

Zweifeln Sie jetzt nicht an der Intelligenz Ihres Hundes. Geben Sie nicht auf. Lassen Sie ihm diese wichtigen Pausen. Bleiben Sie, wo Sie gerade sind. Beenden Sie in diesem Moment keinesfalls die Übung! Reden Sie auch nicht.

Warten Sie, bis Ihr Hund zurückkommt. Egal, was er in dieser Denkpause tut. Durch Ihr Schweigen begreift er, dass keine andere Aktivität belohnt wird. Weder das Fliegenfangen noch schlafen oder sich am Ohr kratzen.

Ihr Hund wird daraufhin ganz spontan wieder zu Ihnen kommen und sein letztes Verhalten wiederholen. Er wird sich also dem Lappen wieder zuwenden. Was immer er jetzt damit tut, müssen Sie mit C & L belohnen. Egal ob er den Lappen anstupst, hineinbeißt oder ihn wegschleudert. Durch dieses jetzige C & L erlebt Ihr Hund seinen Aha-Effekt. Er lernt jetzt, dass der Schlüssel zum Erfolg beim Lappen zu finden ist. Nun wird er aktiv und konzentriert mit Ihnen weiterarbeiten.

Die Denkpausen Ihres Hundes können durchaus bis zu zehn Minuten dauern oder auch nur wenige Sekunden. Nehmen Sie es gelassen. Je länger es dauert, umso besser begreift er eine Sache.

Trainieren mit interaktiven Spielsachen

Möchten Sie, dass Ihr Hund Leckerlis in speziellen interaktiven Spielsachen aufspürt und ergattert? Ich werde Ihnen am Beispiel eines Klassikers unter den interaktiven Spielsachen kurz erklären, wie es funktioniert. Sinn dieses Spieles ist es, dass Ihr Hund die Zylinder aus den Vertiefungen zieht oder sie umwirft, um an die Leckerchen heranzukommen.

Stufe 1
Ihr Hund nähert sich diesem neuen Gegenstand. Sobald er daran schnuppert, belohnen Sie das mit C & L. Natürlich dürfen Sie die Zylinder mit Käse und Wurst einreiben, um es Ihrem Liebling einfacher zu machen.

Stufe 2
Nun clicken Sie nur noch, wenn Ihr Hund an den Zylindern herumleckt. Das Beschnuppern oder Abschlecken des Bodenbrettes belohnen Sie nicht mehr.

Stufe 3
Bald wird Ihr Hund etwas mutiger, und beginnt, seine Zähne zu benutzen. Ja, bravo! Jetzt, da er versucht in die Zylinder zu beißen, wird er sie automatisch herausziehen und umschmeißen. Und siehe da … er entdeckt das Leckerli in der Vertiefung der Bodenplatte!

Ja, so einfach funktioniert es. Probieren Sie es aus, Ihr Hund wird es lieben!*

* Verschiedene interaktive Hundespielsachen sind auf der Hompage der Autorin www.clickerhunde.com erhältlich, Adresse im Anhang.

Ein Buch balancieren

Beginnen Sie diese Übung mit einem Gegenstand, der nicht größer ist als der Kopf Ihres Hundes. Miniatur-Taschenbücher, leichte Schulhefte oder Taschenkalender eignen sich bestens dafür. Wenn Ihr Hund das Balancieren gut beherrscht, können Sie später auch andere Gegenstände benutzen, wie zum Beispiel Eier oder Bälle.

Je nach Kopfform Ihres Hundes platzieren Sie das Buch entweder quer zwischen seinen Ohren (Boxer, Mops) oder längs zwischen Stirn und Nase (Golden Retriever, Schäferhund).

Probieren Sie aus, in welcher Hand Sie den Clicker am besten halten können. Am Anfang kann es sein, dass Sie beide Hände brauchen, um Ihren Hund zu korrigieren. Ich ziehe es vor, den Clicker in der gleichen Hand zu haben wie das Buch.

Präparieren Sie die Oberfläche des Buchs mit Heftpflaster oder porösem Klebeband, dann verrutscht es nicht so leicht. Durch diesen hilfreichen Trick können Sie sich auf Ihren Hund konzentrieren, statt ständig das Buch wieder vom Boden aufheben zu müssen. Ihre Zuschauer brauchen später das Klebeband ja nicht zu sehen …

So wird's gemacht

Lassen Sie Ihren Hund das Buch beschnuppern. Nun halten Sie Ihren Hund mit Ihrer rechten Hand unter seinem Kinn fest und legen das Buch vorsichtig mit Ihrer linken Hand auf seinen Kopf, ohne es wirklich loszulassen.

Clicken Sie sofort, nehmen Sie das Buch herunter und geben Sie das Leckerli. Wiederholen Sie das weitere zehn bis zwanzig Mal. Ihr Hund wird sich schnell an die Situation gewöhnen, wenn er merkt, dass Sie das Buch immer wieder herunternehmen.

Der aktive Hund

Viele Hunde sind anfangs etwas nervös und zappelig, da der Kopf eine sehr sensible Körperzone ist. Sagen Sie besänftigend und mit weicher Stimme »Warten«, »Halten« oder »Bleiben«. Das wirkt beruhigend auf Ihren Hund und hilft ihm, gelassen auf diese neue Situation zu reagieren. Es ist nicht wirklich wichtig, was Sie sagen. Wichtig ist, dass Sie es langsam sagen, ähnlich wie bei einer Hypnose.

Die nächste Stufe ist, dass Sie Ihre Hand versuchsweise ganz vorsichtig öffnen, aber nicht vom Buch entfernen. Bewegen Sie dabei wirklich nur Ihre Finger, nicht Ihren Arm.

Nach ein, zwei Sekunden clicken Sie, nehmen das Buch herunter und geben Ihrem Hund ein Leckerli. Allmählich verlängern Sie die Zeit zwischen dem Öffnen Ihrer Finger und dem Click.

Nachdem sich Ihr Hund an dieses neue Spiel gewöhnt hat, nehmen Sie die Hand am Buch ganz vorsichtig immer weiter weg von seinem Kopf. Er müsste jetzt so viel Vertrauen gefasst haben, dass er seinen Kopf ruhig hält, wenn Sie das Buch komplett loslassen. Wiederholen Sie das auch bis zu zwanzig Mal. Ganz zuletzt öffnen Sie auch Ihre Hand unter seinem Kinn.

Versuchen Sie es. Legen Sie das Buch vorsichtig auf seinen Kopf … nehmen Sie Ihre Hand vom Buch … und öffnen Sie die Hand unter seinem Kinn. Wooowww, das ist einen Jackpot wert!

Wenn alles gut funktioniert, benennen Sie diese Vorführung mit einem passenden wörtlichen Signal Ihrer Wahl.

Nach ein paar Tagen sollte Ihr Hund in der Lage sein, mit dem Buch auf seinem Kopf bis zu zehn Sekunden ruhig zu sitzen.

Das echte Balancieren

Das ultimative Ziel dieser Übung ist, dass Ihr Hund mit dem Buch auf seinem Kopf zu Ihnen gelaufen kommt.

Er sollte aber bei diesen Übungen nicht sitzen. Lassen Sie ihn das Buch halten, während er steht.

Wiederholen Sie das ein paar Mal.

Wenn er sich auch an diese Situation gewöhnt hat, locken Sie ihn ganz langsam Schritt für Schritt nach vorne. Das ist echt cool!

Leckerlis fangen

Benutzen Sie für diese Übung flache dünne Käsestückchen oder kleine Wurstscheibchen, da diese besser haften, falls Ihr Hund seinen Kopf bewegt.

Wie beim Balancieren halten Sie ihn jetzt auch mit einer Hand unter seinem Kinn fest. Mit der anderen Hand legen Sie vorsichtig von der Seite her ein Leckerli auf seine Nase. Würden Sie sich mit dem Leckerli von vorne nähern, würde Ihr Hund ständig versuchen, es Ihnen wegzunehmen.

Was passiert, wenn Sie das Leckerli jetzt loslassen? Wahrscheinlich fällt es einfach nur herunter, weil Ihr Hund seinen Kopf bewegt. Ups, macht nichts. Nehmen Sie es und legen es wieder auf seine Nase. Seien Sie schnell! Vermeiden Sie, dass Ihr Hund das Leckerli vom Boden aufhebt!

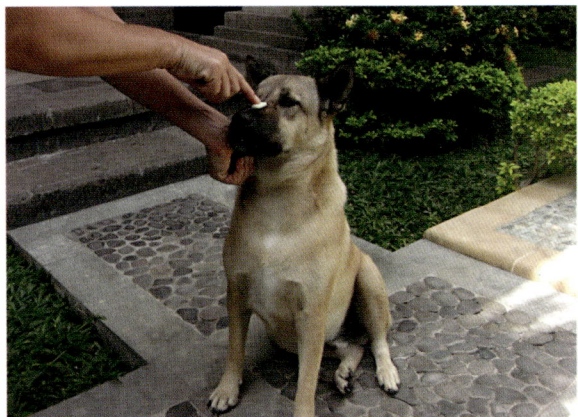

Das wird ein paar Mal so weitergehen. Da Ihr Hund aber nicht will, dass Sie den Käsewürfel ergattern, wird er beginnen, ihn irgendwie selbst zu erreichen, bevor er herunterfällt. Sobald er das versucht, clicken Sie und er bekommt endlich den Käse. Wiederholen Sie das mehrmals.

Bald wird Ihr Hund seine eigene Technik entwickeln, um sich das Leckerli von seiner Nase zu angeln. Begabte Hunde werfen es nach oben, um es dann wieder aufzufangen. Andere beugen ihren Kopf und lassen es langsam zwischen ihre Zähne rutschen. Und manche wischen es einfach mit der Pfote von der Nase, so geht es natürlich auch.

Das ist eine lustige Methode, Ihren Hund mit Leckerlis zu belohnen – und es sieht total witzig aus.

Eine andere Methode

Ihr Hund sitzt vor Ihnen. Nun werfen Sie kleine Wurstwürfel genau auf seine Nase. Er wird zu Beginn etwas erstaunt sein und abwarten, was passiert.

Wenn das Leckerli zu Boden fällt, heben Sie es auf und werfen es erneut. Ihr Hund darf es nicht erwischen. Das wird seine Kreativität und seinen Beutetrieb anregen.

Er wird beginnen, danach zu schnappen.

Jetzt clicken Sie und lassen Ihren Hund das Leckerli auch aufheben. Es wird noch ein paarmal schiefgehen, das macht aber nichts.

Bleiben Sie einfach konsequent. C & L gibt es nur, wenn Ihr Hund versucht, das Leckerli im Flug zu erwischen.

Wenn er abgelenkt ist oder wieder einmal nur passiv reagiert, müssen leider Sie das Leckerli vom Boden aufheben. Aber vielleicht erklären sich Ihre Kinder dazu bereit, diesen Job für Sie zu übernehmen …

Spielzeug fangen

Sobald Ihr Hund perfekt jedes Leckerli fängt, können Sie ihm auch Spielzeug, Bälle oder den Frisbee zuwerfen. Wechseln Sie aber nicht abrupt. Werfen Sie zwei bis drei Leckerlis. Gleich darauf werfen Sie einmal ein weiches, kleines Stoffspielzeug, danach sofort wieder zwei bis drei Leckerlis. Dadurch fällt Ihrem Hund der Wechsel des Objektes kaum auf.

Sollte Ihr Hund auf das Stofftier ängstlich oder verunsichert reagieren, müssen Sie ihn schrittweise an den neuen Gegenstand gewöhnen.

So wird's gemacht

Nehmen Sie ein kurzes Stück Band, Schnur oder ein zusammengerolltes Taschentuch, so wie beim Halti-Training. Legen Sie es über die Nase Ihres Hundes. Belohnen Sie ihn sofort mit C & L und nehmen Sie das Taschen-

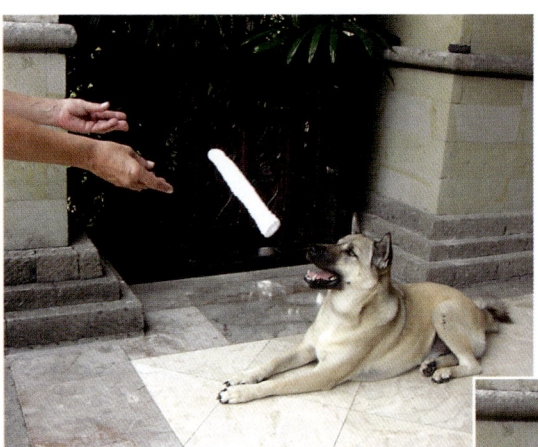

tuch wieder weg. Wiederholen Sie das einige Male.

Als Nächstes ›werfen‹ Sie das Taschentuch vorsichtig aus ca. 30 cm Entfernung, sodass es auf der Nase Ihres Hundes landet. Auch das belohnen Sie sofort mit C & L.

Ihr Hund wird diesen Spaß bald geduldig über sich ergehen lassen.

Als Letztes formen Sie sein Verhalten. Nehmen Sie das Taschentuch in beide Hände. Nun tun Sie so, als ob Sie es werfen wollten. Dadurch wird Ihr Hund seine Nase reflexartig nach oben strecken. Erst jetzt werfen Sie das Taschentuch wirklich.

Nach ein paar Versuchen wird er beginnen, das Taschentuch zu fangen.

Aber nur wenn seine Nase nach oben zeigt, kann er es wirklich fassen. Um Ihren Hund zu motivieren, täuschen Sie immer erst vor, danach werfen Sie das Taschentuch tatsächlich direkt auf seine Nase.

Sobald das perfekt klappt, machen Sie die gleiche Übung mit einem Stofftier, danach mit einem leichten Quietschball und erst ganz zuletzt mit einem harten Tennisball oder Frisbee.

Pfötchen geben

Unterschätzen Sie bitte nicht den Sinn dieser Übung. Viele männliche Hundebesitzer halten »Gib Pfötchen« für kindisch und lehnen dieses Training ab. Speziell wenn sie einen Hund der großen, schwarzen Rassen besitzen.

Aber warum eigentlich? Die Pfote zu benutzen ist für Hunde ein essenzielles Verhalten, das sie in vielen Lebenslagen einsetzen. Sie halten ihre Beute (oder Kauknochen) damit fest. Sie stützen sich damit ab oder versuchen, mit der Pfote hoch liegende Gegenstände zu erreichen.

Genau deshalb beziehen wir »Gib Pfötchen« auch in unser Training mit ein. Es ist eine Basis für viele andere Übungen. Wenn Ihr Hund erst einmal daran gewöhnt ist, seine Pfote zu benutzen, können Sie daraus andere Verhaltensformen entwickeln, z. B. »Winke, Winke« oder »Klavier spielen«. Sie können ihm aber später auch beibringen, versteckte Gegenstände unter einem Schrank hervorzuangeln.

So wird's gemacht

Ihr Hund sitzt wieder vor Ihnen. Sie halten ein absolut schmackhaftes Leckerli direkt vor seine Nase. Lassen Sie es ihn sehen, verstecken Sie es in Ihrer Handfläche, bewegen Sie es hin und her und locken Sie ihn, dem Leckerli mit seiner Nase zu folgen.

Bewegen Sie Ihre Hand immer nur hin und her, nicht nach unten in Richtung Fußboden, sonst denkt Ihr Hund, dass er sich hinlegen soll.

Falls Ihr Hund noch sehr jung ist, wird er fast automatisch mit einer Pfote nach dem Leckerli grapschen. Super! Clicken Sie sofort und geben Ihrem Hund die Belohnung. Die Pfote zu heben ist ein angeborenes Verhalten für ihn. Als neugeborener Welpe hat er seine Pfoten benutzt, um mit dem sogenannten Milchtritt bei seiner Mutter den Milchfluss anzuregen. Seien Sie geduldig, wenn Ihr Hund mehr als ein

Jahr alt ist. Geben Sie ihm Zeit, sich an dieses Verhalten seiner ersten Lebenstage zu erinnern. Lassen Sie ihn in Ruhe alle Möglichkeiten ausprobieren.

Nachdem er ausgiebig Ihre Hand beschnüffelt und beleckt hat und merkt, dass Bellen und Herumspringen ihm auch nicht weiterhelfen, wird er sich setzen und schließlich seine Pfote hochheben. Bravo, kleiner Hund!

Erwarten Sie aber nicht gleich ein enthusiastisches Händeschütteln. Die ersten Pfotenbewegungen sind bei älteren Hunden oft unsicher und verhalten. Belohnen Sie deshalb schon das kleinste Zucken und die minimalste Bewegungen seines Beins mit C & L. Er wird mit der Zeit immer mutiger reagieren. Bedenken Sie bitte, dass Ihr Hund jedes Mal beim Anheben der Pfote seinen gesamten Körper neu ausbalancieren muss. Es ist also für ihn viel schwieriger, als es uns erscheint.

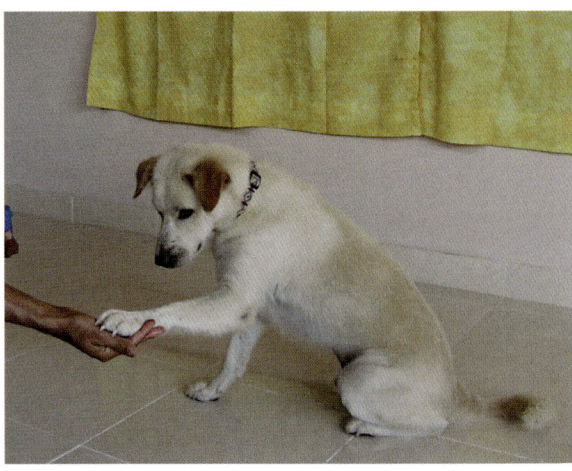

Wenn das Anheben schon gut klappt, halten Sie nun Ihre Hand unter seine Pfote, sobald er sie wieder hochhebt. Greifen Sie aber nicht danach. Viele Hunde sind sehr sensibel im Pfotenbereich. Lassen Sie seine Pfote einfach nur auf Ihrer Handfläche aufliegen und geben ihm das Leckerli.

Für Sie selbst wird es jetzt ohne Clicker einfacher werden. Ihr Hund hat die Grundbewegung ja begriffen.

Spontanes Verhalten belohnen

Wie bei anderen Lektionen wird Ihr Hund jetzt ununterbrochen eine Pfote heben. Gehen Sie bei dieser Übung auf dieses Spiel ein. Gut so. Halten Sie Ihre Hand blitzschnell darunter und belohnen Sie ihn mit Leckerlis. Sie wissen ja, während des Lernprozesses ist spontanes Verhalten erwünscht, später nicht mehr.

Sobald Ihr Hund sein Pfötchen ohne Pause immer wieder anhebt, drehen Sie den Spieß um. Nun strecken Sie zuerst Ihre Hand aus, und Ihr Hund muss seine Pfote darauflegen. Er wird es gerne tun, denn »Gib Pfötchen« begeistert jeden Hund.

Das Verhalten benennen

Innerhalb weniger Minuten wird Ihr Hund gelernt haben, dass er seine Pfote auf Ihre ausgestreckte Hand legen soll. Nun können Sie bereits ein verbales Signal einführen.

»Pfote« oder »Hallo« passen am besten zu dieser Situation. Strecken Sie dazu Ihre Hand aus. Exakt in dem Moment, wenn Ihr Hund seine Pfote hebt, sagen Sie »Hallo Max«. Sobald seine Pfote auf Ihrer Hand aufliegt, bekommt er sein Leckerli.

Das Gelernte anwenden

Wie bei anderen Übungen auch, trainieren Sie »Gib Pfötchen« auch an verschiedenen Standorten, bauen Ablenkungen ein und reduzieren allmählich die Leckerlis.

> Achten Sie während der gesamten Übung nur auf die Vorderbeine Ihres Hundes. Schauen Sie weder zum Leckerli noch in sein Gesicht. Nur so können Sie die kleinste Pfotenbewegung wahrnehmen und sofort mit C & L belohnen.

Der passive Hund

Sollte Ihr Hund gar nicht mitarbeiten, nehmen Sie seine Pfote und lassen sie einen Moment auf Ihrer Hand liegen. Geben Sie ihm das Leckerli, während Sie seine Pfote halten. Wiederholen Sie das mehrmals. Nun versuchen Sie es auf die normale Art. Zeigen Sie ihm das Leckerli, spielen Sie damit vor seiner Nase herum. Lassen Sie ihn von selbst die Verbindung zur Pfote herstellen. Belohnen sie schon den kleinsten Ansatz einer Bewegung mit dem Leckerli. Sollte er nicht reagieren, nehmen Sie noch mal seine Pfote und halten sie ausgiebig auf Ihrer Hand, während Ihr Hund das Leckerli bekommt, damit ihm dieses Verhalten wirklich bewusst wird.

Danach werden Sie wieder passiv und halten nur das Leckerli vor seine Nase.

Lassen Sie sich nicht von Ihrem Hund dazu verleiten, ständig seine Pfote hochzuheben. Das würde nämlich für ihn ganz schnell bedeuten: »Das Leckerli gibt es immer dann, wenn Frauchen nach meiner Pfote greift.« Er wird dann immer darauf warten, dass Sie seine Pfote wieder anheben. Wechseln Sie mehrmals zwischen passivem Verhalten (Leckerli nur zeigen) und aktivem Verhalten (seine Pfote anheben). Nach spätestens zwei Tagen hören Sie aber damit auf, seine Pfote hochzuheben.

Zeigen Sie Ihrem Hund nur noch das Leckerli und haben Sie Geduld …

Wenn es gar nicht klappt

Versuchen Sie mehrmals das Leckerli soweit wie möglich seitlich nach hinten zu ziehen. Ihr Hund wird Ihrer Bewegung mit seinem Kopf folgen. Dadurch verlagert er sein Körpergewicht nach dieser Seite und die Pfote auf der anderen Seite wird entlastet. Die ›freie‹ Pfote löst sich dann automatisch etwas vom Boden ab. Ergreifen Sie sie und belohnen sofort mit C & L.

Reduzieren Sie aber diese Kopfdrehung sehr schnell wieder, sodass Sie nach ein paar Versuchen das Leckerli wirklich vor seiner Nase halten, damit er seine Pfote hebt. Nun halten Sie wieder Ihre Hand unter seine Pfote und geben ihm das Leckerli.

»Mein Hund bleibt nicht sitzen«

Es passiert oft, dass Hunde sich einfach hinlegen. Ein Grund dafür ist, dass das Leckerli zu weit unten gehalten wird. Achten Sie darauf, dass Ihr Hund seine Nase leicht anheben muss, um daran zu kommen.

Andere Hunde sind irritiert, wenn wir beginnen, unsere Hand nach ihnen auszustrecken. Sie halten diese tiefe Handstellung für das Signal zum Hinlegen oder wollen einfach wissen, ob darin auch ein Leckerli versteckt ist. Manche Hunde erschrecken sich erst einmal. Auch in dem Fall müssen Sie das Leckerli eindeutig über seine Nase halten. Ihr Hund wird schnell merken, dass er Ihre ausgestreckte Hand nicht weiter beachten muss. Sollte er aber einfach nur verspielt reagieren, üben Sie eben erst einmal im Liegen. Selbst wenn Ihr Hund auf dem Rücken liegt, belohnen Sie jede Bewegung seiner Pfote mit C & L. In dieser Stellung kann er nicht fressen und muss sich erst wieder auf den Bauch drehen, um das Leckerli zu verschlucken.

Wiederholen Sie das Training morgen, wenn Ihr Hund zufällig sitzt. Irgendwann wird er begreifen, dass es im Sitzen wirklich viel besser funktioniert.

Winke, Winke

Sobald Ihr Hund zuverlässig Pfötchen gibt, leiten Sie direkt danach das Winken ab: Üben Sie ein paar Mal »Gib Pfötchen«. Zeigen Sie Ihrem Hund nun das Leckerli und warten Sie ab. Eigentlich müsste er jetzt automatisch seine Pfote heben. Nun brauchen Sie ihn nur noch mit C & L zu belohnen.

Der ganze Unterschied ist, dass Sie Ihrem Hund jetzt nicht Ihre Hand entgegenhalten, sondern einfach nur zuwinken. Er wird zurückwinken! Nach ein paar Wiederholungen fügen Sie das verbale Signal mit ein »Winke, Winke« oder auch »Tschüss«. Üben Sie das »Winke, Winke« hauptsächlich an Ihrer Haustüre. Ihr Hund wird später all Ihre Besucher gebührend verabschieden …

Küss mich

Hunde »küssen« (lecken) sich gerne gegenseitig. Sie lecken uns auch gerne im
Gesicht herum. Wenn Sie sich nicht daran stören und möchten, dass Ihr Hund
das auf Befehl tut, verteilen Sie einfach
ein bisschen Butter oder Leberwurst auf
Ihrem Ohrläppchen. Halten Sie Ihrem
Hund Ihr Ohr entgegen. Sobald er nun
daran leckt, clicken Sie und sagen »Küss
mich«. Wenn Sie ganz lieb sind, bekommen Sie von ihm einen Kuss gratis, ganz
ohne Bestechung mit Leberwurst!

Männchen machen

Das ist ein entzückendes Kunststück, für das jeder Hund immer wieder von allen
Anwesenden gelobt wird. Allerdings ist es für einige Hunde schwierig, dabei die richtige Körperposition zu finden. Um das Gleichgewicht zu halten, müssen Kopf, Brustkorb, Hüfte und Hinterhand Ihres Hundes eine gerade Linie bilden. Schenkel und
Knie müssen nahe an seinem Körper sein, sodass Ihr Hund ganz stabil auf beiden
Hinterbacken sitzt. Jetzt muss er nur noch seine Vorderbeine nahe an seinen Brust-
kasten heranziehen, und schon sitzt er in »Männchen« Position vor Ihnen.

Viele Leute stehen vor ihrem Hund, wenn sie »Männchen machen« trainieren.
Aber diese Position ermutigt Hunde zu sehr, sich mit ihren Pfoten am Körper ihres
Trainers abzustützen. Besser ist es, wenn Ihr Hund ohne Ihre Hilfe sein Gleichgewicht
findet.

So wird's gemacht

Lassen Sie Ihren Hund sitzen. Stellen Sie sich nun hinter ihn, sodass Sie beide in die
gleiche Richtung schauen. Sie stützen also seinen Rücken mit Ihren Beinen ab. Ihre
Füße zeigen aber nicht nach vorn, sondern so weit wie möglich zur Seite, damit Ihr
Hund genügend Platz hat.

Halten Sie nun ein Leckerli gerade über seinem Kopf. Sobald Ihr Hund einen oder
beide Vorderfüße auch nur ein kleines bisschen hochhebt, clicken Sie und geben
ihm das Leckerli. Sollte er mit zu viel Schwung nach oben kommen, wird er durch

Ihre Beine in seinem Rücken am Umfallen gehindert. Dieser Halt vermittelt ihm Sicherheit und nimmt ihm die Angst vor dieser eigenartigen Körperhaltung.

Wenn Ihr Hund Angst hat, den Boden unter seinen Füßen zu verlieren, können Sie ihn durch sanftes Anheben seines Brustkorbes in die »Männchen« Position heraufziehen. Achten Sie aber darauf, dass er nicht vor Schreck aufspringt. Nehmen Sie sich Zeit. Sobald er ruhig an Ihre Beine gelehnt sitzt, kitzeln Sie seinen Brustkorb. Das wird ihn veranlassen seine Vorderbeine einzuziehen, um stabil zu sitzen.

Super, belohnen Sie mit C & L, auch wenn er selber noch nicht viel zu dieser Übung beiträgt.

Ermutigen Sie ihn nach ein paar Wiederholungen dazu, selbst die Pfoten vom Fußboden zu lösen. Belohnen Sie jeden kleinsten Versuch mit C & L. Ihr Hund wird von Mal zu Mal mutiger reagieren.

Für ein Tier ist es immer eine große Überwindung, den Kontakt zum sicheren Boden aufzugeben! Ähnlich wie bei uns, wenn wir das erste Mal von einem Brett ins Wasser springen sollen.

Nach einigen Tagen ändern Sie Ihre Position. Stellen Sie sich jetzt dicht neben Ihren Hund, nicht mehr hinter ihn. Benutzen Sie nur noch ein Bein, um seinen Rücken eventuell abzustützen. Jetzt, da er schon gut mitmacht, können Sie ein verbales Signal einfügen. »Männchen« oder »Hoch« sind die gebräuchlichsten.

Sobald Ihr Hund seine Balance gut halten kann, dürfen auch Ihre Kinder die Übung mitmachen. Beim nächsten Straßenfest lassen Sie Ihren Hund einen Hut halten während er bettelnd am Straßenrand sitzt …

Slalom durch die Beine

Slalom durch die Beine eines gehenden Menschen laufen ist eigentlich kein Trick. Es ist eine Schrittfolge, die beim ›Dog Dancing‹ angewendet wird. Da das Slalomlaufen bei Hunden und ihren Besitzern wirklich gut ankommt, möchte ich es Ihnen hier ebenfalls vorstellen.

So wird's gemacht

Es gibt Trainer, die von Anfang an die komplette Schrittfolge üben. Ich habe die Erfahrung gemacht, dass Hunde schneller begreifen, wenn die Übung in zwei Abschnitte aufgeteilt wird. Wir teilen also die Übung in rechtes Bein und linkes Bein. Oder besser in »Sla« und »Lom«.

Das Sla

Dies ist der erste Schritt beim Slalom laufen. Sla ist aber auch der Schritt, den Sie immer mit Ihrem rechten Bein ausführen werden: Ihr Hund steht links von Ihnen. In Ihrer rechten Hand halten Sie ein paar Leckerlis. Gehen Sie nun mit Ihrem rechten Bein einen ganz normalen Schritt nach vorne. Damit Ihr Hund das Leckerli in Ihrer Hand sehen kann, müssen Sie sich jetzt etwas nach unten beugen. Sobald Ihr Hund das Leckerli sieht, locken Sie ihn von seiner Positon links neben Ihnen durch Ihre Beine auf Ihre rechte Seite. Sobald er rechts von Ihnen ankommt, belohnen Sie ihn mit C & L.

Das hat ja super geklappt. Nun werden Sie aber merken, dass Ihr Hund irgendwo neben Ihnen steht, nur nicht links von Ihnen. Ihr Hund hat im Moment überhaupt keine Vorstellung, was Sie eigentlich von ihm erwarten. Er folgt nur blind dem Leckerli in Ihrer Hand.

Wie kommen Sie beide nun wieder in die Ausgangsposition? Machen Sie es Ihrem Hund einfach, lassen Sie ihn stehen, wo er gerade ist. Zerren Sie jetzt nicht an ihm herum. Richten Sie sich nun ausnahmsweise einmal nach Ihrem Hund. Stellen Sie sich so auf, dass er wieder links von Ihnen ist. Wenn Sie alles richtig machen, brauchen Sie sich selbst nur um 90° nach rechts zu drehen und haben Ihren Hund damit automatisch wieder an Ihrer linken Seite.

Wiederholen Sie diesen Bewegungsablauf, bis er Ihnen beiden vertraut ist. Sobald Ihr Hund durch Ihre Beine von links nach rechts geht sagen Sie »Sla«. Gleichzeitig gewöhnen Sie ihn an die bevorstehende Umrundung.

Locken Sie ihn dazu mit dem Leckerli noch etwas weiter nach vorne. Sobald er ungefähr bei Ihrem rechten Fuß angekommen ist, bekommt er sein C & L.

Das Lom

Sobald Ihr Hund zügig von links nach rechts durch Ihre Beine läuft, beginnen Sie das »Lom« zu trainieren. Dies ist der Schritt, den Sie mit Ihrem linken Bein machen. Es ist der gleiche Ablauf wie beim »Sla«, nur seitenverkehrt:

Ihr Hund steht jetzt rechts von Ihnen. Sie haben die Leckerlis in Ihrer linken Hand und machen mit Ihrem linken Bein einen Schritt nach vorne.

Beugen Sie sich wieder etwas hinunter und locken Sie Ihren Hund von rechts durch Ihre Beine auf Ihre linke Seite. Sagen Sie im gleichen Moment »Lom«. Locken Sie ihn noch in die Rundung bis zu Ihrem linken Fuß. Bravo! Freuen Sie sich über diesen Erfolg und belohnen Sie Ihren Helden mit C & L.

Jetzt drehen Sie sich um 90° nach links und stehen wieder in der Ausgangsposition. Üben Sie nun auch das »Lom« für ein paar Tage separat. Sobald Ihr Hund beide Bewegungsabläufe perfekt beherrscht, können Sie sie miteinander verbinden. Gehen Sie langsam, wenn Sie beginnen, die Schritte zu kombinieren. Für Ihren Hund ist es neu, beide Übungen direkt nacheinander zu vollziehen. Aber er ist schlau und orientiert sich schnell an den Wortsignalen »Sla – Lom«, »Sla – Lom«, »Sla – Lom«.

Gegenstände identifizieren

Auch diese Übung ist eine Serie von verschiedenen Aktionen. Durch Formen und Variieren dieses Verhaltens können Sie später beeindruckende Ergebnisse erreichen!

So wird's gemacht

Stufe 1

Halten Sie das bevorzugte Spielzeug, zum Beispiel einen Tennisball, direkt vor die Nase Ihres Hundes. Belohnen Sie ihn mit C & L, wenn er den Ball mit seiner Nase berührt. Wiederholen Sie das bis zu dreißig Mal. Jetzt formen Sie sein Verhalten (siehe Basisübung), bis Ihr Hund das Spielzeug mit seinen Zähnen ergreift. Das ist einen Jackpot wert!

Stufe 2

Benennen Sie jetzt den Ball im genauen Moment, wenn Ihr Hund ihn in seinem Fang hält: »Ball«. Sofort danach erfolgt das C & L.

Stufe 3

Legen Sie den Ball auf den Boden. Ich bin sicher, dass Ihr schlauer Hund ihn sofort aufhebt. Sagen Sie »Ball« während Ihr Hund ihn hochnimmt. Clicken Sie sofort danach und tauschen Sie den Ball mit einem Leckerli. Üben Sie das ein paar Tage lang.

Jetzt lassen Sie Ihren Hund den Tennisball holen. Legen Sie ihn dafür etwa einen Meter von sich weg auf den Boden und sagen Sie »Ball«. Ihr Hund wird den Ball aufnehmen und Ihnen geben – natürlich gegen Click und Leckerli.

Dieses Spiel für verregnete Tage können Sie nach Belieben ausbauen.

Auf die gleiche Weise können Sie Ihren Hund noch mehr Objektnamen (Brieftasche, Zeitschrift oder Socke) lehren. Je besser Ihr Hund in der Lage ist, verschiedene Objekte durch ihre Namen zu unterscheiden, desto mehr können Sie mit ihm spielen. Legen Sie mehrere Gegenstände auf den Boden und sagen Sie Ihrem Hund,

welchen davon er bringen soll. Später steigern Sie den Abstand oder verstecken Sie die Objekte. Nun muss Ihr Hund zielgerichtet die Zeitung oder die Brieftasche finden. Um das Wissen Ihres Hundes zu testen, legen Sie mindestens drei Objekte, die er bereits kennt, auf den Boden. Nun lassen Sie Ihren Hund genau den Gegenstand bringen, dessen Namen Sie sagen. Eine Belohnung mit C & L erfolgt nur, wenn Ihr Hund den richtigen Gegenstand aufhebt. Wenn er zum Beispiel den Ball aufhebt, obwohl Sie »Brieftasche« sagten, müssen Sie die einzelnen Namen intensiver üben – gehen Sie nochmals zurück zu Stufe 2.

Eine andere Variante
Verstecken Sie das Lieblingsspielzeug Ihres Hundes in einer Kiste zusammen mit Sachen, deren Namen er nicht kennt (Handtuch, Gürtel, alte Schuhe usw.). Jetzt fordern Sie ihn auf, sein Spielzeug zwischen den anderen Sachen zu finden. Ich kenne keinen Hund, der nicht gerne in Kisten und Kartons herumschnüffelt. Auch Ihr Hund wird dieses Spiel bestimmt lieben! Sobald er sein Spielzeug herausholt, belohnen Sie ihn mit C & L und loben ihn voller Begeisterung!

Spielzeug aufräumen

Haben Sie auch überall in Ihrem Haus Hundespielzeug herumliegen? Bringen Sie Ihrem Hund bei, es wieder einzusammeln! Es ist absolut praktisch wenn Ihr Hund Gegenstände aufhebt, die er am Fußboden findet. Er kann Ihnen dann wirklich bei Ihrer Hausarbeit helfen. Ihr Hund wird Ihnen die Zeitung bringen, Schmutzwäsche zur Waschmaschine tragen oder sein Spielzeug aufräumen. Das sind doch nette Aussichten, oder? Voraussetzung für diese Übung ist, dass Ihr Hund bereits apportieren kann.

So wird's gemacht

Stellen Sie einen Korb, Pappkarton oder eine Einkaufskiste vor sich hin. Jetzt lassen Sie Ihren Hund ein Spielzeug apportieren. Wenn er damit wieder bei Ihnen und vor der Kiste angekommen ist, sagen Sie »Gib« und strecken die Hand danach aus, nehmen ihm das Spielzeug aber nicht ab. Er kennt diese Handbewegung schon vom Apportieren und wird das Spielzeug automatisch fallen lassen.

Nun belohnen Sie ihn mit C & L. Was für ein wunderbarer Hund! Üben Sie das mit all seinen Spielsachen, damit er später wirklich alles vom Fußboden einsammeln kann.

Benutzen Sie bitte bei diesem Spiel das Signal »Gib« oder auch ein anderes Wort. Denn jetzt soll Ihr Hund das Spielzeug einfach nur fallen lassen.

Verwenden Sie »Aus« nur beim Apportieren, wenn Ihr Hund einen Gegenstand halten muss, bis Sie ihn ihm abnehmen!

Sollte Ihr Hund das Spielzeug nicht fallen lassen, halten Sie das Leckerli direkt unter seine Nase. Sobald er nun seinen Fang öffnet, fällt das Spielzeug in die Kiste. Im gleichen Moment sagen Sie »Gib« und belohnen ihn mit C & L.

Überraschen Sie Ihre Freunde mit diesem Kunststück. Die werden beeindruckt sein! Ihr Hund erledigt mit Freude Aufgaben, die deren Kinder sich weigern zu tun ...

Gegenstände aufheben

Aus den vorangegangenen Übungen können Sie ganz einfach das »Aufheben« verschiedener Gegenstände entwickeln. Diese Übung ist fast identisch mit der Basisübung. Überlassen Sie Ihrem Hund die Wahl, ob er dabei liegen, sitzen oder stehen möchte.

Beginnen Sie mit einem weichen Lappen, den Ihr Hund vom Boden aufheben soll. Um es spannender zu machen, können Sie ein paar Leckerlis darin einwickeln.

So wird's gemacht

Stufe 1
Legen Sie einen Lappen neben Ihren Hund auf den Boden. Lassen Sie Ihren Hund den Lappen mit der Nase berühren. Sobald er das tut, belohnen Sie ihn mit C & L.

Stufe 2
Nun sollte Ihr Hund schnell zum ›Beschnuppern‹ oder ›Belecken‹ des Lappens übergehen. Sie clicken nicht mehr für das Anstupsen.

Stufe 3

Jetzt clicken Sie nur noch, wenn Ihr Hund den Lappen vom Boden aufhebt. Sobald er das tut, clicken Sie und tauschen den Lappen wieder gegen ein Leckerli. Perfekt!

Nun üben Sie das Gleiche auch mit anderen Gegenständen wie Geldbörse, Autoschlüssel oder Zeitung. Lassen Sie Ihren Hund immer mehr verschiedene Sachen vom Boden aufheben. Sie werden bald merken, wie hilfreich diese Übung im Alltag sein kann ...

Schuhe/Socken ausziehen

Es gibt sicher einmal Momente, in denen Sie dankbar sein werden, wenn Ihr Hund Ihnen beim Schuhe/Socken ausziehen helfen kann.

So wird's gemacht

Setzen Sie sich bequem auf einen Stuhl. Tragen Sie bei dieser Übung erst einmal wirklich leichte Schlappen. Später können Sie schrittweise zu festeren Schuhen übergehen. Reiben Sie die Schuhe mit Käse ein. Sobald Ihr Hund daran schnuppert, belohnen Sie ihn mit C & L. Eventuell wird er sofort versuchen, den Käse abzulecken. Das ist fantastisch, dann sind Sie schon beim zweiten Schritt.

Sie clicken also nur für das Lecken am Schuh. Wenn ihm der Käse schmeckt, wird Ihr Hund bald versuchen, den Schuh ganz für sich zu ergattern und Ihnen vom Fuß ziehen. Wiederholen Sie das Wegziehen noch ein paar Mal. Und schon ist es geschafft! Ihr Hund zieht Ihnen die Schuhe aus!

Hier ist der Ablauf nochmal genau definiert:

Stufe 1

Leichte Sandale mit etwas Käse einreiben. Sobald Ihr Hund daran schnuppert belohnen Sie ihn (C & L). Das können Sie zehn Mal wiederholen.

Stufe 2

Jetzt belohnen Sie das Beschnuppern nicht mehr. Warten Sie, bis Ihr Hund am Schuh leckt. Toll, und schon sind Sie beim nächsten Schritt! Eine Belohnung (C & L) gibt es fortan nur noch für das Belecken.

Stufe 3

Warten Sie, bis Ihr Hund etwas mutiger agiert und versucht, in den Schuh zu beißen. Ab jetzt wird nur noch das Hineinbeißen belohnt (C & L).

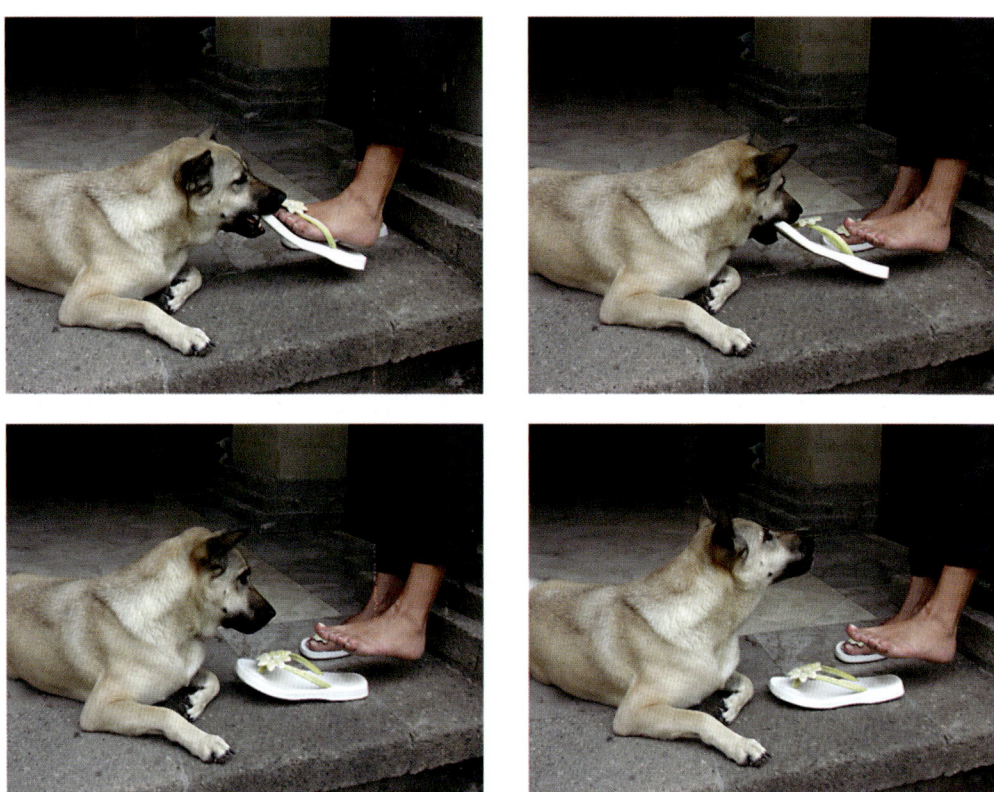

Schuhe ausziehen ist ganz einfach!

Das weitere Vorgehen richtet sich nach dem Temperament Ihres kleinen Freundes. Schüchterne Hunde haben einen spitzen Griff und fassen vorsichtig nur mit den Vorderzähnen zu. In diesem Fall helfen Sie bitte etwas nach, indem Sie Ihren Fuß selbst aus dem Schuh ziehen. Und sofort gibt es ein Leckerli (C & L). Ihr Hund verbindet dann: Schuh festhalten = Leckerli und wird mit der Zeit auch sicherer zufassen.

Draufgänger brauchen diese Hilfe nicht. Sie beanspruchen den lecker riechenden Schuh bereits nach wenigen Versuchen ohnehin für sich. »Alles meine!« Genau diesen Moment nutzen Sie, um ihn mit Leckerli (C & L) zu belohnen.

Üben Sie weiter, ohne erneut Käse auf den Schuh zu reiben. Wie immer fügen Sie ein Wortsignal ein (»Schuh«, »Socke« ...), sobald Ihr Hund die Aufgabe erfasst hat und regelmäßig die Sandale von Ihrem Fuß zieht.

Nun können Sie das Gleiche mit festeren Schuhen oder Socken versuchen. Diese sollten aber zu Beginn nur sehr locker auf Ihrer Fußpitze hängen. Später ziehen Sie sie immer fester über Ihren gesamten Fuß.

Suchen und Finden

Nachdem Ihr Hund bereits gelernt hat Gegenstände zu apportieren oder einzusammeln, können Sie beginnen, Sachen zu verstecken. Hunde lieben Such-Spiele, weil sie dabei ihren Spürsinn ausleben und verfeinern können. Aber auch Sie und Ihre Familie werden spannende Momente erleben, wenn Sie Ihren Hund mit »Such« auffordern, versteckte Gegenstände zu finden.

So wird's gemacht

Zeigen Sie Ihrem Hund einen seiner bevorzugten Gegenstände. Das kann sein Lieblingsspielzeug sein oder auch ein anderes Objekt, das er gerne apportiert. Viele Hunde reagieren sehr gut auf die geknoteten »Seilknochen« aus Baumwolle. Diese Spielzeugknochen fühlen sich an wie richtige Beute und der Geruch von Wurst oder Käse bleibt gut an ihnen haften.

Lassen Sie Ihren Hund an dem Spielzeug schnüffeln und sagen Sie »Bleib«.

Danach verstecken Sie das Spielzeug irgendwo in der Nähe, hinter dem Sofa oder neben Ihrem Sessel. Lassen Sie Ihren Hund zusehen, was Sie tun und wo Sie das Spielzeug hinlegen.

Gehen Sie zurück zu Ihrem Hund und fordern Sie ihn mit »Such« dazu auf, das Spielzeug zu finden. Das ist natürlich einfach, da Ihr Hund das Spielzeug ja sehen kann. Zu Beginn ist diese Übung mehr ein ›Aufheben‹ als ein wirkliches Suchen. Wenn Ihr Hund das Spielzeug jetzt freudig zu Ihnen bringt, geben Sie ihm sein wohlverdientes C & L.

Nach einigen Tagen erweitern Sie den Abstand zum Such-Objekt und erhöhen den Schwierigkeitsgrad. Verstecken Sie ein Spielzeug hinter der Türe, unter dem Teppich oder unter dem Schrank.

Spielen Sie dieses Spiel in der Dunkelheit und denken Sie sich immer raffiniertere Verstecke aus. Verstecken Sie das Spielzeug in einem anderen Zimmer, in der Waschmaschine oder unter Ihrer Bettdecke. Verstecken Sie es auch auf hohen Regalbrettern oder auf der Wäschebox, dann muss Ihr Hund wirklich seine Nase zum Suchen benutzen! Das wird ihn überraschen, denn er ist gewohnt, den Boden nach seinem Spielzeug abzuschnüffeln …

Super Hund! Sie können dieses Spiel an Regentagen drinnen und bei schönem Wetter draußen spielen.

Ein Höhepunkt für Ihren Hund ist, wenn Sie sich selbst verstecken und zum Suchobjekt werden! Das ist wirklich leicht: Fordern Sie Ihren Hund mit »Bleib« zum Warten auf. Gehen Sie dann in ein anderes Zimmer und verstecken Sie sich dort. Jetzt

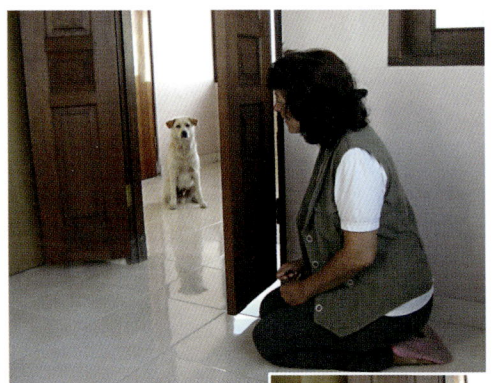

Ein einfaches Spiel mit großer Wirkung. Verstecken Sie sich hinter einer Türe oder in einem anderen Zimmer. So eine Freude erleben Sie selten.

rufen Sie Ihren Hund zu sich. Was für eine Freude, wenn er Sie hinter der Tür oder unter dem Tisch findet! Loben und belohnen Sie seine Klugheit mit C & L, einer Liebkosung oder einem glücklichen Lachen. Fordern Sie ihn erneut zum Bleiben auf und verstecken Sie sich im nächsten Zimmer. Ihr Hund wird ein begeisterter Mitspieler sein!

Licht ein-/ausschalten

Dies ist ein lustiger Trick für mittlere und große Hunde. Ihr Hund lernt dabei, ein Objekt zu manipulieren. Bevor Sie beginnen, vergewissern Sie sich, dass Ihr Hund in der Lage ist, den Schalter mit seinen Pfoten zu erreichen. Kippschalter eignen sich am Besten. Üben Sie dieses Kunststück in der Dämmerung, damit Ihr Hund das angehende Licht wahrnimmt. Damit wird es zum zweiten Bestärker und Ihr Hund lernt schneller.

Halten Sie unter dem Lichtschalter ein Leckerli so an die Wand, dass Ihr Hund es aus stehender oder sitzender Position erreichen kann. Das Leckerli in Ihrer Hand ist nur ein Motivationsgegenstand. Genau wie beim ›Legen‹, erhält er sein echtes Belohnungs-Leckerli aus einer Schüssel neben Ihnen. Nun formen Sie, wie im Basistrick beschrieben, das Verhalten Ihres Hundes wie folgt:

Stufe 1

Jedes Mal, wenn Ihr Hund das Leckerli mit seiner Nase berührt, belohnen Sie ihn mit C & L.

Stufe 2

Nach ausreichend vielen Wiederholungen hören Sie auf, das Anstupsen zu clicken und warten, bis Ihr Hund seine Pfote bewegt. Bitte seien Sie jetzt wirklich geduldig. Das ist eine schwierige Verhaltensänderung für Ihren Hund. Clicken Sie schon für die kleinste Bewegung seines Beins. Das wird ihn ermutigen, seine Pfote allmählich etwas mehr zu heben. Ignorieren Sie ab jetzt das Anstupsen mit der Nase.

Stufe 3

Sobald Ihr Hund regelmäßig mit seiner Pfote nach dem Leckerli schlägt, vermindern Sie allmählich die Entfernung zwischen dem Leckerli und dem Lichtschalter. Bald muss Ihr Hund auf seinen Hinterbeinen stehen, um es zu treffen.

Jetzt haben Sie ihn in der richtigen Übungsposition. Formen Sie sein Verhalten, bis er wirklich mit seinem Ballen den Lichtschalter berührt. Sagen Sie im gleichen Moment »Licht«, um Ihren Hund mit dem verbalen Signal vertraut zu machen.

Stufe 4

Es ist erst einmal nicht schlimm, wenn das Licht nicht bei jedem Versuch angeht. Üben Sie weiter, bis Ihr Hund den richtigen Punkt am Schalter trifft. Belohnen Sie ihn aber später nur noch dann mit C & L, wenn das Licht wirklich angeht.

Stufe 5

Wiederholen Sie die Übung ohne ein Motivations-Leckerli. Tippen Sie mit Ihrem Finger nur noch auf den Schalter und warten Sie, bis Ihr Hund das Gleiche mit seiner Pfote tut. Machen Sie weiter, bis Sie nach ein paar Tagen nur noch das Wortsignal »Licht« geben, aber Ihre eigene Hand den Schalter nicht mehr berührt.

Stufe 6

Vergrößern Sie allmählich die Entfernung Ihres Hundes zur Wand. Ermutigen Sie ihn immer wieder mit »Licht«, den Lichtschalter anzutippen.

Loben und belohnen Sie ihn ausgiebig, wenn er Ihrer Aufforderung nachkommt.

Wenn Sie möchten, dass Ihr Hund mehrere Schalter in Ihrem Haus einschalten kann, müssen Sie dieselbe Übung an allen anderen Schaltern, mit Stufe 1 beginnend, neu trainieren.

Ich verwende nicht »einschalten« oder »ausschalten« für diesen Trick. »Licht« ist das Signal, damit mein Hund zum Schalter läuft und ihn mit seiner Pfote betätigt. Je nachdem wie spät es ist, schaltet er das Licht eben ein oder aus.

Menschliche Details wie Ein/Aus sind überflüssig für Ihren Hund, da sie nicht das Ziel der Aufgabe beeinflussen. Die Bedeutung ist für Ihren Hund immer die Gleiche: Benutz deine Pfote um den Schalter zu treffen!

Laut geben

Hunde, die sich gerne mit der Stimme ausdrücken, sind relativ einfach zum Bellen zu motivieren. Gibt Ihr Hund auch Töne von sich wie Heulen, Quietschen, Knurren oder Bellen? Überlegen Sie einmal, welche Situation Ihren Hund zum »Laut geben« inspiriert. Dann versuchen Sie, Ihren Hund zu einem Geräusch zu motivieren und belohnen ihn mit C & L.

Eine Methode ist, Ihrem Hund ein köstliches Leckerli zu zeigen und zu warten. Seien Sie geduldig! Es kann Monate dauern, bis er auch nur »Pieps« macht.

Einige andere Methoden sind:
❐ Singen Sie ein Lied. Schließt sich Ihr Hund an und ›singt‹ mit Ihnen? (Seien Sie unbesorgt, Ihre Familie sieht es mit Nachsicht. Sie tun es für Ihren Hund.)

❒ Nehmen Sie den Klang einer Sirene auf Band auf. Das bringt die meisten Hunde dazu, mit Heulen zu beginnen.

❒ Spielen Sie Ihrem Hund Musik vor. Finden Sie heraus, was ihn animiert. Es könnte eine Sopranstimme sein, Mozart oder Rock 'n' Roll.

Was immer es ist, versetzen Sie Ihren Hund in diesen freudigen Erregungszustand. Kitzeln Sie seinen Ohrkanal! Sobald Ihr Hund daraufhin ein Geräusch von sich gibt, ein Heulen oder Grunzen, belohnen Sie ihn mit C & L. Das steigert sein Selbstvertrauen, und motiviert ihn zu einem weiteren Laut. Vergewissern Sie sich aber immer, dass Ihr Hund das Leckerli völlig verschluckt hat bevor Sie mit dem Spaß weitermachen!

Meine Hündin Dana wird von vielen Ereignissen zum Laut geben inspiriert. Wenn ich das Hundefutter zubereite oder auch wenn ich die Vorbereitungen zum Spaziergang treffe. Ganz besonders angetan ist sie allerdings, wenn sie die Piep-Töne bestimmter Computerspiele hört. Dann singt sie mir ihr gesamtes Repertoire vor ...

Dieses Training ist weniger gefährlich, wenn Sie ohne Leckerlis arbeiten – es könnten sonst Krümel in die Luftröhre gelangen. In diesem Fall loben Sie Ihren Hund und zeigen Sie ihm Ihre Begeisterung. Sagen Sie »Gib Laut« sobald er sich verbal äußert und ermutigen Sie ihn noch einmal seine Stimme einzusetzen.

Auf die gleiche Weise können Sie Ihrem Hund beibringen, auf Befehl zu bellen. Formen Sie sein Verhalten Schritt für Schritt, von Heulen über Gejaule, bis er Ihnen ein klares Bellen anbietet.

Wuff! Wuff!

Die verflixte Schublade

Dieser Trick beeindruckt jeden, der Ihren Hund dabei beobachtet. Ziel der Übung ist, dass Ihr Hund eine Schublade öffnet, in der sich ein Leckerli befindet. Anschließend schiebt er die Schublade wieder zu. Jetzt kommt Ihr Einsatz – Sie müssen ein neues Leckerli einfüllen. Und schon öffnet Ihr Hund die Schublade erneut, um sich sein Leckerli zu angeln ... und die Lade brav wieder zu schließen.

Unmöglich, denken Sie? Das dachte ich ursprünglich auch. Mir ging es zu Beginn nur darum, dass die Hunde die Schublade öffnen, um das Leckerli zu entdecken. Doch irgendwann begann ich, mehr zu verlangen. Und es hat funktioniert; bei allen Hunden!

So wird's gemacht

Sie brauchen für diese Übung ein kleines Regal* mit drei bis vier Schubladen darin. Die oberste Schublade können Sie entfernen. Wir brauchen sie nicht.

An den Griff der ersten Schublade befestigen Sie ein Stück Band oder Schnur, damit Ihr Hund den Griff mit seinen Zähnen gut festhalten kann. An den vorderen Rand legen Sie ein Leckerli und schließen die Schublade. Arbeiten Sie jetzt wieder Schritt für Schritt nach der Basisübung:

Stufe 1

Stellen Sie die Plastikbox vor Ihren Hund. Reiben Sie das Halteband am Griff wieder etwas mit Käse oder Wurst ab. Sobald sich Ihr Hund der Box mit seiner Nase nähert, erfolgt Ihr C & L.

Stufe 2

Nach ausreichend vielen Wiederholungen stoppen Sie Ihre Clicks. Warten Sie, dass Ihr Hund beginnt, den Griff abzulecken. Nun bekommt er C & L nur noch für das Lecken am Griff.

Sollte Ihr Hund sehr aktiv sein und direkt in das Band beißen, clicken Sie für das Hineinbeißen. In dem Fall können Sie das Belecken einfach überspringen.

Stufe 3

Clicken Sie nun nicht mehr für das Lecken. Warten Sie, bis Ihr Hund das Halteband mit seinen Zähnen festhält, also draufbeißt. Das belohnen Sie mit C & L.

Stufe 4

Es wird nicht lange dauern, bis Ihr Hund mehr Power entwickelt. Er wird bald versuchen, an der Schublade herumzuzerren und sie wird sich dadurch ein paar Millimeter

---

* Ein passendes Regal speziell für dieses Training können Sie auf der Homepage der Autorin (s. Anhang) bestellen.

öffnen. Ups … genau das wollen wir ja. Clicken Sie jetzt nur noch, wenn Ihr Hund an der Schublade zerrt. Sie wird sich bald weit genug öffnen, dass er das Leckerli erspähen kann … und verspeist.

Legen Sie ein neues Leckerli hinein und schließen Sie die Schublade wieder. Und schon beginnt das Spiel von vorn. Üben Sie das so ausgiebig, dass Ihr Hund am Ende schneller an der Schublade zieht, als Sie ein neues Leckerli hineinlegen können. Erst, wenn Sie das erreicht haben, beginnen Sie mit dem Training, die Schublade wieder zu schließen.

Die Schublade wieder schließen

Öffnen Sie die Schublade etwa einen halben Zentimeter weit, legen Sie aber kein Leckerli hinein. Da Ihr Hund das Spiel schon kennt, geht es jetzt recht flott vorwärts.

Stufe 1

Das ist wie immer das Anstupsen mit der Nase. Es wird auch jetzt mit C & L von Ihnen belohnt.

Stufe 2

Sobald Ihr Hund mit ausreichend Schwung die Schublade anstupst, wird sie sich schließen. Clicken Sie nur noch dieses kraftvolle Anstupsen. Wenn die Schublade sich nicht bewegt, erfolgt kein C & L. Das ist schon die gesamte Übung. Versuchen Sie nun allmählich beide Schritte miteinander zu kombinieren. Helfen Sie Ihrem Hund, sollte sich die Sache etwas verklemmen. Das passiert öfters, da Hunde die Schublade nicht immer akkurat nach vorne aufziehen.

Sobald Ihr Hund die Schublade öffnet und wieder verschließt, füllen Sie die neuen Leckerlis durch den oberen freien Schlitz immer wieder auf. Das ist der Grund, aus dem wir die oberste Schublade ganz entfernt haben. Das erspart Ihnen, die Lade immer erst wieder zu öffnen, um Leckerlis nachzufüllen.

Klavier spielen

Für diese Übung brauchen Sie ein ausgedientes Kinderpiano. Hunde, die gerne ihre Pfote benutzen, lieben diese einfache Übung.

So wird's gemacht

Lassen Sie Ihren Hund sitzen, stehen oder liegen und stellen Sie ein Kinderpiano vor ihn hin. Manche Hunde berühren es sofort mit ihrer Pfote, was auch sofort mit C & L belohnt wird.

Aber vielleicht weiß Ihr Hund erstmal nichts mit dem Instrument anzufangen. In diesem Fall ist es am besten, wenn er sich hinlegt. Nun formen Sie wieder sein Verhalten:

Stufe 1

Lassen Sie ihn das Piano beschnuppern. Jede Annäherung mit seiner Nase führt bekanntlich zu einem C & L.

Stufe 2

Clicken Sie nur noch, wenn Ihr Hund jetzt seine Pfote benutzt. Alles andere wie bellen, lecken oder anstupsen ignorieren Sie. Führen Sie allmählich ein verbales Signal wie »Klavier« mit ein.

Stufe 3

Jetzt belohnen Sie Ihren Hund nur noch mit C & L, wenn er wirklich die Tasten trifft und dadurch einen Ton auslöst.

Trallerallalla, trallerallalla ...

Tür zu!

Eine Türe zu öffnen ist für die meisten Hunde kein Problem. Sie schieben einfach ihren gesamten Körper durch die Öffnung. Aber was passiert, wenn Ihr Hund dann im Zimmer ist? Stehen Sie jedes Mal auf, um die Türe wieder zu schließen? Im Sommer wahrscheinlich nicht, aber im Winter tun Sie es bestimmt.

Wäre es nicht toll, wenn Ihr Hund die Türe selber wieder schließt, nachdem er das Zimmer betritt? Er wird es in Zukunft tun!

So wird's gemacht
Die Übung ist fast identisch mit dem Schließen einer Schublade.

Stufe 1
Sie stehen mit Ihrem Hund im Zimmer hinter der leicht geöffneten Tür. Halten Sie nun ein Leckerli in Nasenhöhe Ihres Hundes an die Türe. Sie können auch nur etwas Käse oder Leberwurst auf der Türe verreiben.

Sobald Ihr Hund die Türe mit seiner Nase berührt, belohnen Sie das mit C & L.

Stufe 2
Wenn Ihr Hund flott hintereinander immer wieder mit seiner Nase die Türe anstupst, hören Sie auf zu clicken. Das wird Ihren Hund ermutigen, etwas kraftvoller anzuschubsen, eventuell bewegt sich die Türe schon ein paar Millimeter. Benennen Sie das Verhalten mit »Tür zu!« jedes Mal, wenn Ihr Hund mit der Nase die Türe antippt.

Stufe 3
Geben Sie nur noch C & L, wenn die Türe sich wirklich schließt. Üben Sie das ausgiebig.

Stufe 4
Jetzt müssen Sie die Verbindung zur realen Situation herstellen. Gehen Sie dazu mit Ihrem Hund aus dem Zimmer. Ihr Hund läuft dabei hinter Ihnen. Gehen Sie wieder ins Zimmer hinein und locken Sie Ihren Hund mit einem Leckerli gleich wieder Richtung Türe herum. Er muss sich also sofort nach Betreten des Zimmers um $180°°$ drehen und wieder der Tür zuwenden. Jetzt hat er die richtige Position, um die Tür anstubsen zu können, während Sie »Tür zu« sagen.

Vergrößern Sie allmählich den Abstand zwischen Ihnen und Ihrem Hund, wenn Sie das Zimmer betreten.

Stufe 5

Nun gehen Sie nicht mehr mit aus dem Zimmer hinaus, sondern bleiben in der Nähe der Tür stehen. Rufen Sie Ihren Hund herein, und lassen Sie ihn die Türe schließen.

Ganz allmählich entfernen Sie sich immer weiter von der Türe weg. Nach

ein paar Tagen können Sie Ihren Hund bereits vom Sofa aus hereinrufen und ihm freundlich sagen »Tür zu, Mausi«.

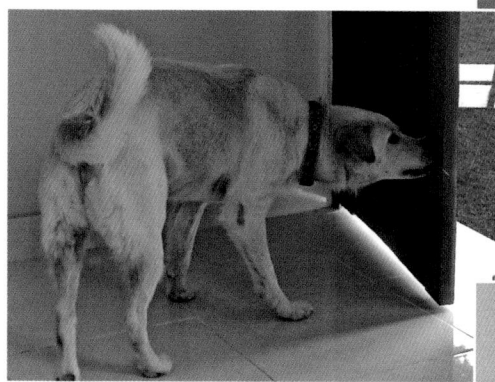

Ist das nicht umwerfend? Jetzt kann der nächste Winter kommen!

Ich wünsche Ihnen viel Erfolg und ganz viel Spaß beim gemeinsamen Training!

Wie praktisch: Ein Hund, der die Tür zumachen kann!

Wie Sie uns erreichen

Schreiben Sie uns, wie Ihr Hund auf das Training reagiert hat. Welche Lektionen haben Ihnen beiden am besten gefallen? Konnten Sie vielleicht sogar eigene Übungen aus den Anleitungen entwickeln? Wir würden uns über Ihre Meinung, Kritik und Anregungen freuen.

Kontaktadresse:
homepage: www.clickerhunde.com
E-Mail: buch@clickerhunde.com

Antje Hebel
Jacobstraße 46
D - 08060 Zwickau

Auf unserer Homepage www.clickerhunde.com erhalten Sie mehr Infos, andere Tricks zum Nachahmen und jede Menge kostenlose Videos zu den verschiedenen Übungen. Auch Trainingstermine oder Beratungsgespräche können Sie hier buchen.

Ist Ihr Hund besonders schlau? Wollen Sie seine Geschicklichkeit testen und seinen Einfallsreichtum noch vertiefen? Dann bestellen Sie doch das passende interaktive Spielzeug gleich mit, so macht Training richtig Spaß!

Alle unsere intelligenten Spielsachen werden in Bali, teilweise in Handarbeit, hergestellt. Die Fertigung bietet vielen balinesischen Familien ein zusätzliches Einkommen. Dieser Verkaufsweg von den Produzenten direkt an Sie, liebe Leser, ermöglicht es uns, die Preise niedrig zu halten. Ja, glauben Sie es ruhig, uns geht es nicht um Profit, sondern um das Strahlen in den Augen Ihres Hundes.

Das Autorenhonorar dieses Buches wird vielen Straßenhunden in Bali zu medizinischer Versorgung, einem Heim und Nahrung verhelfen. Wenn Sie ganz persönlich einem Straßenhund in Bali helfen möchten, freuen wir uns über jede Spende.
www.doggiesparadise.com/help.shtml